普通高等教育"十一五"国家级规划教材
工业和信息化"十三五"人才培养规划教材

U0240234

C++
程序设计 第3版

C++ Programming Language

齐建玲 邓振杰 ◎ 主编
斯庆巴拉 侯晓芳 ◎ 副主编

人民邮电出版社
北　京

图书在版编目（CIP）数据

C++程序设计 / 齐建玲，邓振杰主编. -- 3版. --
北京：人民邮电出版社，2017.2（2024.1重印）
工业和信息化"十三五"人才培养规划教材
ISBN 978-7-115-42378-8

Ⅰ. ①C… Ⅱ. ①齐… ②邓… Ⅲ. ①C语言—程序设
计—高等学校—教材 Ⅳ. ①TP312

中国版本图书馆CIP数据核字(2016)第103540号

内 容 提 要

本书以介绍 C++语言的基本知识为主，旨在帮助读者建立面向对象程序设计的编程思想，主要内容包括 C++与面向对象程序设计概述、C++程序设计基础、数组、函数、指针和引用、结构体和共用体、类与对象、静态与友元、继承与派生、运算符重载、虚函数和多态性、C++输入/输出流、模板和异常处理等。

本书概念清楚、通俗易懂、实例丰富，注重基础知识与典型应用相结合，具有较高的系统性、实用性和可操作性。书中所有程序代码均在 Visual Studio 2013 环境下运行通过。

本书为普通高等学校、高等职业院校计算机类各专业学习"C++面向对象程序设计"课程的教材，也可作为其他专业的程序设计入门教材和广大计算机应用人员的自学参考书。

◆ 主　　编　齐建玲　邓振杰
　　副 主 编　斯庆巴拉　侯晓芳
　　责任编辑　马小霞
　　责任印制　焦志炜

◆ 人民邮电出版社出版发行　　北京市丰台区成寿寺路 11 号
　　邮编　100164　　电子邮件　315@ptpress.com.cn
　　网址　http://www.ptpress.com.cn
　　北京七彩京通数码快印有限公司印刷

◆ 开本：787×1092　1/16
　　印张：19.25　　　　　　　　2017 年 2 月第 3 版
　　字数：483 千字　　　　　　2024 年 1 月北京第 11 次印刷

定价：49.80 元

读者服务热线：(010)81055256　印装质量热线：(010)81055316
反盗版热线：(010)81055315
广告经营许可证：京东市监广登字20170147号

第3版前言

C++语言是目前应用最广泛的面向对象程序设计语言，《魔兽世界》等70%以上的网络游戏都是基于 C++语言开发的，掌握 C++语言已经成为游戏开发的基本要求；操作系统、搜索引擎、移动互联网应用等我们所用的大多数软件也都是用 C++语言编写的，在涉及大规模、高性能计算时，C++语言的运算速度和稳定性优势非常明显，非常适合现在流行的移动互联网应用程序开发。

《C++程序设计（第2版）》自 2008 年 4 月发行以来，受到广大读者的欢迎，特别是得到普通高等学校、高等职业院校师生的一致好评。编者结合 C++语言的最新进展和当前业界的最佳实践，结合近几年课程教学经验的总结、教学改革实践的成效以及广大读者的反馈意见，在保留第 2 版特色的基础上，对教材进行了全面的修订。这次修订的主要工作如下。

- 对教材内容结构进行了重新调整和编排，使整体结构更加清晰，内容编排更加合理。对个别章节的内容进行了删减，教学内容更有条理，重点内容更突出，非重点内容相对弱化，将弱化的知识点并入合适的章节，在应用时进行简要说明。
- 考虑到部分读者可能已经学过 C 语言，所以本次修订把面向过程程序设计的内容进行了一定程度的简化，重点内容放在面向对象程序设计部分。在难以理解的概念及应用上，增加了一些图示，帮助读者理解书中内容。
- 对一些示例程序进行了替换，选用更实用、更新颖、更有趣味性的例子，在说明问题的同时提高读者的学习兴趣，对原教材的典型示例进行了保留。书中用文字说明示例程序时，在对应行处增加了提示，以方便读者阅读，提高可读性。
- 为培养学生的程序设计能力，加强实践教学，设计了两个具有实际应用背景、实用性强、程序规模较大的实训案例，涵盖了所有章节的内容。编者将这两个案例分别拆分到每一章，形成相对独立的应用实例，并作为案例实战内容安排到每章的最后，读者可以边学边练，在完成每章案例的基础上，完成最后两个完整的实训案例，这样更有利于读者明确学习目标，加强程序设计能力培养。
- 集成开发环境更新为 Visual Studio 2013，所有例题程序均在 Visual Studio 2013 集成环境中运行通过。

本书全面贯彻党的二十大精神，以社会主义核心价值观为引领，传承中华优秀传统文化，坚定文化自信，使内容更好地体现时代性、把握规律性、富于创造性。

本书以介绍 C++语言的基本知识为主，旨在帮助读者建立面向对象程序设计的编程思想，对 C++的技术讲解全面，语言表述准确，简明扼要，具有循序渐进、深入浅出的特点。主要内容包括 C++与面向对象程序设计概述、C++程序设计基础、数组、函数、指针和引用、结构体和共用体、类与对象、静态与友元、继承与派生、运算符重载、虚函数和多态性、C++输入/输出流、模板和异常处理等。

本书适合作为初学 C++语言的入门级教材，对每个知识点都精心设计了示例程序，全书以实训案例为主线驱动 C++语言的学习，将难以理解的问题简单化，轻语法，重实践，示例恰当，重点突出，使读者树立良好的编程思维，激发读者的学习兴趣。本书的参考学时为 64

学时（其中实践学时为 20~24 学时），教师可根据实际情况进行适当调整。

本书提供丰富的配套教学资源，包括多媒体课件、教学大纲、习题答案、程序源代码、模拟试卷、在线教学网站等。由于教材篇幅限制，实训案例的完整代码就不放在教材中，读者可登录 www.ryjiaoyu.com 下载。

本书由齐建玲、邓振杰主编，斯庆巴拉、侯晓芳任副主编，各章编写分工如下：第 1 章由邓振杰编写，第 2、5 章由齐建玲编写，第 3、6、9、11、12 章由侯晓芳编写，第 4、7、8、10、13 章由斯庆巴拉编写，李新荣、崔岩、王静、李瑛、孙红艳、张春娥、朱蓬华、李杰、张艳和王健也参加了大纲讨论和文稿整理工作。全书由齐建玲、邓振杰负责统稿。

由于编者水平有限，书中难免存在一些错误和不妥之处，敬请读者批评指正。

编者

2023 年 6 月

目 录 CONTENTS

PART 1

第1章 C++与面向对象程序设计概述

20 世纪 90 年代以来，面向对象程序设计（Object Oriented Programming，OOP）成为计算机程序设计的主流，其设计思想已经被越来越多的软件设计人员所接受。C++是在 C 语言的基础上发展起来的，它完全兼容 C 语言，不仅继承了 C 语言灵活高效、功能强大、可移植性好等优点，而且引入了面向对象程序设计的思想和机制，可以在很大程度上提高编程能力，减少软件维护的开销，增强软件的可扩展性和可重用性。因此，C++语言一出现就受到了广大用户的青睐，其版本不断更新，功能不断完善，迅速成为面向对象程序设计的首选语言。

1.1 面向对象程序设计

1.1.1 基本概念

面向对象程序设计的主要特征是"程序=对象+消息"，其基本元素是类和对象。面向对象程序设计在结构上具有以下特点。

（1）程序一般由类的定义和类的使用两部分组成，在主程序中定义各对象并规定它们之间传递消息的规律。

（2）程序中的一切操作都是通过向对象发送消息来实现的，对象接收到消息后，启动相应的方法完成操作。

一个程序中所使用的类可以由用户自己定义，也可以使用现成的类（包括系统类库中为用户提供的类和其他用户自己设计构建好的类）。尽量使用现成的类是面向对象程序设计所倡导的风格。

1. 对象

现实世界中客观存在的任何事物都可以称为对象，它可以是有形的具体事物，如一本书、一张桌子、一辆汽车等，也可以是一个无形的抽象事物，如一次演出、一场球赛等。对象是构成现实世界的一个独立单位，可以很简单，也可以很复杂，复杂的对象可以由简单的对象构成。

现实世界中的对象既具有静态的属性（或称为状态），又具有动态的行为（或称为操作）。例如，每个人都有姓名、性别、年龄、身高、体重等属性，都有吃饭、走路、睡觉、学习等行为。所以，现实世界中的对象一般可以表示为"属性+行为"。

在面向对象程序设计中，对象是由对象名、若干属性和一组操作封装在一起构成的实体。其中属性数据是对象固有特征的描述，操作是对这些属性数据施加的动态行为，是一系列的实现步骤，通常称为方法。

对象通过封装实现了信息隐蔽，其目的就是防止外部的非法访问。对象与外部世界是通过操作接口联系的，在外边看不见操作的具体实现步骤，操作接口提供了这个对象所具有的功能。

打个形象的比喻，一个对象就好比一台MP3，我们使用MP3时通过播放、暂停、录音等按钮就可以操作MP3，通过这些按钮就可以与MP3实现交互，我们没有必要了解这些交互操作是如何具体实现的，因为它们被封装在机器内部，其内部电路对我们来说是隐蔽的，是不可见的，也是无法修改的，我们只能借助这些按钮实现对MP3的操作。

如果把MP3看作对象，则MP3的颜色、存储容量、产品尺寸等参数就相当于对象的属性，播放、暂停、录音等动作就相当于对象的操作，而它的按钮就相当于对象的接口。当在程序设计中使用对象时，就像通过按钮操作MP3一样，通过对象与外部的接口来操作，这样不仅使对象的操作变得简单、方便，而且具有很高的安全性和可靠性。

2．类

在面向对象程序设计中，类是具有相同属性数据和操作的对象的集合，它是对一类对象的抽象描述。例如，小张、老李等是一个个具体的人，虽然他们每个人的年龄、身高、体重等各不相同，但他们的基本特征都是相同的，都具有相似的生理构造和动作行为，故可以把他们统称为"人"类，而小张、老李等每一个人只是"人"类的一个个具体实例——对象。

类是创建对象的模板，类包含着所创建对象的状态描述和定义的方法，一般是先声明类，再由类创建其对象。按照这个模板创建的每个具体实例就是对象。

类和对象之间是抽象与具体的关系，类是对很多对象进行抽象的结果，一个对象是类的一个实例。例如，"汽车"是一个类，它是由成千上万个具体的汽车抽象而来的一般概念，而"帕萨特"就可以看作是"汽车"类的一个实例对象。

3．属性

对象中的数据称为对象的属性，而类中的特性称为类的属性，例如眼睛、鼻子、嘴巴等是"人"类共有的属性，而张三的身高、年龄、性别、职业等是"张三"这个对象的属性。不同的类和对象具有不同的属性。

4．消息

现实世界中的对象不是一个个孤立的实体，它们之间存在着各种各样的联系。同样，在面向对象程序设计中，对象之间也需要联系，称为对象的交互。

在面向对象程序设计中，当要求一个对象做某一操作时，就向该对象发出请求，通常称为"消息"。当对象接收到消息时，就调用有关方法，执行相应操作。这种对象与对象之间通过消息进行相互联系的机制就叫作消息传递机制，通过消息传递可实现对象的交互。

5．方法

方法就是对象所能执行的操作。方法包括接口和方法体两部分。方法的接口就是消息的模式，它告诉用户如何调用该方法；方法体则是实现操作的一系列步骤，也就是一段程序代码，这些代码封装在对象内部，用户在外部无法看到。

消息和方法的关系是：对象接收到其他对象的消息，就调用相应的方法；反之，有了合适的方法，对象才能响应相应的消息。所以，消息模式和方法接口应该是一致的，只要方法接口保持不变，方法体的改变就不会影响方法的调用。

1.1.2 传统程序设计及其局限性

计算机程序设计语言大致经过了机器语言、汇编语言和高级语言3个阶段。

20世纪50年代初的程序都是用机器语言和汇编语言编写的，程序设计相当麻烦，严重影响了计算机的普及应用。

50年代中期出现了高级程序设计语言Fortran，它在计算机程序设计语言发展史上具有划时代的意义。该语言引进了许多重要的程序设计概念，如变量、数组、循环、条件分支等，但是该语言在使用中也发现了一些不足，例如不同部分的相同变量名容易发生混淆等。

50年代后期，高级语言Algol 60的设计者决定在程序段内部对变量实行隔离，提出了块结构的思想，由"Begin...End"来实现块结构，对数据实行了保护。

1969年，E.W.Dijkstra首先提出了"结构化程序设计"的概念，他强调从程序结构和风格上研究程序设计。结构化程序设计的程序代码是按顺序执行的，有一套完整的控制结构，函数之间的参数按一定规则传递，不提倡使用全局变量，程序设计的首要问题是"设计过程"。因此，结构化程序设计仍是面向过程的程序设计。

到20世纪70年代末，结构化程序设计方法有了很大的发展，但由于程序规模越来越大，数据与处理数据的方法之间的分离往往使程序变得难以理解，不适于大规模程序开发，故出现了"模块化程序设计"。

模块化程序设计将软件划分成若干个可单独命名和编址的部分，称为"模块"。模块化程序设计思路是"自顶向下，逐步求精"，其程序结构是按功能划分成若干个基本模块，各模块之间的关系尽可能简单，在功能上相对独立。模块和模块之间隔离，外界不能访问模块内部信息，即这些信息对模块外部是不透明的，只能通过严格定义的接口对模块进行访问。

模块化程序设计将数据结构和相应算法集中在一个模块中，提出了"数据结构+算法=程序设计"的程序设计思想。模块化能够有效地管理和维护软件研发，能够有效地分解和处理复杂问题。但它仍是一种面向过程的程序设计方法，程序员必须时刻考虑所要处理数据的格式，对不同格式的数据做相同处理或对相同格式数据做不同处理都要重新编程，代码可重用性不好。

综上所述，伴随计算机技术的大规模推广，人们对计算机软件的功能和性能要求越来越高，使得传统的程序设计已不能满足日益增长的需要，表现出以下几方面的局限性。

1. 软件开发效率低下

传统程序设计语言尽管经历了从低级语言到高级语言的发展，但还属于过程性语言。程序设计还是从语句一级开始，软件生产缺乏可重用的构件，软件的重用问题没有得到很好的解决，导致软件生产的工程化和自动化屡屡受阻。

复杂性也是影响软件生产效率的重要因素。随着计算机应用范围越来越广，软件规模越来越大，要解决的问题也越来越复杂。传统程序设计将数据与数据的操作分离，并且对同一数据的操作往往分散在程序的不同地方。这样，如果一个或多个数据的结构发生变化，这种变化将波及程序的许多地方，甚至遍及整个程序，致使许多函数和过程需要重写，严重时会导致整个程序崩溃。因此，程序的复杂性对传统程序设计是一个很棘手的问题，也是传统程序设计难于有根本性突破的重要原因。

软件维护是软件生命周期中最后一个环节。传统程序设计中数据与数据操作分离的结构，使得维护数据和处理数据的操作过程要花费大量的时间和精力，严重地影响了软件的生产效率。

总之，要提高软件的生产效率，就必须很好地解决软件的重用性、复杂性和可维护性问题，但这是传统程序设计自身无法解决的。

2．难以应付庞大的信息量和多样的信息类型

当前，计算机要处理的数据已从简单的数字和字符发展为具有多种格式的多媒体数据，如文本、音频、视频、图形、图像和动画等，描述的问题从单纯的计算问题发展到复杂的自然现象和社会现象问题。于是，计算机要处理的信息量和信息类型迅速增加，这就要求程序设计语言具有更强大的信息处理能力，而这是传统程序设计无法办到的。

3．难以适应各种新环境

当前，在计算机应用技术中，并行处理、分布式处理、网络和多机系统应用等已经成为程序设计的主流，这就要求系统具有一些能独立处理数据的节点，节点之间有通信机制，即能通过消息传递进行联络，而这也是传统程序设计无能为力的。

显然，传统程序设计已不能满足计算机技术迅猛发展的需要，大规模软件开发迫切需要一种全新的程序设计方法来满足需要。

1.1.3　面向对象程序设计的特点

面向对象程序设计是在结构化程序设计基础上发展起来的一种全新的程序设计方法，其本质是把数据和处理数据的过程抽象成一个具有特定属性和行为的实体——"对象"。面向对象程序设计最突出的特点就是封装性、继承性和多态性。

1．封装性

封装是一种数据隐蔽技术，在面向对象程序设计中可以把数据和与数据有关的操作集中在一起形成类，将类的一部分属性和操作隐蔽起来，不让用户访问，另一部分作为类的外部接口，可以让用户访问。类通过接口与外部发生联系，用户只能通过类的外部接口使用类提供的服务，而内部的具体实现细节则被隐蔽起来，对外是不可见的。

封装性可以描述如下。

（1）一个清楚的边界。对象的所有属性和操作被限定在该边界内部。

（2）一个外部接口。该接口用以描述对象和其他对象之间的相互作用，即给出在编写程序时用户可以直接使用的属性和操作。

（3）隐蔽受保护的属性和内部操作。类所提供的功能的实现细节以及仅供内部使用和修改的属性，不能定义这个对象的类的外部访问。

C++语言通过类来支持封装性。在 C++语言中，类是数据及其相关操作的封装体，可以作为一个整体来使用。类中的具体操作细节被封装起来，用户在使用一个已定义类的对象时，无需了解类内部的实际工作流程，只要知道如何通过其外部接口使用它即可。封装的目的就是防止非法访问，可以对属性和操作的访问权限进行合理控制，减少程序之间的相互影响，降低出错的可能性。

2．继承性

在面向对象程序设计中，继承是指新建的类从已有的类那里获得已有的属性和操作。已有的类称为基类或父类，继承基类而产生的新建类称为基类的子类或派生类。由父类产生子类的过程称为类的派生。

C++语言支持单继承和多继承。通过继承，程序可以在现有类的基础上声明新类，即新类是从原有类的基础上派生出来的，新类将共享原有类的属性，并且还可以添加新的属性。继承有效地实现了软件代码的重用，增强了系统的可扩充性。

3．多态性

在人们的日常生活中，常常把"下象棋""下跳棋""下围棋""下军棋"等统称为"下棋"，也就是用"下棋"这同一个名称来代替"下象棋""下跳棋""下围棋""下军棋"这些类似的活动。

在面向对象程序设计中，多态性是指相同的函数名可以有多个不同的函数体，即一个函数名可以对应多个不同的实现部分。在调用同名函数时，由于环境的不同，可能引发不同的行为，导致不同的动作，这种功能称为多态。它使得类中具有相似功能的不同函数可以使用同一个函数名。

多态既表达了人类的思维方式，又减少了程序中标识符的个数，方便了程序员编写程序。多态是面向对象程序设计的重要机制。

1.1.4 面向对象程序设计语言

伴随面向对象程序设计方法的提出，出现了不少面向对象的程序设计语言，如 Object-C、Java、C++等。这些语言大致可分为以下两类。

（1）重新开发全新的面向对象程序设计语言。其中最具有代表性的语言是 Java、Smalltalk 和 Eiffel。Java 语言适合网络应用编程；Smalltalk 语言则完整体现了面向对象程序设计的概念；Eiffel 语言除了具有封装和继承外，还集成了其他面向对象的特征，是一种很好的面向对象程序设计语言。

（2）对传统程序设计语言进行扩展，加入面向对象程序设计特征形成的一种语言。这类语言又称为"混合型语言"，一般是在其他语言的基础上加入面向对象程序设计的特征开发出来的，典型代表是 C++程序设计语言。

C++程序设计语言是一种高效实用的混合型面向对象程序设计语言，包括两部分：一部分是 C++语言的基础部分，以 C 语言为核心，包括了 C 语言的主要内容；另一部分是 C++语言的面向对象部分，是 C++语言对 C 语言的扩充，加入了面向对象程序设计的概念和特征。这使得 C++语言既支持传统的面向过程程序设计，又支持全新的面向对象程序设计，同时具有 C 语言丰富的应用基础和开发环境的支持。对于已经较好地掌握了 C 语言的用户而言，学习 C++语言要相对容易一些，这些都是 C++语言成为当前最为流行的面向对象程序设计语言的主要原因。

1.2 C++语言的发展和特点

1.2.1 C++语言的发展

各种程序设计语言对程序设计方法的支持是不同的，C++语言完全支持面向对象程序设计。C++语言的出现主要归功于 C 语言，C 语言在 C++语言中作为子集保留下来。

1980 年，美国 AT&T 公司贝尔实验室的 Bjarne Stioustrup 博士为了仿真课题研究，编写了称为"带类的 C"语言版本。1983 年 7 月用 C++将该语言名字定下来，并对外公开发表。

C++语言的名字强调了从 C 语言而来的演化特性，"++"是 C 语言的增量运算符，表示是 C 语言的扩充。C++语言继承了 C 语言的优点，又极大地扩充了 C 语言的功能，是在 C 语言的基础上增加了面向对象程序设计的特征。

C++语言已经在众多应用领域迅速成为程序员首选的程序设计语言，尤其适用于开发大、中型项目，从软件开发时间、费用到软件的可重用性、可扩充性、可维护性以及可靠性等方面都显示出 C++语言的优越性。

与之相适应，C++语言的开发环境也随之不断推出。目前，常用的 C++语言集成开发环境主要有 Visual C++（简称 VC）、Microsoft Visual Studio（简称 VS）等。

Visual C++是美国微软（Microsoft）公司推出的 32 位 Windows 系统下的面向对象可视化集成开发环境，简称 MSVC、VC++或 VC。美国微软公司于 20 世纪 80 年代中期在 Microsoft C 6.0 的基础上开发了 Microsoft C/C++ 7.0，同时引进了 Microsoft Foundation Class（简称 MFC）1.0 版本，完善了源代码。直到微软公司推出的 Microsoft C/C++ 8.0，即 Visual C++ 1.0 版本出现，它是第一个真正基于 Windows 系统下的可视化集成开发环境，将编辑、编译、连接和执行集成为一体。在 Visual C++ 2.0 版本以后，微软公司没有推出 3.0 版本，版本号直接从 2.0 跳到了 4.0，将 Visual C++与 MFC 的版本号取得一致。

伴随 Windows 98 操作系统的发布，微软公司隆重推出了 Visual C++ 6.0，它提供了许多新特点，功能更加强大，是一种广泛应用的 C++语言集成开发环境。Visual C++ 6.0 允许编辑器自动完成通用语句编辑，使用 Developer Studio 不仅可以创建被 Visual C++ 6.0 使用的源文件和其他文档，还可以创建、查看和编辑与任何 ActiveX 控件有关的文档。Visual C++ 6.0 包括了一些新增加的 MFC 库功能，增加的内容包括用于 Internet 编程的库和新的通用控件。Visual C++ 6.0 还提供了快捷的数据库访问方式，允许用户建立强有力的数据库应用程序，可以使用开放式数据库互连（Open Database Connectivity,ODBC）来访问各种数据库管理系统，也可以使用数据访问对象（Data Access Objects,DAO）访问和操作数据库中的数据并管理数据库。

Microsoft Visual Studio 是微软公司近些年推出的开发工具包系列产品，是一个完整的开发工具集，它包括了整个软件生命周期中所需要的大部分工具，如 UML 工具、代码管控工具、集成开发环境（Integrated Development Enviroment,IDE）等。所写的目标代码适用于 Microsoft 支持的所有平台，包括 Windows Mobile、Windows CE、.NET Framework、.NET Compact Framework、Microsoft Silverlight 和 Windows Phone。

Microsoft Visual Studio 是目前最流行的 Windows 平台应用程序的集成开发环境，Visual Studio 中就包含了 Visual C++。考虑到 Visual Studio 的流行性，本书将以 Visual Studio 2013 作为平台介绍 C++程序设计的基础知识，它具有以下特点。

（1）功能强大，先进的代码编辑器和无缝调试使得编写代码比以往更加快速和流畅。

（2）良好的通用性，可使用集成的工具创建 Windows、Android 和 iOS 设备的应用程序。

（3）良好的扩展性，可以在 Visual Studio 中安装或者创建用户的扩展插件，所有 Visual Studio 的插件都可以免费使用。

（4）提高了开发人员的工作效率，改进了用户界面，内置了许多提高工作效率的功能，如自动补全方括号，团队资源管理器增强了主页设计功能。

总之，C++语言经历了若干版本的不断发展，软件系统逐渐庞大，功能也日臻完善。

1.2.2　C++语言的特点

C++语言具有如下特点。

（1）C++语言全面兼容 C 语言，许多 C 语言代码不经修改就可以在 C++语言中使用。

（2）用 C++语言编写的程序可读性更好，代码结构更为合理。

（3）生成代码质量高，运行效率仅比汇编语言低 10%~20%。

（4）从开发时间、费用到形成软件的可重用性、可扩充性、可维护性和可靠性等方面有很大提高，使得大、中型软件开发变得容易很多。

（5）支持面向对象程序设计，可方便地构造出模拟现实问题的实体和操作。

1.3　C++语言程序基本结构

1.3.1　C++语言程序基本结构

现在通过一个小程序来说明 C++程序的基本结构，该程序在屏幕上输出字符串"Hello！"和"This is my first C++ program！"。

【例 1.1】一个简单的 C++程序。

```
#include<iostream>
using namespace std;
void sayhello();
int main()
{
    sayhello();
    // 在显示器上输出显示一行字符串
    cout<<"This is my first C++ program! "<<endl;
    return 0;
}
//函数定义
void sayhello()
{
    cout<<"Hello! "<<endl;
}
```

1. 头文件

在 C++程序开始部分出现以#开头的命令，表示这些命令是预处理命令，称为预处理器。C++提供了 3 类预处理命令：宏定义命令、文件包含命令和条件编译命令。例 1.1 中出现的"#include<iostream>"命令是文件包含命令，指示编译器将头文件 iostream 中的代码嵌入程序中该命令所在之处。其中 include 是关键字，尖括号内是被包含的文件名，iostream 是一个头文件，该文件包含程序输入/输出操作所必需的标准输入/输出流对象。

C++语言包含头文件的格式有以下两种。

（1）#include<文件名>

编译器并不是在用户编写程序的当前目录查找文件，而是在 C++系统目录中查找。这种包含方法常用于标准头文件，如 iostream、string 等。

（2）#include"文件名"

编译器首先在用户编写程序的当前目录中查找文件，然后再在 C++系统目录中查找。

对于一个存在着标准输入/输出的 C++控制台程序，一般会在#include <iostream>的下面有一行语句"using namespace std;"，这条语句就是告诉编译器，这行代码之后用到的 cout、cin 等标准输出/输入流对象都是在 std 这个命名空间内定义的，其实就是表示所有的标准库函数都在标准命名空间 std 中进行了定义，其作用就在于避免发生重命名的问题。C++语言引入命名空间 namespace，就是为了解决多个程序员在编写同一个项目时，可能出现的函数重名问题，解决方法就是在函数之前加上自己的命名空间。

2．函数

C++的程序是由若干个文件组成的，每个文件又由若干个函数组成。函数之间是相互独立的，相互之间可以调用。但函数在调用之前，必须先定义。

函数要先声明后调用，一般用函数原型进行声明。例 1.1 中第 3 行 void sayhello();就是函数原型声明，其作用是告诉编译器，这个函数可以使用，该函数在其他地方已经定义了。

C++程序中的函数可分为两大类，一类是用户自己定义的函数，另一类是系统提供的标准函数。使用系统提供的标准函数时，可以直接调用，但需要将该函数的头文件包含在程序中。

例 1.1 中第 12～15 行是 sayhello()函数的定义。一个 C++函数中的任何语句都被括在一对花括号"{}"中，这部分内容称作函数体，而函数名 sayhello 和它后面的小括号"()"称为函数头。

3．主函数

在组成 C++程序的若干个函数中，必须有且仅有一个主函数 main()。执行程序时，系统先从主函数开始运行，其他函数只能被主函数调用，或通过主函数被其他函数所调用，函数还可以嵌套调用。

例 1.1 中第 4 行定义了一个主函数 main()。它是程序开始执行的地方，即在程序生成可执行文件后，将从此处开始运行程序。主函数可以带参数，也可以不带参数。由{}括起来的内容是主函数 main()的函数体，其中左大括号"{"表示函数的开始，右大括号"}"表示函数的结束。函数体部分由许多 C++语句组成，这些语句描述了函数实现的具体功能。

4．注释

程序中的注释只是为了阅读方便，并不增加执行代码的长度，在编译时注释被当作空白行跳过。C++语言中的程序注释有以下两种书写格式。

第一种注释方法是以"//"表示注释开始，本行中"//"后面的字符都会被作为注释处理，这种注释方式多用于较短的程序注释。

第二种注释方法是以"/*"开始，以"*/"结束，二者之间的所有字符都会被作为注释处理，此时的注释可以是一行，也可以是多行，适合于大块的注释。

例 1.1 中的第 7、11 行都是程序的注释部分，其中第 7 行用来说明下面的语句功能是在显示器上输出一行字符串。注释对于较复杂的 C++程序是非常必要的，可以解释一行语句或几行语句的作用或功能，提高程序的可读性。

5．输入/输出

输入/输出语句是 C++最基本的语句。例如例 1.1 中的语句"cout<<"Hello!"<<endl;"和"cout<<"This is my first C++ program! "<<endl;"都是输出语句，例 1.1 中没有输入语句。

这里的 cout 是标准输出流对象，实际指定显示器为输出设备；"<<"是 cout 中的运算符，表示把它后面的数据在输出设备上输出显示，双引号表示要显示的内容是一个字符串，最后的 endl 表示回车换行，分号";"表示语句结束。C++规定语句必须要用分号";"

结尾。

cin 是 C++语言中的标准输入流对象，就是从键盘输入数据。">>"是 cin 中的运算符，表示从键盘读入数据存放在它后面的参数中。例如，语句"cin>>a>>b;"表示从键盘输入数据，第一个数据存入 a 中，第二个数据存入 b 中。

综上所述，一个 C++程序的基本结构应该包括以"#"开头的若干个预处理命令，将程序所需要的头文件包含进来，然后定义主函数和其他函数，当然函数也可以在程序的起始部分先利用函数原型进行声明，以后再进行定义。用大括号"{}"括起来的部分就是函数体部分，函数体部分主要包括各种语句和注释，这部分是程序的主体部分，所占比重也最大。

1.3.2　C++程序的书写格式

C++程序的书写格式与 C 语言程序书写格式基本相同，原则如下。

（1）一般情况下一行只写一条语句。短语句可以一行写多条，长语句也可以分成多行来写。分行原则是不能将一个单词分开，用双引号括起来的字符串最好也不要分开，如果一定要分开，有的编译系统要求在行尾加上续行符"\"。

（2）C++程序书写时要尽量提高可读性。为此，采用适当的缩进格式书写程序是非常必要的，表示同一类内容或同一层次的语句要对齐。例如，一个 for 循环的循环体中的各语句要对齐，同一个 if 语句中的 if 体内的若干条语句要对齐。

（3）C++程序中大括号"{}"使用较多，其书写方法也较多，建议用户养成使用大括号"{}"的固定风格。例如，每个大括号占一行，并与使用大括号的语句对齐，大括号内的语句采用缩进两个字符的格式书写，如例 1.1 所示。

1.4　C++程序的上机实现

1.4.1　Visual Studio 2013 集成开发环境

Visual Studio 2013（简称 VS 2013）是微软公司开发的可视化集成开发环境，它集程序代码的编辑、编译、连接、调试等功能为一体，界面友好，功能强大，用户操作方便。

Visual Studio 2013 集成开发环境的主窗口如图 1-1 所示。

1．菜单栏

菜单栏提供了 Visual Studio 2013 的一些基本操作，共有 11 个主菜单，分别介绍如下。

（1）文件：用于新建、打开、关闭或保存一个新的文件、项目、解决方案或网站，还可以进行源代码管理和账户设置。

（2）编辑：用于文件的编辑，如撤销、重做、剪切、复制、粘贴、查找和替换、定位等。

（3）视图：用于打开、激活所需要的各种窗口，如解决方案资源管理器、书签窗口等。

（4）调试：用于调试安装、进行性能诊断、设置 DirectX 控制面板。

（5）团队：用于团队合作，连接到团队创建服务器。

（6）工具：用于提供各种工具软件，如连接到数据库、连接到服务器、代码段管理器、外接程序管理器、错误查找、导入或导出设置等。

（7）测试：用于运行、调试、进行测试设置、分析代码覆盖率等。

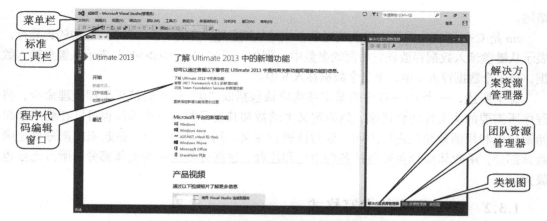

图 1-1　Visual Studio 2013 集成开发环境的主窗口

（8）体系结构：用于新建关系图、配置默认代码生成设置、导出 XML 等。

（9）分析：用于对程序代码进行性能分析和诊断，提供比较性能报告、显示筛选器、导出报告数据、水平或垂直拆分屏幕等。

（10）窗口：用于新建窗口，设置窗口为浮动、停靠、自动隐藏等。

（11）帮助：用于查看帮助文件、注册产品、提供技术支持等。

2．标准工具栏

通过标准工具栏可以快速地使用常见的菜单命令。标准工具栏如图 1-2 所示。

图 1-2　Visual Studio 2013 标准工具栏

从左到右依次为"向后导航""向前导航""新建项目""打开文件""保存选定项""全部保存""撤销""重做""附加""浏览器链接""解决方案配置""在文件中查找"等。

3．程序代码编辑窗口

程序代码编辑窗口是程序设计的主窗口，C++语言的代码编辑、调试、运行都是在这个窗口中进行的。

4．资源管理器窗口

资源管理器窗口包含 3 个标签：解决方案资源管理器、团队资源管理器和类视图。

1.4.2　编辑、编译、连接和运行程序

C++源程序要经过编辑、编译、连接和运行 4 个环节，才能在屏幕上显示结果。例如，要编制一个名为 Hello 的程序，其操作流程如图 1-3 所示。

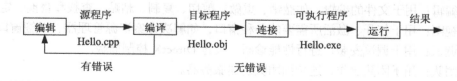

图 1-3　C++程序操作流程

1．编辑

编辑是将写好的 C++源程序输入计算机中，生成磁盘文件的过程。默认文件扩展名为.cpp。Visual Studio 2013 为编辑 C++源程序提供了一个功能良好的编辑器，其主要编辑功能

有定义块、移动块、复制块、删除块、插入字符、保存文件等。

2．编译

编辑好的源程序必须经过编译，翻译成计算机能够识别的机器代码，计算机才能执行，这些二进制代码称为目标代码。将这些目标代码以.obj 为扩展名保存在磁盘中，称为目标程序。

编译阶段主要是分析程序的语法结构，检查 C++源程序的语法错误。如果分析过程中发现有不符合要求的语法错误，就会及时报告给用户，将错误类型显示在屏幕上。

3．连接

编译后生成的目标代码还不能直接在计算机上运行，其主要原因是编译器会对每个源程序文件分别进行编译，如果一个程序有多个源程序文件，编译后这些源程序文件还分布在不同的地方。因此，需要把它们连接在一起，生成可以在计算机上运行的可执行文件。即使 C++源程序只有一个源文件，这个源文件生成的目标程序也需要系统提供的库文件中的一些代码，故也需要连接起来。

连接工作一般由编译系统中的连接程序（又称为连接器）来完成，连接器将目标代码文件和库中的某些文件连接在一起，生成一个可执行文件，默认扩展名为.exe。

4．运行

一个 C++源程序经过编译和连接后生成了可执行文件，该文件可以在 Windows 环境下直接双击运行，也可以在 Visual Studio 2013 的集成开发环境下运行。

程序运行后，将在屏幕上显示运行结果或显示提示用户输入数据的信息。用户可以根据运行结果来判断程序是否有算法错误。在生成可执行文件之前，一定要改正编译和连接时出现的致命错误和警告错误，这样才能保证运行结果是正确的。

下面以一个简单 C++程序为例来说明 C++程序的上机实现过程。

（1）启动 Visual Studio 2013。

用户可以单击"开始"菜单，选择"程序"→"Visual Studio 2013"命令，或在桌面上双击"Visual Studio 2013"快捷方式，就会启动 Visual Studio 2013，打开图 1-1 所示的集成开发环境。

（2）在"文件"菜单下选择"新建"命令，将弹出二级菜单，如图 1-4 所示。在该菜单中选择"项目"命令，将弹出图 1-5 所示的"新建项目"对话框。

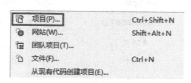

项目(P)...	Ctrl+Shift+N
网站(W)...	Shift+Alt+N
团队项目(T)...	
文件(F)...	Ctrl+N
从现有代码创建项目(E)...	

图 1-4 "新建"命令的二级菜单

（3）在"新建项目"对话框中可以选择最近的程序开始设计，也可以选择已安装的模板。此处选择"Visual C++"→"Win32 控制台应用程序"来开始 C++程序设计，还可以设置项目名称、设置项目保存位置、选择解决方案、设置解决方案名称，当然也可以选择默认值。然后单击"确定"按钮，进入图 1-6 所示的"Win32 应用程序向导"。

（4）在"Win32 应用程序向导"中会首先出现一个欢迎界面，在该界面中可以查看当前项目设置情况，用户可以单击"完成"按钮接受当前设置，直接进入应用程序设计界面，也可以单击"下一步"按钮进入图 1-7 所示的"应用程序设置"界面。

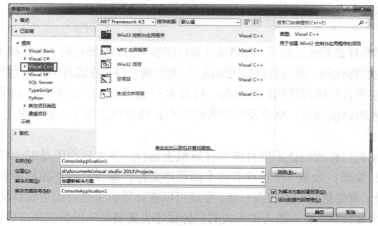

图 1-5 "新建项目"对话框

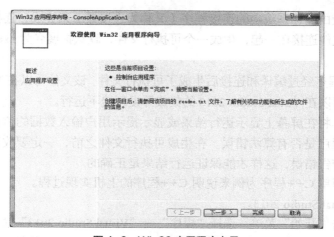

图 1-6 Win32 应用程序向导

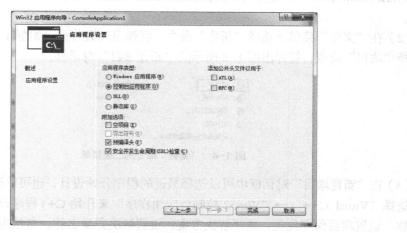

图 1-7 应用程序设置

（5）在"应用程序设置"界面中，用户可以设置应用程序的类型为"Windows 应用程序""控制台应用程序""DLL"或"静态库"，还可以选择附加选项，可以添加公共头文件以用于 ATL、MFC 等。然后单击"完成"按钮完成应用程序设置。此时屏幕上会出现图 1-8 所示的

"正在创建项目"字样，滚动条在不断滚动，用户稍等片刻就可以进入 Visual Studio 2013 的集成开发环境，开始应用程序设计。

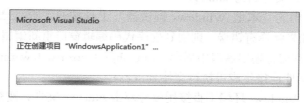

图 1-8　正在创建项目

至此，一个新的应用程序创建完成，系统为用户自动创建了主函数，并包含了预编译头文件 stdafx.h，如图 1-9 所示。

图 1-9　新创建的应用程序

在程序代码编辑窗口中输入以下代码：

```cpp
#include<iostream>
using namespace std;
int add(int a,int b);  //函数原型
int main(int argc, char* argv[])
{
    int x,y,sum;
    cout<<"请输入两个整数："<<endl;
    cin>>x>>y;
    sum=add(x,y);
    cout<<"两数之和为："<<sum<<endl;
    return 0;
}
// 函数 add 定义
int add(int a,int b)
{
    int c;
    c=a+b;
    return c;
}
```

代码输入完毕，选择"文件"→"保存"命令，或直接单击工具栏上的"保存"工具按钮，保存 C++源程序，文件名为 sum.cpp。

（6）单击工具栏中的"本地 Windows 调试器"工具按钮 ▶ 本地 Windows 调试器 ▾，对 C++源程序 sum.cpp 进行编译。如果编译有错误，则回到程序代码编辑窗口重新编辑，进行修改，直到没有错误为止。此时将在信息输出窗口中显示"sum.obj – 0 error(s), 0 warning(s)"的信息。编译完成后，将 sum.obj 文件连接生成可执行文件 sum.exe。

（7）用户可以在 Windows 环境下直接用鼠标双击 sum.exe 文件，观察程序的运行结果。

程序运行后，将弹出一个窗体要求用户输入两个整数，用户输入两个整数（如 4 和 5）后按 Enter 键，将直接显示求和的结果，如图 1-10 所示。

图 1-10　程序执行结果

习　题

1．填空题

（1）在面向对象程序设计中，对象是由_____、_____和_____封装在一起构成的实体。

（2）在面向对象程序设计中，类是具有_____和_____的对象的集合，它是对一类对象的抽象描述。

（3）面向对象程序设计最突出的特点就是_____、_____和_____。

（4）C++语言包含头文件的格式有两种，即_____和_____。

（5）C++源程序要经过_____、_____、_____和_____4 个环节，才能在屏幕上显示结果。

（6）每个 C++程序都从_____函数开始执行。

（7）每个函数体都以_____开始，以_____结束。

（8）C++程序中的每条语句以_____结束。

（9）C++程序的头文件和源程序的扩展名分别为_____和_____，目标程序的扩展名为_____，可执行程序的扩展名为_____。

（10）在 C++程序中使用基本输入/输出语句需包含的头文件是_____，应放在程序的_____。

（11）在 C++程序中注释语句有_____和_____两种格式。

（12）C++程序的续行符为_____。

（13）如果从键盘输入语句给变量 X，则输入函数的形式为_____；如果再将变量 X 的值显示在屏幕上，其输出函数的形式为_____。

（14）C++程序中的"endl"在输出语句中起_____作用。

2．选择题

（1）面向对象程序设计把数据和（　　　）封装在一起。

    A．数据隐藏   B．信息   C．数据抽象   D．对数据的操作

（2）C++源程序的扩展名是（　　　）。

    A．.c   B．.exe   C．.cpp   D．.pch

（3）把高级语言程序转换为目标程序需使用（　　　）。

    A．编辑程序   B．编译程序   C．调试程序   D．运行程序

（4）C++语言与 C 语言相比最大的改进是（　　　）。

    A．安全性   B．复用性   C．面向对象   D．面向过程

（5）以下叙述不正确的是（　　　）。

    A．C++程序的基本单位是函数

    B．一个 C++程序可由一个或多个函数组成

    C．一个 C++程序有且只有一个主函数

    D．C++程序的注释只能出现在语句的后面

3．编程题

编写程序在屏幕上显示字符串"欢迎大家学习 C++语言！"，并按照书中介绍练习 C++语言的上机实现过程。

第2章
C++程序设计基础

程序设计语言是人与计算机交流的工具，它有严格的字符集和严密的语法规则，编写任何程序之前必须先了解构成程序语句的基本要素，例如标识符、基本数据类型、常用的运算符和表达式、常量与变量等，这些都是构成语句的基本元素，需要程序员认真学习掌握。

2.1　词法符号

任何一种程序设计语言都会使用一些确定的单词和符号来表示各种符号、关键字等。单词又称为词法符号，它是由若干个字符组成的具有一定意义的最小词法单位。C++语言中共有 5 种词法符号：标识符、关键字、常量、运算符和分隔符。

在介绍词法符号之前，先来了解 C++语言可以使用的字符集。字符是构成 C++语言的基本要素，所有可用的符号构成了字符集。

C++语言的字符集包括如下内容。

（1）英文字母：A~Z，a~z。

（2）数字字符：0~9。

（3）特殊字符：空格、!、#、%、^、&、*、_（下划线）、+、－、=、~、<、>、/、\、´、"、;、.、,、()、[ ]、{ }、：。

2.1.1　标识符

标识符是程序员为标识程序中使用的函数名、类名、变量名、常量名、对象名等实体而定义的专用单词。C++语言中标识符的命名规则如下。

（1）标识符由英文字母（包括大写和小写）、数字和下划线组成，并且以字母和下划线开始，其后跟零个或多个字母、数字或下划线。

注意

标识符不可以数字开始。

例如，Abc、X1、_x1、desk 都是正确的标识符，而 2A 是错误的标识符。

（2）标识符区分大写和小写英文字母。例如，A1 和 a1 是两个不同的标识符。

（3）标识符的长度是任意的，但有的编译系统仅识别前 32 个字符。

（4）标识符不能和 C++语言的关键字同名。

2.1.2 关键字

关键字是一种有特殊用途的词法符号，是 C++语言预定义的保留字，不能再用作其他用途。下面列举一些 C++语言中常用的关键字。

auto	break	bool	case	char	catch	class	const
continue	default	delete	do	double	else	enum	explicit
export	extern	false	float	for	friend	goto	if
inline	int	long	mutable	new	namespace	operator	private
protected	public	register	return	short	signed	sizeof	static
static_cast	struct	switch	this	true	typedef	typename	union
unsigned	using	virtual	void	volatile	while		

2.1.3 运算符

运算符是 C++语言实现各种运算的符号，如加法运算符"＋"、减法运算符"－"等。

运算符根据操作对象个数的不同，可以分为单目运算符、双目运算符和三目运算符。单目运算符又称为一元运算符，只对一个操作数进行运算，一般位于操作数的前面，例如求负运算符"－"、逻辑非运算符"!"等。双目运算符又称为二元运算符，它可以对两个操作数进行运算，一般位于两个操作数中间，例如加法运算符"＋"、乘法运算符"*"等。三目运算符又称为三元运算符，它可以对 3 个操作数进行运算。C++语言中只有一个三目运算符，就是条件运算符"? ;"。

2.1.4 分隔符

分隔符是用来在程序中分隔词法符号或程序正文的，这些分隔符不表示任何实际的操作，仅用于构造程序。在 C++语言中，常用的分隔符有以下几个。

（1）空格符：常用来作为单词与单词之间的分隔符。

（2）逗号：用来作为多个变量之间的分隔符，或用来作为函数多个参数之间的分隔符。

（3）分号：用来作为语句结束的标志，或 for 循环语句中 3 个表达式的分隔符。

（4）冒号：用来作为语句标号与语句之间的分隔符，或 switch 语句中关键字 case<整型常量>与语句序列之间的分隔符。

还有( )和{}也可以作为分隔符。由于 C++编译器将注释也当作空格对待，故注释也可用作分隔符。

2.2 基本数据类型

C++语言的数据类型是十分丰富的，大致可分为基本数据类型和非基本数据类型。基本数据类型包括整型、字符型、浮点型和布尔型。非基本数据类型包括数组类型、结构体类型、共用体类型、指针类型、空类型等，如图 2-1 所示。本章主要讨论基本数据类型，非基本数据类型的有关知识将在后续章节中介绍。

除了图 2-1 中所示的数据类型以外，C++还提供了 4 个类型修饰符作为前缀，它们用来改变基本数据类型的含义，以便更准确地适应各种情况的需要。这 4 个类型修饰符分别是：long（表示长型）、signed（表示有符号）、unsigned（表示无符号）、short（表示短型）。其中 long、 short 在修饰基本整型 int 时可省略 int，signed 在表示有符号数时可省略 signed。

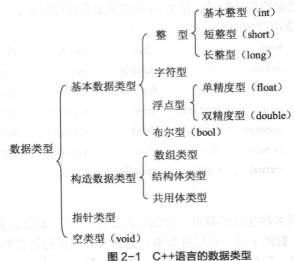

图 2-1　C++语言的数据类型

在高级程序设计语言中，数据类型不同，则数据长度（字节数）、能表示的数据范围和精度以及所能进行的运算均不相同。数据类型决定了数据在内存中所占用的存储空间，也确定了其表示的范围。

各种基本数据类型的长度（字节）和取值范围如表 2-1 所示。

表 2-1　C++基本数据类型的长度和取值范围

数 据 类 型	说　明	长度（字节）	取 值 范 围
bool	布尔型		true，false
char（signed char）	字符型	1	$-128 \sim 127$
unsigned char	无符号字符型	1	$0 \sim 255$
short（signed short）	短整型	2	$-32\ 768 \sim 32\ 767$
unsigned short	无符号短整型	2	$0 \sim 65\ 535$
int（signed int）	基本整型	4	$-2\ 147\ 483\ 648 \sim 2\ 147\ 483\ 647$
unsigned int	无符号整型	4	$0 \sim 4\ 294\ 967\ 295$
long（signed long）	长整型	4	$-2\ 147\ 483\ 648 \sim 2\ 147\ 483\ 647$
unsigned long	无符号长整型	4	$0 \sim 4\ 294\ 967\ 295$
float	单精度型	4	$-3.4 \times 10^{-38} \sim 3.4 \times 10^{38}$
double	双精度型	8	$-1.7 \times 10^{-308} \sim 1.7 \times 10^{308}$

说明如下。

（1）单精度型（float）和双精度型（double）都属于浮点型。

（2）char 型和各种 int 型有时又统称为整数类型。因为字符型数据在计算机中是以 ASCII 形式表示的，故其本质上是整数类型的一部分，也可以当作整数来运算。

（3）各种数据类型的长度是以字节为单位，1 字节等于 8 位二进制数。

C++还提供了一种字符串类型，即 string 类型。严格地说，string 类型并不是 C++语言本身具有的基本数据类型，而是 C++标准库中提供的一个字符串类，包含在头文件 string 中，它能更方便快捷地定义和操作字符串。有关字符串和类的概念、知识将在后续章节中介绍，这里用户只需要知道可以使用 string 类型定义一个字符串变量，用来存储和操作字符串就可以了。

2.3 常量与变量

在程序运行过程中，值不能被改变的量称为常量，值可以改变的量称为变量。在 C++程序中，数据以常量或变量的形式来表示，每个常量或变量都有确定的数据类型。

2.3.1 常量

1．整型常量

整型常量即整型常数，只有整数部分而没有小数部分，可以用十进制、八进制和十六进制 3 种形式来表示。

（1）十进制整型常量与大家熟悉的整数表示形式相同，由 0～9 的数字组成，没有前缀，不能以 0 开始。例如：238、−69 为合法的十进制整型常量。

（2）八进制整型常量以 0 为前缀，后跟 0～7 间的数字。例如：0134、−076 为合法的八进制整型常量。

（3）十六进制整型常量以 0X 或 0x 为前缀，后跟 0～9 间的数字和 A～F（大小写均可）间的字母。例如：0X2F、0xA3B4 为合法的十六进制整型常量。

整型常量中的长整型用 L 或 l 作为后缀表示。例如：324L、076l 等。

整型常量中的无符号型用 U 或 u 作为后缀表示。例如：431U、0x34u 等。

2．浮点型常量

浮点型常量又称为实型常量，是由整数部分和小数部分组成的，只能用十进制表示。浮点型常量有两种表示方法：小数表示法和科学记数法。

（1）小数表示法：由符号、数字和小数点组成。例如：9.55、.25、4.、0.123 等。

（2）科学记数法：指用指数形式来表示浮点型常量，即在小数表示法后面加上 E 或 e 表示指数。例如：3.2E−5、7e10、−34.5e2 等。

① 采用小数表示法表示浮点型常量必须有小数点。

② 采用科学记数法表示浮点型常量，E 或 e 的前面必须有数字，而且 E 或 e 后面的指数部分也必不可少，可正可负，但必须是整数。

以下浮点型常量是非法的，如 3.5E、E8、8.2−e3 等。

3．字符常量

C++语言中有两种字符常量，分别是一般字符常量和转义字符常量。

（1）一般字符常量：通常是用一对单引号括起来的一个字符，其值为 ASCII 值，数据类型为 char。例如，'a'、'A'、'$'等都是合法的字符常量，其中单引号只是说明被它括起来的字符是字符常量，它本身并不是字符常量的内容。

在内存中，字符常量是以 ASCII 存储的，以整数表示，占据一个字节的长度。

注意

① 字符常量区分大小写，例如'a'和'A'是两个不同的字符常量。

② 一个字符常量只能包含一个字符，例如'AB'是错误的。

③ 单引号是字符常量的定界符，在输出字符常量时不显示单引号。

④ 字符常量具有数值属性，因为在 ASCII 表中每个字符都对应着一个 ASCII 值。

（2）转义字符：是用转义符号"\"后跟一个字符或一个 ASCII 来表示一个具有特殊意义的字符。例如，'\n'表示回车换行，并不表示字母 n。常用的转义字符如表 2-2 所示。

表 2-2　C++中常用的转义字符

字　符　形　式	ASCII 值	功　　　能
\0	0x00	NULL
\a	0x07	响铃
\b	0x08	退格（Backspace 键）
\t	0x09	水平制表（Tab 键）
\f	0x0c	走纸换页
\n	0x0a	回车换行
\v	0x0b	垂直制表
\r	0x0d	回车（不换行）
\\	0x5c	字符"\"
\'	0x27	单引号
\"	0x22	双引号
\?	0x3f	问号
\ddd	0ddd	1～3 位八进制数所代表的字符
\xhh	0xhh	1～2 位十六进制数所代表的字符

反斜杠"\"可以和八进制数或十六进制数结合起来使用，以表示该字符的 ASCII 值。例如，'\x0a'和'\n'同义，都表示回车换行。转义字符用八进制数表示时，最多是 3 位数，且必须以 0 开头，表示范围为'\000'到'\077'。转义字符用十六进制数表示时是两位数，用 x 或 X 引导，表示范围为'\0x00'到'\0xff'。例如，'\x62'就表示字符'b'。

在实际编程中，转义字符通常被用来表示那些不可显示或不能用键盘输入的字符。在表 2-2 中有 3 个字符要注意，分别是"\"""""和""""，为什么要为这些字符定义转义字符呢？这是因为它们在 C++语言中已经有了其他特定的含义，"\"表示转义字符，"'"表示字符常量，"""表示字符串常量，所以如果需要把它们作为字符常量，就必须采用转义字符。

4．字符串常量

字符串常量又称为字符串，是用一对双引号括起来的字符序列。例如："hello"、"I am a student"等都是字符串常量，这些字符在内存中连续存储，并在最后加上字符'\0'作为字符串结束的标志。

例如，字符串"word"在内存中占连续 5 个内存单元，存放示意图如图 2-2 所示。

w	o	r	d	\0

图 2-2 字符串"word"在内存中的存放示意图

在 C++语言中，字符串常量和字符常量是不同的，字符常量在内存中只占一个存储单元，字符串常量则占用多个存储单元，并在最后加上字符'\0'作为字符串结束标志。所以，'x'和"x"意义并不相同，'x'在内存中仅占一个存储单元，而"x"在内存中占用两个存储单元。

 注意 不能将一个字符串常量赋给一个字符变量。例如，语句 char c="abc";是错误的。

5．逻辑常量

逻辑常量又称为布尔常量，取值仅有两个：0 和 1，其数据类型为 bool。逻辑常量在 C++程序设计中经常出现，在各种表达式中参与运算，其中逻辑值"0"代表"假""不成立""false"等，逻辑值"1"代表"真""成立""true"等。

由于逻辑常量的取值是整数 0 和 1，因此它也能像其他整数一样出现在表达式中，参与各种整数运算。

6．符号常量

在 C++中，可以用一个标识符来表示一个常数，这个标识符就是符号常量。例如，圆周率 3.1415926 如果用符号 π 表示，则 C++编译器不能识别；如果用 3.1415926 表示，则容易出现输入错误。此时，可以通过一个容易理解和记忆的标识符 pi 来代表圆周率 π，pi 就是一个符号常量。

在使用符号常量前一定要先定义，而且要赋初值。C++语言提供了以下两种定义符号常量的方法。

（1）用 const 语句定义符号常量。

这种方法是 C++语言中广泛采用的定义符号常量的方法，其一般格式为

const 数据类型 符号常量=表达式；

例如：

```
const double pi = 3.1415926;      //定义了一个符号常量pi，值为3.1415926
```

（2）用#define 语句定义符号常量。

这是 C 语言中定义符号常量的方法，其中#define 是预处理指令，其缺点是不能显示声明常量的类型。其一般格式为

#define 常量名 常量值

例如：

```
#define pi 3.1415926
```

 注意 （1）符号常量在声明时一定要进行初始化，否则将出现编译错误，而且在程序执行过程中其值不能再改变。
（2）#define 语句的最后不允许加分号";"。

在程序中使用符号常量有许多好处，一是通过给常量起一个有意义的名字可提高程序的可读性，如用 pi 代表圆周率 π，比直接使用 3.1415926 要容易理解；二是增加了程序的可维

护性。假如程序中有多个地方用到某一个常量，当需要修改该常量时，则每一处用到该常量的地方都要修改，往往顾此失彼，容易引起数据不一致问题。如果使用符号常量，则只需修改符号常量的声明语句即可，只需修改一处即可修改所有使用该常量的地方，使程序更加容易维护。

2.3.2　变量

数据在程序运行时需要存放在内存中，占用若干的存储单元，其中很多数据在程序运行过程中是可以改变的，这些可以改变的数据就被称为变量。由此可见，变量对应着计算机中的一组内存单元，这组内存单元在 C++语言中用一个标识符来表示，即变量名。在程序执行过程中可以很容易地通过变量名来操作相应的存储单元，存取或修改其中的数据，而不需要知道数据的实际存储地址。

在 C++语言中使用变量前，必须先对它的数据类型进行说明，以便编译程序为变量分配相应的存储空间。

1．变量的命名

变量的命名要遵循 C++语言中标识符的命名规则。

（1）系统使用的关键字不能作为变量名。

（2）第一个字符必须是字母或下划线，后跟字母、数字或下划线，中间不能有空格。

（3）命名变量应尽量做到"见名知意"，这样有助于记忆，增加可读性。

（4）在命名变量时，大、小写字母是不一样的，习惯上用小写字母命名变量。例如，X1 和 x1 是两个不同的变量。

2．变量的定义

变量定义的一般格式为

> 数据类型　变量1,变量2,…;

其中，数据类型可以是 C++语言中的任一合法类型，它决定了变量在内存中所占的存储字节数。

例如：

```
int  x,y,z;      //定义了 3 个整型变量 x、y、z
float  a,b;      //定义了两个单精度型变量 a、b
```

在定义变量时，必须注意选择合适的变量类型，应能保证变量中存储的数据不突破该数据类型所能表示的最大值。当然，也不能因此就将每个变量都声明成表示范围最大的数据类型，这样会白白浪费存储空间，有时甚至会降低计算精度。

3．变量的初始化

在定义变量的同时，可以用赋值运算符"="对它进行赋值，称为变量的初始化。其格式为

> 数据类型　变量名=初始化值;

其中，初始化值可以是一个常量，也可以是一个表达式。

例如：

```
int  x=10,y=20+a;    //a 是已被定义，并赋值的变量
```

也可以先定义变量，后赋值。例如：

```
int  x1;
x1=10;
```

在 C++语言中，还有另外一种方式给变量赋初值，例如：

```
int i(1);    //该语句定义了一个整型变量i，其初值为1
```

注意

（1）在一个语句中可以同时定义同一类型的多个变量，但不能在一个语句中同时对多个变量赋值。例如，"int a=b=c=5;"语句是错误的，但可以分别赋值。

（2）在同一个程序中，不能有两个相同的变量名。

（3）变量赋值时，赋值号左边的变量类型要和赋值号右边值的类型匹配。如果赋值号两边的类型不匹配，一种情况是系统自动进行隐式类型的转换（详见本章第 2.4.7 小节），另一种情况就是出现错误，这种错误对程序来说是非常危险的。

2.4　运算符和表达式

C++语言定义了丰富的运算符。运算符给出了计算的类型，参与运算的数据称为操作数。运算符按运算性质又可分为算术运算符、关系运算符和逻辑运算符等。

使用运算符时，要注意以下几点。

（1）运算符的功能。如加法运算符、减法运算符等。

（2）与操作数的关系，注意操作数的个数和类型。例如，单目运算符只能有一个操作数，而取余运算符%（或称取模运算符）则要求参与运算的两个操作数类型必须为整型。

（3）运算符的优先级。每个运算符都有一定的优先级，用来决定它在表达式中的运算次序。当一个表达式中含有多个运算符时，先进行优先级高的运算，后进行优先级低的运算。如果出现多个优先级相同的运算，则运算顺序按运算符的结合性进行。

（4）运算符的结合性。所谓结合性是指当一个操作数左右两边的运算符优先级相同时，按什么顺序进行运算，是自左向右还是自右向左。例如，在表达式 3*5/6 中，5 的两边有两个优先级别相同的运算符 "*" 和 "/"，按照从左到右的结合性应该先进行乘法运算，再进行除法运算，称为左结合性；相反就称为右结合性。表 2-3 所示为常用运算符的优先级、功能和结合性。

表 2-3　C++中常用运算符的优先级、功能和结合性

优　先　级	运　算　符	功　能　说　明	要求操作数的个数	结　合　性
1	（ ）	改变优先级		左结合
	∷	作用域运算符		
	[ ]	数组下标运算符		
	.　—>	成员选择		
	.*　—>*	成员指针选择		
2	*	指针运算符	1	右结合
	&	取地址		
	sizeof	求内存字节数		
	!	逻辑求反		

优 先 级	运 算 符	功 能 说 明	要求操作数的个数	结 合 性
2	~	按位求反		
	++ ——	自增、自减运算符		
	+ —	取正、取负运算符		
3	* / %	乘法、除法、取余	2	左结合
4	+ —	加法、减法	2	左结合
5	<< >>	左移位、右移位	2	左结合
6	< > <= >=	小于、大于、小于等于、大于等于	2	左结合
7	== !=	等于、不等于	2	左结合
8	&	按位与	2	左结合
9	^	按位异或	2	左结合
10	|	按位或	2	左结合
11	&&	逻辑与	2	左结合
12	||	逻辑或	2	左结合
13	?:	条件运算符	3	右结合
14	= += —= *= /= %= <<= >>= &= ^= |=	赋值运算符	2	右结合
15	,	逗号运算符		左结合

表达式是由运算符和各种运算对象（常数、变量、常量等，也称为操作数）组合而成的。C++程序中的表达式与我们在数学中用到的表达式类似，都是用于计算的式子，所有的表达式都要有一个运算结果。

C++语言中常见的表达式有算术表达式、关系表达式、逻辑表达式、条件表达式、逗号表达式、赋值表达式等。

在书写表达式时，必须注意运算符的优先级与结合性，确保表达式的实际运算顺序与用户所要求的一致，以保证运算结果正确无误。必要时可加上圆括号"()"，以便于理解，甚至改变优先级。圆括号可以嵌套使用，在计算时先计算内括号部分，再计算外括号部分。

2.4.1 算术运算符与算术表达式

C++语言中的算术运算符包括基本算术运算符和自增、自减运算符。

1. 基本算术运算符与算术表达式

基本算术运算符有：+（取正或加法）、—（取负或减法）、*（乘法）、/（除法）、%（取余）。其中，+（取正）、—（取负）是单目运算符，其余是双目运算符。

上述运算符与其在数学中的意义、优先级、结合性基本相同，即先进行乘法、除法和求余运算，它们的优先级相同，后进行加法和减法运算，优先级也相同。

"/"运算符，当它的两个操作数都是整数时，其计算结果应是除法运算后所得商的整数部分。例如，5/2 的结果是 2。要完成通常意义上的除法，就需要两个操作数中至少有一个不为整型。例如，5.0/2 的结果是 2.5。

取余运算符（%）只能用来计算两个整数相除后的余数，符号与被除数相同。例如，5%4 的结果是 1，4%2 的结果是 0。

注意　　　　　要求取余运算符（%）的两个操作数必须是整数或字符型数据。

算术表达式是由算术运算符与操作数组成的，其表达式的值是一个数值，表达式的类型由运算符和操作数共同确定。

【例 2.1】基本算术表达式的计算。

```cpp
#include<iostream>
using namespace std;
int main()
{
    int i=4,j=5,k=6;
    int x;
    x=i+j-k;
    cout<<"x="<<x<<endl;
    x=(i+j)*k/2;
    cout<<"x="<<x<<endl;
    x=25*4/2%k;
    cout<<"x="<<x<<endl;
    double y=2.5;
    cout<<"y="<<y-(y+0.5)*2<<endl;
    return 0;
}
```

程序执行结果如下：

```
x=3
x=27
x=2
y= -3.5
```

2．自增、自减运算符及表达式

自增、自减运算符都是单目运算符，这两个运算符都有前置和后置两种形式。前置形式是指运算符在变量的前面，后置形式是指运算符在变量的后面。例如：

```
i++;        //++运算符后置
--j;        //--运算符前置
```

无论是前置形式还是后置形式，这两个运算符单独使用时都是使变量的值增 1 或减 1，但出现在表达式中时作用就会不同，最后的结果也会不同。前置形式是先计算变量的值（增 1 或减 1），然后把变量的值作为表达式的结果，而后置形式是先将变量的值作为表达式的结果，然后计算变量的值（增 1 或减 1）。所以，当把这种表达式作为操作数继续参与其他运算时要特别注意。

例如，假设 a=5，分别计算下面两个表达式的结果。

```
b = a++
```

或

```
b = ++a
```

执行上述两个表达式后，a 的值都变为 6，但 b 的值却不一样，第一个表达式 b 的值为 5，第二个表达式 b 的值为 6。原因在于第一个表达式采用后置形式，即先取值后计算，也就是先将变量 a 的值赋值给变量 b，然后再增 1，所以第一个表达式的结果为 b=5；第二个表达式采用前置形式，结果为 b=6，是因为先计算后取值的缘故，即变量 a 先增 1，然后再赋值给变量 b。所以，尽管两个表达式类似，但计算结果却不同。

注意

（1）自增、自减运算符只能用于变量，不能用于常量和表达式。

（2）自增、自减运算符的结合方向是自右向左，例如表达式 – i++ 中的运算符 " – " 和 "++" 优先级相同，结合方向是自右向左，即表达式可以理解为 –(i++)。

（3）自增、自减运算符在很多情况下可能会出现歧义，使用时要特别加以注意。例如下列语句：

```
int  i=4;
cout<<i++<<'' ''<<i++;
```

许多人会认为语句输出为 4 5，实际上输出的是 5 4。因为大多数编译系统在处理输出流时是按照自右向左的顺序对各输出项求值，先求出右边的 i++，输出自增前的值 4，将 i 的值加 1 后再处理左边的 i++，输出自增前的值 5。

在进行算术运算时，还需注意计算中的溢出问题。因为每种基本数据类型都有一定的取值范围。对于实数，如果运算结果超出范围，程序将被异常中止。另外，整数或实数被零除也会导致程序异常中止。但 C++ 语言并不认为整数溢出是一个错误。

此外，还应注意在表达式中，连续出现两个运算符时，最好用空格符分隔。例如：

```
i +  ++ j
i +++ j
i ++  + j
```

上面的 3 个表达式都连续出现了两个运算符。其中在第 1、3 个表达式中运算符用空格隔开了，如何运算非常明确。第 2 个表达式的意义就不太明了，实际上该表达式和第 3 个表达式意义相同，原因在于自增运算符（++）的优先级别高于加法运算符（+），而且 "++" 运算符的结合性为右结合。因此，在连续出现两个运算符时加空格是有必要的。当然，这里采用加括号的方法也可以达到同样的目的。

【例 2.2】自增、自减表达式的计算。

```
#include<iostream>
using namespace std;
int main()
{
    int i,j,k,m,n;
    i=4;
    j=i++;
    cout<<"i="<<i<<'\t'<<"j="<<j<<endl;
    i=4;
    k=++i;
    cout<<"i="<<i<<'\t'<<"k="<<k<<endl;
    i=4;
    m=i--;
    cout<<"i="<<i<<'\t'<<"m="<<m<<endl;
```

```
        i=4;
        n=--i;
        cout<<"i="<<i<<'\t'<<"n="<<n<<endl;
        return 0;
}
```

程序执行结果如下：

```
i=5        j=4
i=5        k=5
i=3        j=4
i=3        k=3
```

2.4.2 关系运算符与关系表达式

1．关系运算符

关系运算符用于比较两个操作数的大小，其比较的结果是一个布尔值。当两个操作数满足关系运算符指定的关系时，表达式的值为 true（真），否则为 false（假）。

在 C++ 语言中，关系运算符都是双目运算符，共有 6 个，分别是 "<"（小于）、"<="（小于或等于）、">"（大于）、">="（大于或等于）、"=="（等于）和 "!="（不等于），其中前 4 个的优先级高于后两个。

C 语言中没有布尔类型，它是采用整数 1 和 0 表示真和假。C++ 语言中虽然有布尔类型，但它仍然继承了 C 语言的规定，true 等价于 1，false 等价于 0。所以，关系运算符的比较结果可以为整数，也可以作为算术运算中的操作数。例如，表达式 2 >= 3 的结果为 0（false）。

关系运算符的操作数可以是任何基本数据类型的数据。但由于实数在计算机中只能近似地表示，故一般不能直接进行"等于"比较。当需要进行这样的比较时，通常的做法是指定一个极小的精度值，当两个实数的差在这个精度之内时，就认为两个实数相等，否则认为不相等。

在使用关系运算符时还应注意以下几点。

（1）不要把等于运算符 "=="误用为赋值运算符 "="。例如，如果将判断变量 x 是否等于 2 的关系表达式 "$x==2$"写成 "$x=2$"，则该表达式的值永远为 true（真），而不管 x 原来的值是多少。

（2）表达式 "'a'>=60"的意思是比较字符 a 的 ASCII 值是否大于等于 60。

（3）对于数学中表示 "x 大于等于 5 且 x 小于等于 20"的数学关系式 $5 \leqslant x \leqslant 20$，如果写成表达式 5 <= x <= 20，则在 C++ 语言中是错误的。这种错误是一种语义上的错误，不是语法错误，编译器查不出来，故在编译时不会报告错误。但运行时，不论 x 为何值（如 3 或 50），表达式的值都为 true（真）。这种错误比较隐蔽，不易被发现，尤其要注意。正确的表达式应该写成 "5 <= x && x <= 20"。

2．关系表达式

关系表达式是由关系运算符和操作数组成的，表达式的值都是 1（true）或 0（false）。关系表达式经常出现在条件语句或循环语句中，用于决定条件是否满足，或是否继续循环。

【例 2.3】关系表达式的计算。

```
#include<iostream>
using namespace std;
int main()
{
    int i=4,j=5;
    cout<<(i>j)<<endl;
```

```
        cout<<(i>=j)<<endl;
        cout<<(i<j)<<endl;
        cout<<(i<=j)<<endl;
        cout<<(i==j)<<endl;
        cout<<(i!=j)<<endl;
        return 0;
}
```

程序执行结果如下：

```
0
0
1
1
0
1
```

2.4.3 逻辑运算符与逻辑表达式

1. 逻辑运算符

逻辑运算符共有 3 个，分别是"!"（逻辑非）、"&&"（逻辑与）和"||"（逻辑或）。其中，"!"是单目运算符、"&&"和"||"是双目运算符。

逻辑运算的结果是逻辑值。参与逻辑运算的操作数可以是任一基本数据类型的数据，在进行判断时，系统将视非零值为真，零为假。

对于"&&"运算符，只要两个操作数中有一个为 false（0），运算结果就为 false（0），否则结果为 true（1）。对于"||"运算符，只要两个操作数中有一个为 true（1），运算结果就为 true（1），否则结果为 false（0）。对于单目运算符"!"，若其操作数为 false（0），运算结果为 true（1），否则结果为 false（0）。逻辑值的逻辑运算结果如表 2-4 所示。

注意

（1）在 3 个运算符中，逻辑非的优先级最高，逻辑与次之，逻辑或最低。

（2）关系运算和逻辑运算的结果若为真，其值为 1；若为假，其值为 0。

表 2-4　逻辑值的逻辑运算结果

a	b	!a	a&&b	a||b
0	0	1	0	0
0	1	1	0	1
1	0	0	0	1
1	1	0	1	1

2. 逻辑表达式

逻辑表达式由逻辑运算符与操作数组成，表达式的值都应是 1（true）或 0（false）。

【例 2.4】逻辑表达式与关系表达式的计算。

```
#include<iostream>
using namespace std;
int main()
{
    int x=3,y=5,z;
    z=(x>0)||(y<10);
```

```
        cout<<"z="<<z<<endl;      //输出 z=1, 表示运算结果为 true
        z=(x==0)&&(y<10);
        cout<<"z="<<z<<endl;       //输出 z=0, 表示运算结果为 false
        z=!(x==3);
        cout<<"z="<<z<<endl;       //输出 z=0, 表示运算结果为 false
        return 0;
}
```

程序执行结果如下:

```
z=1
z=0
z=0
```

2.4.4 赋值运算符与赋值表达式

C++中的赋值运算符分为两种: 简单赋值运算符和复合赋值运算符。

1. 简单赋值运算符

简单赋值运算符为 "=", 其构成的表达式一般形式为

变量 = 表达式

该表达式执行时, 先计算赋值运算符右边表达式的值, 然后将它赋值给左边的变量。如果赋值运算符两边的类型不一致, 在赋值时会自动进行类型转换。

2. 复合赋值运算符

复合赋值运算符由一个数值型运算符和基本赋值运算符组合而成, 共有 10 个, 分别为 "+=" "-=" "*=" "/=" "%=" "<<=" ">>=" "&=" "^=" 和 "|="。

如果以 "#" 表示数值型运算符, 则复合赋值表达式的一般形式为

变量 #= 表达式

该表达式等价于

变量 = 变量 # 表达式

即先用左边变量和右边表达式做数值运算, 然后将运算结果赋值给左边变量。例如:

```
a += 5    等价于    a = a+5
m %=7     等价于    m = m % 7
```

复合赋值运算符的优先级和赋值运算符相同, 结合性也相同, 都为右结合。使用复合赋值运算符不仅书写简练, 而且经过编译以后生成的代码少。

3. 赋值表达式

赋值表达式由赋值运算符与操作数组成。赋值表达式的作用就是把赋值运算符右边表达式的值赋给左边的变量。赋值表达式的类型为左边变量的类型, 其值为赋值后左边变量的值。例如:

```
x=2.6    //表达式的值为 2.6
```

在 C++语言中还可以连续赋值, 例如: x=y=z=2.6。由赋值运算符的结合性可知, 这个表达式从右向左运算, 首先将 z 赋值为 2.6, 表达式 z=2.6 的值也为 2.6, 接着将表达式 z=2.6 的值赋给 y, 使 y 的值为 2.6, 最后 x 被赋值为 2.6, 整个表达式的值也为 2.6。

【例 2.5】赋值表达式的应用。

```
#include<iostream>
using namespace std;
int main()
```

```
{
    int m=3,n=4,k;
    k=m++ - --n;
    cout<<"k="<<k<<endl;
    char x='m',y='n';
    int z;
    z=y<x;
    cout<<"z="<<z<<endl;
    z=(y==x+1);
    cout<<"z="<<z<<endl;
    z=('y'!='Y');
    cout<<"z="<<z<<endl;
    int a=1,b=3,c=5;
    a+=b*=c-=2;
    cout<<"a="<<a<<','<<"b="<<b<<','<<"c="<<c<<endl;
    return 0;
}
```

程序执行结果如下：

```
k=0
z=0
z=1
z=1
a=10,b=9,c=3
```

2.4.5　位运算符

C++语言继承了 C 语言能进行位运算的优点，提供了 6 个位运算符，分别为"~"（按位求反）、"&"（按位与）、"|"（按位或）、"^"（按位异或）、">>"（右移位）、"<<"（左移位）。其中，"~"是单目运算符，其余都是双目运算符。

位运算符可以对操作数按二进制形式逐位进行运算，参与运算的操作数都应为整数，不能是实型数。

（1）"~"运算符的作用是对一个二进制数的每一位求反，即 0→1，1→0。

（2）"&"运算符的作用是对两个操作数对应的每一位分别进行逻辑与操作。两个操作数对应位都是 1，则该位运算结果为 1，否则该位运算结果为 0。

（3）"|"运算符的作用是对两个操作数对应的每一位分别进行逻辑或操作。两个操作数对应位中有 1 位是 1，则该位运算结果为 1，否则该位运算结果为 0。

（4）"^"作用是对两个操作数对应的每一位分别进行逻辑异或操作。两个操作数对应位的值不同，则该位运算结果为 1，否则该位运算结果为 0。

（5）">>"运算符的作用是将左操作数的各二进制位右移，溢出的低位舍弃，对无符号数和有符号数中的正数，高位补 0；对有符号数中的负数，有些系统补 0，有些系统补 1，右移位数由右操作数给出。右移 1 位相当于将操作数除以 2。例如，表达式 4>>1 的结果为 2。

（6）"<<"运算符的作用是将左操作数的各二进制位左移，低位补 0，高位溢出部分舍弃，左移位数由右操作数给出。左移 1 位相当于将操作数乘以 2。例如，表达式 4<<1 的结果为 8。

注意

（1）位运算操作数只能是整型或字符型的数据，不能为实型数据。

（2）移位运算的结果就是位运算表达式的值，参与运算的两个操作数的值并没有发生变化。

【例 2.6】位运算符的应用。

```cpp
#include<iostream>
using namespace std;
int main()
{
    int a=25,b=18,m,n,i,j,k;
    m=a&b;
    cout<<"m="<<m<<endl;
    n=a|b;
    cout<<"n="<<n<<endl;
    i=a^b;
    cout<<"i="<<i<<endl;
    j=a<<1;
    cout<<"j="<<j<<endl;
    k=a>>1;
    cout<<"k="<<k<<endl;
    return 0;
}
```

程序执行结果如下：

```
m=16
n=27
i=11
j=50
k=12
```

例 2.6 中 a、b 两个数都要转换成 8 位二进制数进行计算。

2.4.6 其他运算符

1．条件运算符

条件运算符 "?:" 是一个三目运算符，其一般形式为

表达式 1 ？ 表达式 2 ： 表达式 3

该表达式执行时，先分析表达式 1，其值为真时，则表达式 2 的值为条件表达式的值，否则表达式 3 的值为条件表达式的值。条件运算符的优先级低于算术运算符、关系运算符和逻辑运算符，高于赋值运算符，结合性为"从右到左"。

例如，求 a 和 b 中较大者，可写成下面的表达式：

`max = a > b ? a : b`

2．逗号运算符

由逗号运算符 "," 构成的表达式称为逗号表达式，其一般形式为

表达式 1，表达式 2，…，表达式 n

逗号表达式的执行规则是从左到右，逐个表达式执行，最后一个表达式的值是该逗号表达式的值。

注意　逗号运算符的优先级最低。

例如，表达式"a=3,a+1,a*a"的结果为9。

2.4.7　表达式中数据类型的转换

表达式的值和类型由运算符和参与运算的操作数决定。当各操作数的数据类型相同时，表达式的类型就是操作数的类型。但是，当参与运算的操作数的数据类型不一致时，即在不同类型的数据之间进行混合运算时，就需要对这些不同类型的操作数进行类型转换。表达式中数据类型的转换有两种：隐含转换和强制转换。

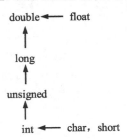

图2-3　隐含转换示意图

1．隐含转换

当操作数的类型不一致时，表达式的类型就取决于操作数中类型最高的操作数类型，C++语言将自动进行类型转换，隐含转换的示意图如图2-3所示，其转换规则如下：

（1）float型数据自动转换成double型，char和short型数据自动转换成int型。这是横向箭头的含义。

（2）当操作数类型不同时，将按照纵向箭头来进行类型转换。例如，一个long型的操作数和一个double型的操作数进行运算，则long型会自动转换成double型。

可以看出，隐含转换是由取值范围小的类型向取值范围大的类型转换，以确保在转换数据类型时不会造成数据丢失。

注意　隐含转换是由编译系统自动完成的，它实际并不改变操作数的数据类型，只是在计算表达式值时临时改变操作数的数据类型，计算完成后，操作数仍保持原有的数据类型。

2．强制转换

强制转换的作用是将表达式的类型强制转换成指定的数据类型，其一般形式为

数据类型(表达式)

或

(数据类型)表达式

例如：

```
double(a)      //将 a 强制转换成 double 型
float(5%3)     //将表达式 5%3 的结果转换成 float 型
```

注意　如果通过强制类型转换将高类型转换成低类型，会造成数据精度的损失。因此，这是一种不安全的类型转换。

和隐式转换一样，强制转换并不改变操作数的数据类型。

在表达式的类型转换中，赋值表达式是一个特例。当赋值运算符的左、右操作数类型不一致时，右操作数的类型将转换为与左操作数一样，并用转换后的值给左操作数赋值。当然，

运算完成后，右操作数的类型并不改变。

2.5　程序基本结构

C++支持结构化程序设计，结构化程序有 3 种基本结构：顺序结构、选择结构和循环结构，这 3 种基本结构都是由语句来构成的。

语句是表达算法命令或编译指示的基本语言单位，可用于计算表达式的值，控制程序执行的顺序。在 C++语言中，把常量、变量、运算符、表达式等按一定的语法规则进行组合，以分号结束就可构成各种语句。

C++语言规定：语句必须以分号结束。

C++中的各种语句都有其特定的功能，必须准确地理解和掌握。要掌握 C++语句，就必须抓住两个基本点：语法和语义。语法就是语句的书写规则，语义就是语句的含义和作用。

C++语言提供了丰富的语句，可分为表达式语句、复合语句、控制语句、空语句等。

（1）表达式语句

表达式语句是由一个表达式加上分号组成的。例如：

```
int i;          //将 i 声明为整型变量的语句
a=3*4+5;        //赋值语句
```

（2）复合语句

复合语句也称为块语句，是由两条或两条以上的语句组成的，并用"{}"括起来。复合语句在语法上相当于一条语句。复合语句可以出现在程序的任何地方，常用在 if 语句或循环语句中。复合语句还可以嵌套。

复合语句通常用于以下情况：

① 需要多个语句来完成操作，而此时 C++语法要求只能使用一个语句；

② 限制变量的作用域和生存期。

在复合语句的右括号"}"后不能加分号。

（3）控制语句

控制语句通常包括选择语句、循环语句和转移语句，后面将详细介绍这 3 种语句。

（4）空语句

如果表达式语句中的表达式为空就成为空语句。空语句仅由一个分号组成，在程序中不做任何操作，常用在需要一条语句而又不需要任何操作的地方，如空循环语句中。

2.5.1　顺序结构

顺序结构是程序设计中最简单、最常用的基本结构。在顺序结构中，各个程序段按照先后顺序依次执行，中间没有跳转语句，程序的执行顺序不会改变。顺序结构是任何程序的基本结构，即使在选择或循环结构中，也常以顺序结构作为其子结构。

顺序结构的语句包括赋值语句、数据输入/输出语句等，主要用于描述简单的动作，不能控制程序的执行顺序。

【例 2.7】输出项表达式的计算顺序。

```cpp
#include<iostream>
using namespace std;
int main()
{
    int a=5;
    cout<<a<<"\t"<<++a<<"\t"<<++a<<endl;
    return 0;
}
```

程序执行结果如下：

```
7       7       6
```

【例 2.8】计算 3 个整数中的最大值。

```cpp
#include<iostream>
using namespace std;
int main()
{
    double a,b,c,max;
    cout << "输入 3 个数：";
    cin >> a >> b>> c;
    max = a>b?a>c?a:c:b>c?b:c;
    cout << "max = " <<max << endl ;
    return 0;
}
```

程序执行结果如下：

```
输入 3 个数：54  98  76
max = 98
```

2.5.2 选择结构

用顺序结构编写的程序比较简单，能够处理的问题类型有限。在实际应用中，有许多问题要根据是否满足某些条件来选择程序下一步要执行的操作。选择结构程序设计恰好能满足这种需求，其特点是对给定的条件进行判定，并根据判定结果决定执行哪些操作，不执行哪些操作，从而控制程序执行的流程。

C++语言中提供的选择结构有 if 语句和 switch 语句。

1．if 语句

if 语句用来有条件地执行一系列语句。if 语句主要有以下 3 种语法格式。

（1）简单 if 语句

格式：

if (表达式)
{
**   语句**
}

功能：首先计算表达式的值，如果表达式的值不为 0，表示条件判定为真，{}内的语句将被执行；否则，将执行{}后面的语句。

其中的表达式一般是关系表达式，并且表达式必须用()括起来。语句可以是一条语句，也可以是多条语句。如果只有一条语句，则{}可以省略。该格式的流程图如图2-4所示。

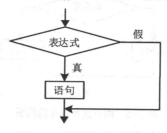

图2-4　简单的if语句流程图

【例2.9】简单if语句的应用。

```cpp
#include<iostream>
using namespace std;
int main()
{
    float score;
    cout<<"Please enter your score:"<<endl;
    cin>>score;
    if (score>=60)
        cout<<"Passed!"<<endl;
    if (score<60)
    {
        cout<<"No passed!"<<endl;
        cout<<"You should do your best to study"<<endl;
    }
    return 0;
}
```

运行程序后，屏幕上输出显示：

```
Please enter your score:
```

提示用户输入成绩，当用户输入成绩信息后，程序会根据用户的输入输出显示相应的信息。例如输入70，则显示：

```
Passed!
```

（2）两分支if语句

格式如下：

```
if  (表达式)
{
    语句1
}
else
{
    语句2
}
```

功能：首先计算表达式的值，如果表达式条件判定为真，则执行语句1；否则执行语句2。如果只有一条语句，则{}可以省略。该格式的流程图如图2-5所示。

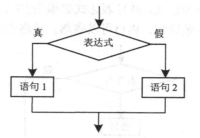

图 2-5　两分支 if 语句流程图

【例 2.10】利用两分支 if 语句改写例 2.9。

```cpp
#include<iostream>
using namespace std;
int main()
{
    float score;
    cout<<"Please enter your score:"<<endl;
    cin>>score;
    if (score>=60)
        cout<<"Passed!"<<endl;
    else
    {
        cout<<"No passed!"<<endl;
        cout<<" You should do your best to study"<<endl;
    }
    return 0;
}
```

有许多问题使用一次简单的判断不能解决，需要进行多次的判断选择，在 if 语句的内部还可以使用 if 语句，即 if 语句可以嵌套。通常为了不破坏程序的可读性，嵌套的层次一般不超过两层。

【例 2.11】使用 if 语句嵌套比较两个数的大小。

```cpp
#include<iostream>
using namespace std;
int main()
{
    int x,y;
    cout<<"输入两个整数";
    cin>>x>>y;
    cout<<"x="<<x<<"  y="<<y<<endl;
    if(x!=y)
        if(x>y)
            cout<<"x>y"<<endl;
        else
            cout<<"x<y"<<endl;
    else
        cout<<"x=y"<<endl;
    return 0;
}
```

程序执行结果如下：

输入两个整数 69　78

```
x=69    y=78
x<y
```

注意

在 if 语句嵌套使用时，一定要注意 if 和 else 的配对问题。C++语言中采用的是"就近"原则，即把一个 else 和离它最近的那个 if 配对。

（3）多分支 if 语句

格式：

```
if  (表达式 1) <语句 1>
else if  (表达式 2) <语句 2>
    else if  (表达式 3) <语句 3>
        ⋮
        else if  (表达式 n) <语句 n>
            else  <语句 n+1>
```

功能：首先计算表达式 1 的值，如果表达式 1 条件判定为真，则执行语句 1，否则判定表达式 2，如果条件判定为真，则执行语句 2，依此类推，直到所有的表达式条件均不满足，此时将执行语句 n+1。多分支 if 语句实际上提供了多重条件选择，流程图如图 2-6 所示。

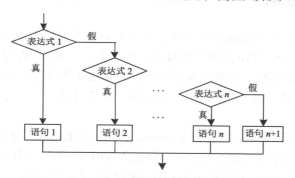

图 2-6 多分支 if 语句流程图

【例 2.12】输入学生成绩，给出相应等级。

90~100	优秀
80~89	良好
70~79	中等
60~69	及格
60 分以下	不及格

```cpp
#include<iostream>
using namespace std;
int main()
{
int score;
cout<<"输入学生成绩：";
cin>> score;
if(score>=90)  cout<<"优秀"<<endl;
else if(score>=80)  cout<<"良好"<<endl;
    else if(score>=70)  cout<<"中等"<<endl;
        else if(score>=60)  cout<<"及格"<<endl;
            else  cout<<"不及格"<<endl;
```

```
return 0;
}
```

程序执行结果如下：

输入学生成绩：79
中等

2. switch 语句

在程序中需要对同一个表达式进行多次判断选择，若使用 if 语句嵌套，如果嵌套层次太多，将使程序变得难于理解。为此，C++语言提供了 switch 语句来简化这一过程。

switch 语句又称为开关语句，其语法格式为：

```
switch （表达式 M）
{
    case 常量表达式 M1:语句 1
    case 常量表达式 M2:语句 2
        ⋮
    case 常量表达式 Mn:语句 n
    default:语句 n+1
}
```

其中，switch、case 和 default 是关键字，表达式 M 类型只能为整型、字符型或枚举类型，常量表达式 M1，M2，…，Mn 通常为整数或字符常量，语句 1，语句 2，…，语句 n 是由 1 条或多条语句组成的语句段，也可以是空语句。即使是多条语句，也可以不用花括号 "{}" 括起来。各个 case 和 default 的顺序是没有限制的，但要求各个 case 后的常量表达式的值必须不同。

switch 语句的执行过程是：首先计算 switch 语句中的表达式，然后按先后顺序将得到的结果与 case 中的常量表达式的值进行比较。如果两者相等，程序就转到相应 case 分支处开始顺序执行，如果未遇到 break 语句或 switch 语句未结束，则一直顺序执行后面的分支；如果没有找到相匹配的结果，就从 default 分支处开始执行；如果没有 default 分支，则转到 switch 语句后面的语句继续执行。

如果希望 switch 语句在执行完某一 case 后面的语句后不再执行其后面的 case 和 default 分支，直接执行 switch 语句后面的语句，就需要在每个 case 的末尾加上一条 break 语句，其功能是退出 switch 语句，使控制流程转到 switch 语句后面的语句处。加入 break 语句后的 switch 语句流程图如图 2-7 所示。

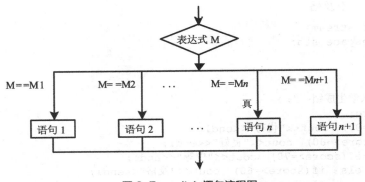

图 2-7 switch 语句流程图

【例 2.13】根据考试成绩的等级给出百分制分数段。

```cpp
#include<iostream>
using namespace std;
int main()
{
    char grade;
    cout<<"请输入成绩: "<<endl;
    cin>>grade;
    if (grade>='a' && grade<='z')
        grade-=32;              //若输入小写字母，则转化为大写字母
    switch(grade)
    {
        case  'A' :cout<<"90~100"<< endl;
        case  'B' :cout<<"80~89"<< endl;
        case  'C' :cout<<"70~79"<< endl;
        case  'D' :cout<<"60~69"<< endl;
        case  'E' :cout<<"60 分以下"<< endl;
        default:cout<<"Input error!"<<endl;
    }
    return 0;
}
```

运行程序后，屏幕上将显示字符串"请输入成绩："。假设输入 B，输出结果如下：

```
80~89
70~79
60~69
60 分以下
Input error!
```

显然，这样的输出结果是不符合题目原意的，原因就在于没有用 break 语句作为每个 case 的结束语句。现修改例 2.13 程序中 switch 语句如下：

```cpp
switch(grade)
{
    case  'A' :cout<<"90~100"<< endl;break;
    case  'B' :cout<<"80~89"<< endl; break;
    case  'C' :cout<<"70~79"<< endl; break;
    case  'D' :cout<<"60~69"<< endl; break;
    case  'E' :cout<<"60 分以下"<< endl; break;
    default:cout<<"Input error!"<<endl;
}
```

再运行程序，然后输入成绩 B，输出结果如下：

```
80~89
```

2.5.3　循环结构

在实际应用中，经常遇到一些操作并不复杂，但需要反复多次执行一组语句的问题，如统计某班的总成绩和平均成绩、求若干个数的累加和等。显然，重复编写这一部分程序会使程序变得庞大，降低程序的可读性。

解决这一问题的方法是使用循环结构。循环是指在程序设计中，在给定条件满足时，能够从某处开始有规律地多次重复执行某一程序块。重复执行的一组语句或过程称为"循环体"。使用循环可以避免重复不必要的操作，简化程序，节约内存，提高效率。

C++语言提供了 3 种循环语句：while 循环语句、do-while 循环语句和 for 循环语句。

1. while 循环语句

while 循环语句的语法形式为

```
while (表达式)
    循环体
```

其中，while 是关键字，表达式可以是 C++语言中任何合法的表达式，它用来判断执行循环体的条件，根据循环条件决定是否执行循环体。循环体由语句组成，可以是一条语句，也可以是多条语句。

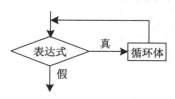

图 2-8　while 循环语句执行过程

while 循环语句的执行过程：先计算表达式的值，若其值为 true（1）或其他非 0 值，则执行循环体语句；若其值为 false（0），则退出循环体，直接转移去执行 while 循环语句后面的语句。执行一次循环体后，再次计算表达式的值，如果其值为 true（1）或其他非 0 值，则再次执行循环体语句，直至表达式值为 0，退出循环体。while 循环执行过程示意图如图 2-8 所示。

【例 2.14】编程计算 1～100 之和。

```cpp
#include<iostream>
using namespace std;
int main()
{
    int i=1,sum=0;
    while(i<=100)
    {
        sum+=i;
        i++;
    }
    cout<<"sum="<<sum<<endl;
    return 0;
}
```

程序执行结果如下：

```
sum = 5050
```

在使用 while 循环语句时，为了不出现死循环，在循环体内应包含改变循环变量的语句，例如例 2.14 中第 9 行语句。

当然，也可在循环体内使用 break 语句、goto 语句等转移语句来结束循环，尤其对于像 while（1）这样的循环，表达式值永远非 0，就必须在循环体内使用转移语句，否则就会出现死循环。

（1）如果循环体有多个语句时，要用{}把它们括起来，以复合语句形式出现。

（2）在使用循环语句时，一定要设法改变循环变量值，使之在有限次循环之后能满足循环终止条件而结束循环。

2. do-while 循环语句

do-while 循环语句的语法形式为

```
do
    循环体
```

```
while(表达式);
```

do-while 循环语句与 while 循环语句的区别在于：do-while 循环语句首先执行循环体，再求表达式的值，如果其值非 0，则再次执行循环体，直至表达式的值为 0；而 while 语句首先求表达式的值，再根据其值为 0 或 1 决定是否执行循环体。因此，do-while 循环语句中的循环体至少执行一次。do-while 循环执行过程示意图如图 2-9 所示。

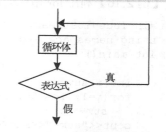

图 2-9 do-while 循环语句执行过程

注意

do-while 循环语句最后的分号不可缺少。

【**例 2.15**】利用 do-while 循环语句改写例 2.14。

```cpp
#include<iostream>
using namespace std;
int main()
{
    int i=1,sum=0;
    do
    {
        sum+=i;
        i++;
    }
    while(i<=100);
    cout<<"sum="<<sum<<endl;
    return 0;
}
```

3. for 循环语句

for 循环语句的功能非常强大，所有 while 循环语句和 do-while 循环语句都可以用 for 循环语句替代。for 循环语句的语法形式为

for (表达式 1;表达式 2;表达式 3)
循环体

通常情况下，表达式 1 用来给循环变量赋初值，表达式 2 用来设置循环条件（通常是关系表达式或逻辑表达式），表达式 3 用来在每次循环之后修改循环变量的值。

for 循环语句的执行过程：首先执行表达式 1，给循环变量赋初值；接着执行表达式 2，并根据表达式 2 的结果决定是否执行循环体，如果表达式 2 的值为 true 或其他非 0 值，则执行循环体，否则退出循环；每执行完一次循环体后，就执行表达式 3，修改循环变量值，然后再执行表达式 2，并根据表达式 2 的结果决定是否继续执行循环体。for 循环语句的执行过程如图 2-10 所示。

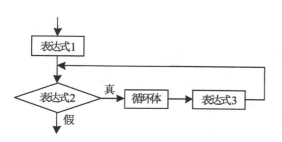

图 2-10 for 循环语句执行过程

【例 2.16】 利用 for 循环语句改写例 2.14。

```cpp
#include<iostream>
using namespace std;
int main()
{
    int i,sum=0;
    for(i=1; i<=100; i++)
        sum+=i;
    cout<<"sum="<<sum<<endl;
    return 0;
}
```

在使用 for 循环语句时，应该注意下列几种情况。

（1）for 循环语句中的 3 个表达式可以没有。但必须注意每个表达式后的分号不能省略。此时 for 循环语句的形式为

```cpp
for(;;)
```

这时在循环体内必须有其他控制循环执行的语句，否则会形成死循环。

（2）表达式 1 如果没有或不是用来给循环变量赋初值，则应在 for 循环语句前给循环变量赋初值。

（3）表达式 2 如果没有，则在循环体内应有其他控制循环执行的语句，否则会形成死循环。

（4）表达式 3 如果没有或不是用来修改循环变量的值，则应在循环体内设置修改循环变量值的语句。

【例 2.17】 输出 100~200 以内的所有素数。

```cpp
#include <iostream>
#include <iomanip>
#include <cmath>
using namespace std;
int main()
{
    int i,j,t=0;
    for(i=100;i<200;i++)
    {
        int k=(int)sqrt(i);
        for(j=2;j<=k;j++)
            if(i%j==0)
                break;
        if(j>k)
        {
            cout<<setw(4)<<i;
            if(++t%8==0)cout<<endl;
        }
    }
    cout<<endl;
    return 0;
}
```

程序执行结果如下：

```
101  103  107  109  113  127  131  137
139  149  151  157  163  167  173  179
181  191  193  197  199
```

2.5.4　转移语句

C++语言还提供了 goto 语句、continue 语句等转移语句，它们主要用于改变程序中语句的执行顺序，使程序从某一条语句有目的地转移到另一条语句继续执行。

1．goto 语句

goto 语句的语法格式为

goto 语句标号；

goto 语句的作用是使程序转移到语句标号所标识的语句处继续执行。

语句标号是一种用来标识语句的符号，其命名遵守标识符的命名规则，放在语句的前面，并用冒号 "：" 与语句分开。

在 C++语言中，goto 语句的使用被限制在一个函数体内，即 goto 语句只能在一个函数范围内进行语句转移。在同一函数中，语句标号应该是唯一的。

必须指出的是，C++语言中虽然保留了 goto 语句，但由于 goto 语句的使用会破坏程序的结构，故编程时应尽量少用或不用它。当然，有经验的程序员在某些特定的场合使用 goto 语句，也可能会取得很好的效果。

2．continue 语句

continue 语句的语法格式为

continue；

continue 语句只能用在循环语句的循环体内。在循环执行的过程中，如果遇到 continue 语句，程序将结束本次循环，接着开始下一次循环。

【例 2.18】从键盘上输入 10 个整数，若是正整数则求和，若是负整数则不进行计算，继续输入数据，若输入 0 则终止程序。

```
#include<iostream>
using namespace std;
int main()
{
    int num,sum=0;
    cout<<"Please input number:"<<endl;
    for(int i=0; i<=9;i++)
    {
        cin>>num;
        if(num= =0) break;
        if(num<0) continue;
        sum+=num;
    }
    cout<<"sum="<<sum<<endl;
    return 0;
}
```

2.6　案例实战

2.6.1　实战目标

（1）理解 C++程序的顺序、选择和循环 3 种结构。

（2）熟练掌握常用选择语句和循环语句的使用。

（3）根据需求编写相应的程序，解决实际问题。

2.6.2　功能描述

本章案例要求编写一个团购订单信息管理系统的菜单程序。菜单中包括对订单的添加、查询、修改、删除和浏览等功能。另外，系统设有口令，只有正确输入口令才能使用该信息管理系统。具体说明如下。

（1）团购订单管理系统菜单的设计

因订单管理系统包括订单的添加、查询、修改、删除和浏览 5 项功能，所以加上退出系统，需要在菜单中设置 6 个选项。同时，系统在选择退出系统前应该一直是重复循环执行的。

（2）订单信息的设计

通常一个订单信息由订单编号、商品编号、商品名称、商品单价、商品数量、收件人地址、收件人姓名、收件人电话等信息组成。其中，订单编号、商品编号、商品名称、收件人地址、收件人姓名等都是字符串类型，所以，本案例中采用了简化形式，只保留了订单的以下信息：订单编号、商品编号、商品单价、商品数量、收件人姓名。商品单价是实型，商品数量是整型。

（3）添加订单

根据订单信息定义描述订单信息的多个变量，并在添加订单菜单中从键盘输入相应内容。

（4）浏览订单

浏览订单信息是指显示当前订单的信息，将添加订单时输入的各种订单信息显示在显示器上。可以做一些格式控制。

显示的信息包括订单编号、商品编号、商品单价、商品数量、收件人姓名等。

（5）查询、修改、删除订单

因目前只针对一个订单进行操作，所以这 3 个选项中不做任何操作，留待以后补充完善。

（6）口令设置

口令被设定为一个字符串常量。程序开始运行时，要求通过键盘输入口令。将输入的口令与原始口令进行比较，若正确则进行后续菜单选项操作；若输入错误，则提供 3 次重新输入口令的机会。如果 3 次输入全部不正确，则直接结束程序。

（7）关于头文件

本案例中将用到字符串 string，所以需要在头文件中包含 string。如果进行输出宽度的控制，会用到 setw() 函数，所以需要在头文件中包含 iomanip。

2.6.3　案例实现

```
#include <iostream>
#include <iomanip>
#include <string>
using namespace std;
#define N 10
int main()
{
    string password;  //密码
    int n=0;  //记录密码的输入次数
    cout<<"请输入登录口令: "<<endl;
    while(1)
    {
        cin>>password;
```

```cpp
        if (password== "abcd")   //密码为abcd
        {
            cout<<"输入口令正确! "<<endl;
            break;
        }
        else
        {
            cout<<"输入口令错误, 请重新输入! "<<endl;
            n++;
            if(n==3)
            {
                cout<<"已输入3次, 您无权进行操作! "<<endl;
                return 0;
            }
        }
    }
    cout<<endl;
    string order_num,goods_num, name;      //订单编号、商品编号、收件人姓名
    double goods_price;   //商品单价
    int goods_count;     //商品数量
    while(1)
    {
        cout<<"****************************************************"<<endl;
        cout<<"*            根据所做操作选择以下数字序号:           *"<<endl;
        cout<<"*          1:添加订单              2:查找订单       *"<<endl;
        cout<<"*          3:修改订单              4:删除订单       *"<<endl;
        cout<<"*          5:浏览当前订单信息        0:退出          *"<<endl;
        cout<<"****************************************************"<<endl;
        int n;
        cin>>n;
        switch (n)
        {
        case 1:
            {
                cout<<"请输入订单信息: "<<endl;
                cout<<"订单编号: ";
                cin>>order_num;
                cout<<"商品编号: ";
                cin>>goods_num;
                cout<<"商品单价: ";
                cin>>goods_price;
                cout<<"商品数量: ";
                cin>>goods_count;
                cout<<"收件人姓名: ";
                cin>>name;
                cout<<"添加完毕! "<<endl;
                break;
            }
        case 2:
            {
                ……   //省略查询功能实现代码
                break;
            }
        case 3:
            {
                ……   //省略修改功能实现代码
                break;
            }
```

```
              case 4:
                  {
                     ……    //省略删除功能实现代码
                     break;
                  }
              case 5:
                  {
                     cout<<"订单编号"<<setw(N)<<"商品编号"<<setw(N)<<"商品名称";
                     cout<<setw(N)<<"商品单价" <<setw(N)<<"收件人姓名"<<endl;
                     cout<<order_num<<setw(N)<<goods_num<<setw(N)<<goods_
                     price;
                     cout<<setw(N)<<goods_count<<setw(N)<<name<<endl;
                     break;
                  }
          case 0:
              return 0;
          default:
              cout<<"输入有误，请重新输入！"<<endl;
          }
      }
      return 0;
  }
```

习 题

1．填空题

（1）C++语言中如果一个变量为 long int 型，它所占的内存空间是_____字节，_____位。

（2）short int 型变量占用的内存空间是_____字节，int 型变量占用的内存空间是_____字节，char 型变量占用的内存空间是_____字节，float 型变量占用的内存空间是_____字节，double 型变量占用的内存空间是_____字节。

（3）bool 类型数据的值为非 0 时会自动转换成_____，如果等于 0 会自动转换成_____。

（4）C++程序中的关系运算符满足条件时返回_____，不满足条件时返回_____。

（5）表达式 x&&y>=z 是_____类型的表达式；表达式 x+y||z 是_____类型的表达式。

（6）表达式 1<3&&5<7 的值是_____，表达式!(5<8)||2<6 的值是_____。

（7）表达式 a+b<c&&d= =5 中运算符优先级由高到低的排列顺序是_____。

（8）试写出下列各表达式的含义。

```
      y=x<<2 _____
      y=3*++x _____
      a>b?max=a:max=b _____
      y=x*-y
      (x-y)= =(x-z) _____
      y=x^2 _____
      x*=y+1 _____
```

（9）以下程序的功能是从键盘输入一个字符，判断其是否是字母，并输出相应信息，请填空。

```
#include<iostream>
using namespace std;
int main()
```

```
{
    char c;
    cin>>c;
    if((c>='a' _____ c<='z') _____ (c>='A' _____ c<='Z')
        cout<<"接收的是一个字母"<<endl;
    else
        cout<<"接收的不是一个字母"<<endl;
    return 0;
}
```

（10）以下程序的输出结果是_____。

```
#include<iostream>
using namespace std;
int main()
{
    int i=0,j=0;
    while(i<15)
    {
        j++;
        i+=++j;
    }
    cout<<i<<"  "<<j<<endl;
    return 0;
}
```

（11）以下程序的功能是在屏幕上的同一行内显示 1~9 平方的值，请填空。

```
#include<iostream>
using namespace std;
int main()
{
    unsigned int i;
    for _____
        cout<<i*i<<_____;
    cout<< endl;
    return 0;
}
```

（12）以下程序的功能是求一组（10 个）正数中的最大数，当输入为负数时提前结束程序，请填空。

```
#include<iostream>
using namespace std;
int main()
{
    const int N=10;
    int x,max=0;
    cout<< "Please input data:"<<endl;
    for(int i=1;i<=N;i++)
    {
        cin>>x;
        if(_____ )
        {
          max=x;
          continue;
        }
        else if(_____)
          _____
```

```
    }
    cout<<"max="<<max<< endl;
    return 0;
}
```

（13）以下程序的输出结果是_____。

```
#include<iostream>
using namespace std;
int main()
{
    int i=0;
    while(++i)
    {
        if(i==10) break;
        if(i%3!=1) continue;
        cout<<i<<endl;
    }
    return 0;
}
```

2．选择题

（1）下列 4 组标识符中不属于 Visual C++关键字的是（   ）。

    A．switch   B．break   C．main   D．continue

       float   char   cin   case

（2）下列 4 组变量命名中，不符合 Visual C++变量命名规则的是（   ）。

    A．cc   B．6x   C．wl   D．ye_78

      aver   char   year78   wo

（3）假设有两个变量 a=65432 和 b=a*2，在保证数据正确存储的前提下，以下变量类型定义错误的是（   ）。

    A．int a;   B．unsigned short a;

       int b;   igned int b;

    C．unsigned short a;   D．int a;

       unsigned short b;   signed int b;

（4）在 if 语句中的表达式（   ）。

    A．只能是关系表达式   B．只能是关系表达式和逻辑表达式
    C．只能是逻辑表达式   D．可以是任意表达式

（5）以下程序的输出结果为（   ）。

    A．t1=true   B．t1=8   C．t1=false   D．t1=1

      t2=false   t2=0   t2=true   t2=0

      t3=true   t3=-1   t3=false   t3=1

```
#include<iostream>
using namespace std;
int main()
{
    bool t1=8;
    bool t2=0;
    bool t3=-1;
```

```
    cout<<"t1="<<t1<<endl;
    cout<<"t1="<< t2<<endl;
    cout<<"t1="<< t3<<endl;
    return 0;
}
```

3．编程题

（1）求 100 以内自然数中的奇数之和。

（2）求 100 以内能被 13 整除的最大自然数。

（3）有一个函数如下所示：

$$y=\begin{cases} x & (x<1) \\ x+5 & (1\leqslant x\leqslant 10) \\ x-5 & (x>10) \end{cases}$$

从键盘输入一个 x，求出相应的 y 值。

（4）输入 3 个整型数，按由大到小的顺序输出显示。

（5）根据从键盘输入的表示星期几的数字，输出它对应的英文名称。

（6）从键盘输入一个整数，求其阶乘。

（7）编写一个简易计算器程序，根据用户输入的运算符做两个数的加、减、乘或除运算。

（8）编写程序在屏幕上打印如下图案。

```
*
* * *
* * * * *
* * * * * * *
* * * * * * * * *
```

第 3 章
数　　组

在 C++ 程序设计中存储单个数据时，需要根据数据的类型定义相应的变量来保存，如定义一个整型变量来保存一个整数，定义一个单精度或双精度变量来保存实数，但是一个简单的变量只能存储一个数据，如果需要存储同一数据类型的多个数据时，比如要存储 100 名学生的成绩，要使用简单的变量存储，就需要定义 100 个变量，显然这种方法是不可取的，会给程序设计带来很大的不便。为了方便处理类似的事情，C++ 语言提供了一种新型的数据存储结构——数组。

在 C++ 语言中，数组是用户自定义数据类型，是相同类型数据的集合。一个数组可以包含同一种数据类型的多个变量，通常把这些变量称为数组元素，用不同的下标来区分，访问数组元素需要利用整型的下标表达式。数组可以分成一维数组和多维数组，其维数在定义时确定。

3.1　一维数组

3.1.1　一维数组的定义

把若干个相同类型的数据线性地组合在一起，就构成了一维数组。一维数组只有一个下标。在使用一维数组之前必须先定义，然后才能使用。一维数组的定义格式为

数据类型　数组名 [常量表达式]；

例如：

```
int A[100];    //定义了数组 A，该数组有 100 个元素，数组元素的类型为整型
float b[20];   //定义了数组 b，该数组有 20 个元素，数组元素的类型为实型
```

在定义一维数组时要注意以下几点：

（1）数据类型指的是数组元素的类型；

（2）数组名的命名规则要遵循 C++ 语言关于标识符的命名规则；

（3）常量表达式指的是数组元素个数，即数组长度，必须用方括号括起来。常量表达式是一个整型值，可以是常数或符号常量，但不能包含变量。

例如：

```
int a[];       //不合法，没有定义数组的长度
int a[x];      //不合法，不能用一个变量来定义数组的长度
```

（4）数组元素的下标从 0 开始，即数组中第一个元素的下标（又称为索引值）为 0。如果数组有 n 个元素，则下标是从 0 到 $n-1$。

例如，A[100]中 100 表示数组 A 有 100 个数组元素。用 A[0]，A[1]，…，A[99]分别表示这 100 个元素，方括号中的 0，1，…，99 是数组的下标。

（5）一次可以同时说明多个同类型的数组。例如：

```
int a[10],b[15],c[20];          //定义了 3 个整型数组 a、b、c
```

（6）一维数组的定义语句与变量定义语句的格式相似，但含义有很大区别。例如：

```
int A(100);      //定义了一个整型变量 A，并赋予初值 100
int A[100];      //定义了一个整型数组 A，数组长度为 100
```

一维数组的各元素在内存中是连续存储的，例如定义数组：

```
short a[4]={1,2,3,4};
```

假设数组存储的首地址为 2000，则该数组在内存中的存储情况如图 3-1 所示。

因为每个短整型元素占用两字节的存储空间，所以元素 a[0] 存储在 2000 和 2001 这两个存储单元中，其他 3 个元素依次存储在下边的存储单元中。

另外，数组名就代表数组在内存中的首地址，例如上面的数组名 a 就代表首地址 2000，它是一个地址常量，可以用 a+i 的形式来依次引用其他元素的地址，例如 a+1 就代表 a[1]元素的内存地址，a+i 就代表 a[i]元素的内存地址。

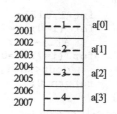

图 3-1　一维数组元素的存储

注意

a+i 代表的不是加 n 字节，而是加 i 个数据的存储字节数。

3.1.2　一维数组的初始化

在定义数组的同时给数组的各个元素赋初值称为数组的初始化。一维数组的初始化格式为

数据类型　数组名[常量表达式]={初始化列表}；

例如：

```
int a[5]={0,1,2};    //定义了一维数组 a,同时对它进行初始化,即 a[0]=0,a[1]=1,a[2]=2
```

说明如下：

（1）在定义数组时既可以对所有元素进行初始化，也可以只对其中的一部分元素进行初始化。例如，int a[4]={7,8};语句对数组 a 中的元素 a[0]、a[1]赋值，其余数组元素的值都默认为 0。

（2）要使一个数组中全部元素的值为 0，可以有如下定义方法。

```
int a[4]={ };
int a[4]={0,0,0,0};
int a[4]={0};
```

（3）全部数组元素赋初始值时，可以不指定数组长度，计算机会根据初始化的数组元素个数自动分配存储空间。

例如，int a[]={1,2,3,4,5};语句表示数组长度为 5。

（4）可以利用 for 循环语句赋值，例如：

```
int a[100];
for(int i=0;i<100;i++)
    a[i]=i+1;
```

3.1.3 一维数组的引用

一维数组的引用格式为:

数组名[下标]

其中,下标可以是整型常量或整型表达式。例如,a[8]= a[3] − a[2*2]。

【例 3.1】求一个数组 a[8],使 a[i]的值为下标值的平方,然后按逆序输出。

```cpp
#include<iostream>
using namespace std;
int main()
{
    int i,a[8];
    for (i=0;i<=7;i++)
        a[i]=i*i;                //利用 for 循环语句给每个数组元素赋初值
    for (i=7;i>=0;i--)
        cout<<a[i]<<" ";         //一维数组的引用,利用 for 循环语句输出各数组元素
    return 0;
}
```

程序执行结果如下:

```
49 36 25 16 9 4 1 0
```

【例 3.2】从键盘输入 10 个整数,求其中最大的一个数,并显示该最大数。

```cpp
#include <iostream>
using namespace std;
int main( )
{
    int i,a[10];
    cout<<"请输入 10 个整数:"<<endl;
    for(i=0;i<10;i++)
        cin>>a[i];
    int max=a[0];
    for(i=1;i<10;i++)
        if(a[i]>max)
            max=a[i];
    cout<<"max="<<max<<endl;
    return 0;
}
```

程序执行结果如下:

```
请输入 10 个整数:
12 55 23 8 99 45 34 44 80 2
max=99
```

【例 3.3】从键盘上输入任意 4 个整数赋值给数组,显示该数组,最后计算并显示该数组
的累加和与平均值。

```cpp
#include<iostream>
using namespace std;
int main()
{
    int a[4],i,sum=0;            //声明数组和变量
    double avg;
    for (i=0;i<4;i++)            //利用 for 语句给数组赋值
    {
        cout<<"a["<<i<<"]=";
        cin>>a[i];
```

```
        }
        cout<<a[0]<<" "<<a[1]<<" "<<a[2]<< "<<a[3]<< "<<endl;
                                    //直接显示数组元素的值
        for (i=0;i<4;i++)           //利用 for 循环显示数组元素的值
            cout<<a[i]<<" ";
        cout<<endl;
        sum=a[0]+a[1]+a[2]+a[3];    //计算数组元素之和，并显示计算结果
        cout<<"sum="<<sum<<endl;
        sum=0;
        for (i=0;i<4;i++)           //利用 for 循环语句求和
            sum=a[i]+sum;
        cout<<"sum="<<sum<<endl;
        avg=sum/4.0;
        cout<<"avg="<<avg<<endl;
        return 0;
    }
```

程序执行结果如下：

```
a[0]=1
a[1]=3
a[2]=5
a[3]=7
1  3  5  7
1  3  5  7
sum=16
sum=16
avg=4
```

3.2　二维数组

3.2.1　二维数组的定义

二维数组在定义时同样要说明数组的数据类型、数组名和数组元素的个数。二维数组定义的一般形式为

数组类型　数组名[常量表达式 1][常量表达式 2];

例如，int a[4][3];就定义了一个二维数组 a，其数据元素为 a[0][0]，a[0][1]，…，a[3][2]。

怎样理解二维数组呢？在 C++语言中可以把二维数组看成是一种特殊的一维数组，它的数组元素又是个一维数组。例如，可以把 a[4][3]看成是一个一维数组，它有 4 个元素：a[0]、a[1]、a[2]、a[3]，其中每个元素又是一个包含 3 个元素的一维数组，即该数组有 4 行 3 列共 12 个元素，如图 3-2 所示。

a[0]——a[0][0] a[0][1] a[0][2]
a[1]——a[1][0] a[1][1] a[1][2]
a[2]——a[2][0] a[2][1] a[2][2]
a[3]——a[3][0] a[3][1] a[3][2]

图 3-2　二维数组示例

C++这种处理数组的方法，在数组初始化和用指针表示时会很方便。在 C++语言中，二维数组是按行的顺序存储的，即在内存中先存储第一行，接着存储第二行，其他行依次类推。

注意

（1）不要把 int a[3][2];写成 int a[3,2];。

（2）下标值要在已定义数组的最大范围内，即不要越界。例如，int a[4][3];定义了一个 4 行 3 列的整型数组 a，如果使用数组元素 a[4][3]，则下标越界。

3.2.2 二维数组的初始化

二维数组元素的初始化格式如下：

数据类型 数组名 [行数 _m_] [列数 _n_]={初始化列表};

根据初始化列表的不同，二维数组元素的初始化方法也不同，常用的有以下几种方法。

（1）对二维数组元素赋初值，以每行为一组，分行初始化。例如：

```
int a[4][3]={{0,1,2},{3,4,5},{6,7,8},{9,10,11}};
```

显而易见，这种方法比较直观，即把第一个大括号内的数据赋给第一行的元素，第二个大括号内的数据赋给第二行的元素，依次类推。

（2）所有的数据写在一个大括号内，根据数组排列的顺序以及数组的行数和列数，计算机会自动给各数组元素赋初值。例如：

```
int a[3][4]={0,1,2,3,4,5,6,7,8,9,10,11};
int a[4][3]={0,1,2,3,4,5,6,7,8,9,10,11};
```

（3）可以只给部分数组元素赋初始值。例如：

```
a[4][3]={{1},{5},{6},{7}};
```

该语句的作用是只对每行第 1 列的数组元素赋初值，其余元素为 0。

（4）可以对某一行中的某一元素赋初值，也可以对某一行不进行赋值。例如：

```
int a[4][3]={{0,1},{},{0,0,2},{0,1}};
```

该语句使得 a[0][0]=0，a[0][1]=1，a[0][2]=0，a[1][0]=a[1][1]=a[1][2]=0，a[2][0]=a[2][1]=0，a[2][2]=2，a[3][0]=a[3][2]=0，a[3][1]=1。这种方法经常用于数组元素中 0 比较多的情况。

（5）如果对全部数组元素赋初始值，则定义数组时，第一维的长度可以不指定，但第二维的长度必须指定，不能省略。例如：

```
int a[2][3]={1,2,3,4,5,6};
```

该语句还可以写成

```
int a[ ][3]={1,2,3,4,5,6};
```

（6）二维数组的元素赋值，还可以使用二重循环语句。例如：

```
for(int i=0;i<4;i++)
   for(int j=0;j<4;j++)
     a[i][j]=i+j;
```

3.2.3 二维数组的引用

引用二维数组元素的格式为

数组名 [行下标] [列下标]

例如，int a[2][3];定义了一个 2 行 3 列的整数数组，如引用其中的第 2 行、第 1 列元素应写为 a[1][0]。

二维数组的行下标和列下标可以是整数常量或整型表达式。如果行下标为 _m_，列下标为 _n_，则该二维数组共包含 $m \times n$ 个数组元素。其中行下标最大值为 $m-1$，列下标最大值为 $n-1$。

【例 3.4】已知 4 名学生的数、理、化成绩分别为{78,85,79}，{63,72,70}，{86,78,93}，{74,63,77}，求出并显示每个学生的平均成绩及总的平均成绩。

```
#include <iostream>
using namespace std;
```

```
int main()
{
    float sum=0,d[4][3]={{78,85,79}, {63,72,70},{86,78,93},{74,63,77}};
    float c[4]={0};
    for(int i=0;i<4;i++)
    {
      for(int j=0;j<3;j++)
        c[i]+=d[i][j];            //求每名学生的总成绩
      cout<<c[i]/3<< ' ';         //输出每名学生的平均成绩
      sum+=c[i]/3;                //求 4 名学生的平均成绩之和
    }
    cout<<sum/4<<endl;
    return 0;
}
```

程序执行结果如下：

```
80.6667  68.3333  85.6667  71.3333  76.5
```

3.3 字符串与字符数组

3.3.1 字符串

在 C++语言中，字符串就是用一对双引号括起来的一串字符，其中双引号是字符串的起止标志，并不属于字符串本身。如"string"或"欢迎学习 C++语言"等。

字符串在内存中连续存储，并在最后加上字符'\0'作为字符串结束的标志。当一个字符串含有 n 个字符时，则用于存储该字符串的空间至少为 $n+1$ 个存储单元。

一个字符串的长度等于双引号内所有字符的长度之和，其中每个英文字符的长度为 1，每个中文字符的长度为 2。当一个字符串不含任何字符时，称为空字符串，其长度为 0。

3.3.2 字符数组的定义及初始化

字符数组是数据类型为字符类型的数组，它用来存放字符型数据，其中每一个数组元素都是一个字符。

字符数组的定义格式为

char 数组名[n];

例如，char c[10];语句定义了一个可以存放 10 个字符的字符数组。

字符数组的初始化一般有如下两种方法。

（1）逐个字符赋给数组中的元素。

【例 3.5】逐个字符初始化字符数组。

```
#include<iostream>
using namespace std;
int main()
{
    char a[13]={'H','e','l','l','o',',','W','o','r','l','d','!'};
    cout<<a<<endl;               //把字符数组作为整体进行输出，直到遇到'\0'
    cout<<a[10]<<endl;           //输出字符数组的一个元素 a[10]
    return 0;
}
```

程序执行结果如下：

```
Hello,World!
d
```

字符数组 a 共有 12 个字符，但数组长度却定义为 13，原因在于系统会在字符数组 a 的最后自动加上一个字符串结束标志'\0'字符。

> 如果大括号中提供的初值字符个数大于数组长度，则编译时出现语法错误；如果初值字符个数小于数组长度，则多余的数组元素自动定义为字符串结束符"\0"。

（2）对整个字符数组赋初值。

将例 3.5 中的字符数组初始化语句改为下面的形式：

```
char a[13]= "Hello,World!";
```

执行程序，输出结果和例 3.5 相同。

3.3.3　字符串处理函数

编译系统提供的字符串处理函数放在 string.h 头文件中，在调用字符串处理函数时，要包含 string.h 头文件。

1．字符串拷贝函数 strcpy()

该函数的功能是实现字符串复制。其格式如下：

```
strcpy(str1, str2);
```

其中，str1 和 str2 是字符指针或者字符数组。函数功能是将 str2 所指向的字符串复制到 str1 所指向的字符数组中，然后返回 str1 的地址值。复制的时候，连同 str2 末尾的'\0'一起复制。

在使用该函数时，必须保证 str1 所指向的字符串能够容纳下 str2 所指向的字符串，否则将出现错误。

2．字符串连接函数 strcat()

该函数的功能是将一个字符串连接到另外一个字符串的后面，构成包含两个字符串内容的新字符串。其格式如下：

```
strcat(str1, str2);
```

其中，str1 和 str2 是字符指针或者字符数组。函数功能是将 str2 所指向的字符串连接到 str1 所指向的字符数组中，然后返回 str1 的地址值。

> （1）在使用该函数时必须保证 str1 所指向的字符串能够容纳下 str1 和 str2 的字符，即存放结果字符数组的空间要足够大，否则将出现错误。
> （2）两个字符数组连接后，则前一个数组的结束字符'\0'自动消失。

3．字符串比较函数 strcmp()

该函数的功能是从左到右按 ASCII 值比较两个字符串的大小，直到出现不同的字符或遇到'\0'为止。字符串比较函数的格式如下：

```
strcmp(str1, str2);
```

如果两个字符串中全部字符串都相同，则认为两个字符串相等；若出现不相同的字符，则以第一个不相同的字符的比较结果为准，比较的结果由函数值带回。

（1）如果字符串 1 和字符串 2 完全相同，函数值为 0。

（2）如果字符串 1 大于字符串 2，函数值为 1。

（3）如果字符串 1 小于字符串 2，函数值为-1。

4．字符串长度函数 strlen()

该函数的功能是计算字符串的长度。其格式如下：

```
strlen(str);
```

该函数将计算 str 所指向字符串的长度，函数值为字符的实际长度，即第一个字符串结束符' \0'前的字符个数，不包括字符串结束符' \0'在内。例如：

```
char str[10]={ "Good! " };
cout<<strlen(str)<<endl;
```

输出的结果为 5，不是 6，也不是 10。

【例 3.6】字符串处理函数的使用。

```cpp
#include<iostream>
#include<string>
using namespace std;
int main()
{
    char stra[50]="china";
    char strb[]="Beijing";
    char strc[]="Shanghai";
    cout<<stra<<'\t'<<strb<<endl;
    strcpy(stra,strb);                    //字符串复制
    cout<<stra<<'\t'<<strb<<endl;
    strcat(stra,strc);                    //字符串连接
    cout<<stra<<'\t'<<strc<<endl;
    int x1,x2,x3;
    x1=strcmp("China","Russia");          //字符串比较
    x2=strcmp("China","China");           //字符串比较
    x3=strcmp("China","Beijing");         //字符串比较
    cout<< "x1= "<<x1<<endl;
    cout<< "x2= "<<x2<<endl;
    cout<< "x3= "<<x3<<endl;
    cout<<stra<<" length is: "<<strlen(stra)<<endl;   //求字符串长度
     return 0;
}
```

程序执行结果如下：

```
china  Beijing
Beijing  Beijing
BeijingShanghai   Shanghai
x1=-1
x2= 0
x3= 1
BeijingShanghai length is: 15
```

【例 3.7】编程求出一个二维字符数组里'a'元素的个数。

```cpp
#include<iostream>
#include<string>
using namespace std;
void reada(char a[5][4]);
int main()
{
    char a[5][4];
```

```
        int i ,j,number=0;
        reada(a);
        for(i=0;i<5;i++)
            for(j=0;j<4;j++)
            {
                if(a[i][j]!='a')
                continue;
                number++;
            }
        cout<<"这个字符串中有: "<<number<<"个 a"<<endl;
        return 0;
}
void reada(char a[5][4])
{
        int i,j;
        cout<<"请输入字符串: "<<endl;
        for(i=0;i<5;i++)
            for(j=0;j<4;j++)
                cin>>a[i][j];
}
```

程序执行结果如下:

```
请输入字符串:
sfdsgfaahsfyhsfdahdg
这个字符串中有: 3 个 a
```

3.4 案例实战

3.4.1 实战目标

(1)理解数组的作用。

(2)熟练掌握数组的定义、使用。

(3)根据需求定义相应的数组,编程解决实际问题。

3.4.2 功能描述

本章案例实战是在上一章案例的基础上实现团购订单信息管理系统,将对单一订单进行管理修改为对多个订单进行管理。具体说明如下。

(1)订单信息的设计

一个订单由订单编号、商品编号、商品单价、商品数量、收件人姓名组成,多个订单就会产生多个订单编号、商品编号等。所以将这 5 个信息分别定义成 5 个数组,用来存储多个订单的信息。

每个数组都分配较大的固定存储空间,再定义一个整型变量来记录当前订单个数。

(2)添加订单

从键盘输入订单的各种信息,以追加的方式存储在数组的最后,记录个数加 1。因订单编号是唯一的,所以追加新订单时,要求判断订单号的唯一性。

(3)浏览订单

将所有订单的信息显示在显示器上,可做一些格式控制。

(4)查询订单

输入要查找的订单编号,然后到对应的订单编号数组中进行查找。若查找成功,则输出订单详细信息；若查找失败，则给出相应的提示信息。

（5）删除订单

输入要删除的订单编号，在订单编号数组中进行查找。若查找成功，则给出订单详细信息，等用户输入确认信息后，进行删除操作，否则放弃本次删除操作；若查找失败，给出相应提示信息。

（6）修改订单

这个选项中什么操作都没做，读者感兴趣可以自己加相应功能代码。

3.4.3　案例实现

```cpp
#include <iostream>
#include <iomanip>
#include <string>
using namespace std;
#define MaxNum 100      //定义数组大小
#define N 14            //控制输出格式中长度
int main()
{
    int    count=0;                      //用来记录当前订单的个数
    string order_num[MaxNum];            //订单编号
    string goods_num[MaxNum];            //商品编号
    double goods_price[MaxNum];          //商品单价
    int    goods_count[MaxNum];          //商品数量
    string name[MaxNum];                 //收件人姓名
    string password;  //密码
    int n=0;  //记录密码的输入次数
    cout<<"请输入登录口令: "<<endl;
    ……    //口令实现代码省略
    int i,j;
    while(1)
    {
        ……   //菜单实现代码省略
        int n;
        cin>>n;
        switch (n)
        {
        case 1:
            {
                cout<<"请输入订单信息: "<<endl;
                cout<<"订单编号: ";
                cin>>order_num[count];
                while(1)
                {
                    for(i=0;i<count;i++)
                        if(order_num[count]==order_num[i])
                            break;
                    if(i<count)
                    {
                        cout<<"订单编号重复，请重新输入！"<<endl;
                        cin>>order_num [count];
                    }
                    else
```

```
                                        break;
                        }
                        ……   //输入其余订单信息
                        cout<<"添加完毕！"<<endl;
                        break;
                }
            case 2:
                {
                    cout<<"请输入要查找的订单编号："；
                    string num;
                    cin>>num;
                    for(i=0;i<count;i++)
                        if(order_num[i]==num)
                            break;
                        if(i<count)
                        {
                            cout<<"查找成功！"<<endl;
                            cout<<"订单编号"<<setw(N)<<"商品编号";
                            cout<<setw(N)<<"商品名称"<<setw(N)<<"商品单价";
                            cout<<setw(N)<<"收件人姓名"<<endl;
                            cout<<order_num[i]<<setw(N)<<goods_num[i]<<setw(N)
                            <<goods_price[i];
                            cout<<setw(N)<<goods_count[i]<<setw(N)<<name[i]<<endl;

                        }
                        else
                            cout<<"查找失败！"<<endl;
                        break;
                }
            case 3:
                {
                    ……   //省略修改功能实现代码
                    break;
                }
            case 4:
                {
                    ……   //省略删除功能实现代码，注意加删除确认
                    break;
                }
            case 5:
                {
                    ……   //省略浏览功能实现代码，注意显示格式的控制
                    break;
                }
            case 0:
                    return  0;
            default:
                    cout<<"输入有误，请重新输入！"<<endl;
            }
        }
    return 0;
}
```

习 题

1. 填空题

（1）若定义 int a[8];，则 a 数组元素下标的下限是＿＿＿＿＿，上限是＿＿＿＿＿。

（2）若定义 float b[3][4];，则 b 数组中含有＿＿＿＿个＿＿＿＿类型的数组元素。

（3）要使一个数组 a[5]中全部元素的值为 0，可以定义为＿＿＿＿。

（4）以下程序段为数组 a 中的所有元素输入数据，请填空。

```
int main()
{
    int i,a[5];
    for(i=0;i<5;i++)
    cin>>_____;
    return 0;
}
```

（5）以下程序按 2 行 3 列输出二维数组，请填空。

```
#include<iostream>
using namespace std;
int main()
{
    int b[2][3]={1,2,3,4,5,6},i,j;
    for(i=0; _____;i++)
    {
        for(j=0; _____;j++)
        cout<<b[i][j]<< " ";
        _____;
    }
    return 0;
}
```

（6）已知整数数组 b[2][5]={{7,15,2,8,20},{12,25,37,16,28}}，求数组中所有元素的最大值，请填空。

```
#include <iostream>
using namespace std;
int main()
{
    int b[2][5]= _____;
    int i,j,c,d,k=0;
    for(i=0;i<2;i++)
        for(j=0; _____;j++)
          if(b[i][j]>k)
          {
             _____;
             c=i;
             d=j;
          }
cout<<"b["<<c<<"]["<<d<<"]="<<k<<endl;
    return 0;
}
```

2．选择题

（1）在 C++中引用数组元素时，其数组下标的数据类型允许是（　　　）。

  A．整型表达式   B．整型常量

  C．整型常量或整型表达式   D．任何类型的表达式

（2）下列对一维整型数组 a 的正确说明是（　　　）。

  A．int a(10);   B．int n=10,a[n];

  C．int n;   D．#define SIZE 10;

    cin>>n;   int a[SIZE];

    int a[n];

（3）下列数组说明和初始化正确的是（　　　）。

  A．int a[5]=0;   B．int b[3]={1,2,3,4};

  C．float c[ ]={1,2,3};   D．float d={5.3,6.0};

（4）下列数组说明和初始化错误的是（　　　）。

  A．int a[2][3]={1,2,3,4,5,6};   B．int b[ ][3]={2,3,4,5};

  C．int c[3][2]={{1},{2},{3}};   D．float d[3][ ]={5.3,6.0,6.8};

（5）若有以下定义，则对 a 数组元素错误的引用是（　　　）。

  int a[5]={1,2,3,4,5};

  A．a[0]   B．a[2]   C．a[a[4]−2]   D．a[5]

（6）若有以下定义，则数组元素 a[3]的值是（　　　）。

  int a[5]={1,2,3};

  A．0   B．1   C．2   D．3

（7）若有以下定义，则对 a 数组元素正确的引用是（　　　）。

  float a[2][3]={1,2,3,4,5,6};

  A．a[1]   B．a[0][3]   C．a[2][2]   D．a[1][1]

（8）若有以下定义，则数组元素 b[2][2]的值是（　　　）。

  int b[ ][3]={{1},{2,3},{4,5,6},{7}};

  A．0   B．3   C．5   D．6

（9）下列对字符数组 s 初始化错误的是（　　　）。

  A．char s[5]={"abc"};   B．char s[5]={ 'a','b', 'c'};

  C．char s[5]= " ";   D．char s[5]="abcde";

（10）对两个数组 a 和 b 进行初始化，则下列叙述正确的是（　　　）。

  char a[ ]="abcde";

  char b[ ]= {'a','b', 'c','d','e'};

  A．a 与 b 完全相同   B．a 与 b 长度相同

  C．a 与 b 中都存放字符   D．a 数组比 b 数组长度长

（11）若有以下定义，则对字符串的操作错误的是（　　　）。

  char s[10]= "program",t[ ]= "test ";

  A．strcpy(s,t)   B．cout<<strlen(s);

  C．strcat(s,t)   D．cin>>t;

（12）下列程序的运行结果是（　　　）。

A. ABC123   B. 123abc   C. 123ABC   D. 123ABCde

```cpp
#include <iostream>
#include <string>
using namespace std;
int main( )
{
    char s1[10]= "abcde" ,s2[10]= "123",s3[ ]= "ABC";
    cout<<strcat(s2,strcpy(s1,s3))<<endl;
    return 0;
}
```

3．编程题

（1）定义一个整型的一维数组，并将各数组元素都赋值为该数组下标值的 2 倍。

（2）定义一个整型的二维数组，每个数组元素的赋值规则为行下标值+列下标值。

（3）定义一个整型的二维数组，要求使用二重循环将每个数组元素都赋值为 2。

（4）统计输入字符串中的数字、字母和其他字符的个数。

（5）从键盘上任意输入 15 个数，找出其中的最大数及其位置。

（6）从键盘上任意输入 15 个数，按照从大到小的顺序输出。

（7）从键盘上任意输入 15 个小写字母，变成大写字母后按反序输出。

（8）用 Erarosthenes 法求 100 以内的所有素数，按从小到大依次排列。所谓 Erarosthenes 法是指：1 不是互数，除去它；2 是素数，则它的倍数不是素数，去掉它们；3 是素数，则它的倍数不是素数，去掉它们，以此类推，直到所给定的数。

（9）打印如下图形。

```
*****
 *****
  *****
   *****
```

第 4 章
函　　数
PART 4

　　函数是 C++ 程序设计中具有独立功能的一段程序，是 C++ 程序的主要组成部分，也是构成 C++ 程序的基础。通常一个函数独立完成一个功能，各个函数间可以互相调用，使得将一个大程序分成若干个程序模块来实现变为可能，同时也体现了程序设计中的模块化程序设计思想。函数的出现，使程序设计人员将主要精力从具体的实现细节转到函数的接口，也使得 C++ 程序的效率、可读性和可移植性都得到了提高。

　　一个 C++ 程序可由一个主函数和若干个其他函数构成。主函数是程序的开始点，C++ 程序都是由主函数开始执行的。

4.1　函数的定义和声明

1.函数定义

C++ 中规定，在程序中用到的所有函数，必须"先定义，后使用"。

函数定义的一般语法格式如下：

```
函数类型　函数名(形式参数表)
{
    函数体
}
```

函数定义的第一行由函数类型、函数名和函数的参数表组成，称为函数头。用大括号括起来的部分称为函数体。

　　【例 4.1】定义一个实现两个整型数相加的函数。

```
int Add(int  num_1,int  num_2)            //函数定义
{
    return  num_1+num_2;
}
```

下面对函数定义中各个部分进行说明。

　　（1）函数类型：指该函数结束执行时，所要返回结果的数据类型。它可以是各种数据类型，包括基本数据类型和构造数据类型，也包括指针和引用类型。例 4.1 中定义的函数要完成的功能是求两个 int 类型数的和，所以结果也是一个 int 类型的数据，如第 1 行所示。

　　（2）函数名：命名规则要符合 C++ 标识符的命名规则，要"见名知义"。例 4.1 中定义的函数完成的功能是求和，所以函数名起名为 Add，如第 1 行所示。

　　（3）形式参数表：指调用该函数时向它传递的数据。例 4.1 中的 Add() 函数是为了求和，

需要从外部传递两个整型数据，所以定义了两个形式参数 num_1 和 num_2，如第 1 行所示。

（4）函数体：指函数所要完成的功能，可以包括 C++的任何语句，用于描述函数所要执行的操作。

（5）函数定义中的一对大括号不能省略，它用于指明函数体的开始和结束。

（6）当函数有返回值时，在函数体中至少应有一个 return 语句。

【例 4.2】 定义一个输出两个整型数的函数。

```
void Print (int  num_1,int  num_2)         //函数定义
    {
        cout<<"第一个数="<<num_1<<endl;
        cout<<"第二个数="<<num_2<<endl;
        return;
    }
```

分析如下：

Print()函数主要完成的功能是输出传递过来的两个数的值，不需要返回任何的结果。此时，该函数将被定义成无返回值，用关键字 void 加以说明，如例 4.2 中的第 1 行所示。如果不指定，则默认返回整型数。

同样，因没有返回值，所以 Print()函数的函数体中写了一个空 return 语句，如例 4.2 中的第 5 行所示，或者直接省略，不写 return 语句。

return 语句的格式为

return (表达式);

或

return 表达式;

或

return;

返回值可以用括号括起来，也可以不括起来，还可以没有返回值。如果没有返回值，当程序执行到该 return 语句时，程序会返回到主调函数中，并不带回返回值。若无返回值的函数的函数体中没有 return 语句，函数执行到函数体的最后一条语句，遇到"}"时，自动返回到主调用程序。

函数类型要与 return 语句后表达式值的类型相同。如果类型不一致，则以函数类型为准，如果能够进行类型转换，就进行类型转换，否则在编译时会发生错误。

2．函数的参数

在定义函数时，函数头中参数表内的参数称为形式参数，简称形参。参数表指明了函数的参数个数、名称和数据类型。当函数有多个参数时，每个参数必须分别定义类型和名字，用逗号将多个参数分开；无参数时，可以不提供参数，但括号不可以省略。例如：

```
int Max(int  num_1,int  num_2)             //有参数
{
    return num_1>num_2?num_1:num_2;
}
void Print()                               //无参数
{
    cout<<"Hello  world!"<<endl;
}
```

有时，对于无参函数也会用关键字 void 来说明此函数为无参数，例如：

```
void Print(void)                          //无参数
{
    cout<<"C++ is easy to learn!"<<endl;
```

下面的函数头写法是错误的。

```
int Max(int a, b)
```

形参在该函数被调用时才初始化，即从主调函数获取数据。如果被调用函数不需要从调用函数那里获取数据，则该函数可为无参函数。

【例 4.3】 编程实现两个整型数的相加功能。

```
#include<iostream>
using namespace std;
int Add (int  num_1,int  num_2)          //求和函数定义
{
    return  num_1+num_2;
}
int main()
{
    int num_1,num_2;
    int sum=0;
    cout<<"请输入第一个整数：";
    cin>>num_1;
    cout<<"请输入第二个整数：";
    cin>>num_2;
    sum=Add(num_1,num_2);                 //调用 Add()函数进行求和
    cout<<num_1<<"+"<<num_2<<"="<<sum<<endl;  //输出结果
    return 0;
}
```

程序执行结果如下：

```
请输入第一个整数：12
请输入第二个整数：25
12+25=37
```

分析如下：

主函数可以调用其他函数，其他函数也可以相互调用。调用其他函数的函数称为主调函数，如 main()函数，被调用的函数称为被调函数，如 Add()函数。

例 4.3 中，在 main()函数中完成了两个整型数的输入，程序中第 15 行调用求和 Add()函数进行求和。Add()函数完成了两个整型数求和的功能，在程序中第 3 行定义，并在程序中第 5 行将结果返回到主函数中。

在编写较大规模的模块化程序时，因里面的函数定义较多，占用很多的代码行，会对整个程序的可读性产生一定的影响，所以可对函数先进行声明，后给出具体的函数定义。函数声明又称为函数原型，用于告诉编译器函数的名称、函数的返回类型、函数要接收的参数个数、参数类型和参数顺序。程序的编译阶段，编译器通过函数原型来验证函数调用的合法性。函数原型通常位于程序代码的开始处。

函数原型的语法格式为

函数类型 函数名(参数表)；

参数表与函数定义中的参数表中的类型相同。参数表是用逗号隔开的一个类型说明，其个数、顺序和指定的类型必须和函数定义中的参数个数、顺序和类型一致。在函数原型说明

中也可以不给出参数名，只给出类型。

例 4.3 可改写如下。

```cpp
#include<iostream>
using namespace std;
int Add (int ,int ) ;                          //函数原型声明
int main()
{
    int num_1,num_2;
    int sum=0;
    cout<<"请输入第一个整数：";
    cin>>num_1;
    cout<<"请输入第二个整数：";
    cin>>num_2;
    sum=Add(num_1,num_2);
    cout<<num_1<<"+"<<num_2<<"="<<sum<<endl;
    return 0;
}
int Add (int  num_1,int  num_2)               //求和函数定义
{
    return  num_1+num_2;
}
```

分析如下：

对求和 Add()函数在程序开始处（即程序中第 3 行）给出原型声明，指明函数类型、函数名、参数类型和个数等信息。程序中第 16 行是 Add()函数的定义部分，实现了对函数的先声明，后定义。

4.2 函数调用

4.2.1 函数调用方式

一个函数被定义以后通过被其他函数调用来实现函数功能。C++有语句调用和表达式调用两种函数调用方式。语句调用适合调用没有返回值的函数，而表达式调用适合调用有返回值的函数。

1．语句调用

语句调用是指将函数调用单独作为一条语句进行调用。其调用格式为

函数名 (实参列表)；

其中，函数名是用户自定义的或是 C++提供的标准函数名。实参列表是由逗号分隔的若干个表达式，每个表达式的值为实参。实参用于在调用函数时对形参进行初始化，要求实参与形参在个数、类型和顺序上都必须保持一致。

【例 4.4】编写一个输出两个整型数的函数。

```cpp
#include<iostream>
using namespace std;
void Print (int ,int );                        //输出函数声明，无返回值
int main()
{
    int num_1,num_2;
    int sum=0;
    cout<<"请输入第一个整数：";
```

```
    cin>>num_1;
    cout<<"请输入第二个整数: ";
    cin>>num_2;
☞   Print(num_1,num_2);                    //调用 Print()函数,语句调用
    return 0;
}
void Print (int  num_1,int  num_2)          //输出函数定义
{
    cout<<"第一个数="<<num_1<<endl;
    cout<<"第二个数="<<num_2<<endl;
    return;
}
```

程序执行结果如下:

```
请输入第一个整数: 12
请输入第二个整数: 33
第一个数=12
第二个数=33
```

分析如下:

例 4.4 中定义的 Print()函数是一个无返回值的函数,如程序中第 3 行所示,所以调用该函数时以语句形式调用,如程序中的第 12 行所示。

2.表达式调用

表达式调用是指函数调用作为一个表达式出现。其调用格式为

变量名=函数名(实参列表);

或者是

cout<<函数名(实参列表);

第一种格式中,将被调用函数的返回值作为结果,赋值给变量;第二种格式中,直接用 cout 输出被调用函数的返回值。

通常定义函数时若需要返回某个数值,则 return 语句中 return 后必须有表达式。当程序执行到函数体的 return 语句时,把 return 后面的表达式的值带给主调函数,同时程序执行顺序返回到主调用函数中函数调用的下一条语句。如果表达式的类型与函数类型不相同时,将表达式的类型自动转换为函数类型。

在任何情况下,C++能自动将变量的类型转换为与参数一致的类型,这是 C++标准类型转换的一部分。任何非法的转换都会被 C++编译程序检测出来。

例如:例 4.3 中定义的 Add()函数是一个带返回值的函数,所以在主调用 main()函数中以表达式的形式调用,如程序第 12 行所示,并将返回值赋给变量 sum。

【例 4.5】编程求 3 个整数中最大的数。

```
#include<iostream>
using namespace std;
☞int max2(int,int);
☞int max3(int,int,int);
int main()
{
    int x,y,z,m;
    cout<<"请输入 3 个整数: ";
    cin>>x>>y>>z;
☞   m=max3(x,y,z);
    cout<<"最大的数是: "<<m<<endl;
```

```
    return 0;
}
//函数定义
int max2(int a,int b)
{
    return a>b?a:b;
}
int max3(int a,int b,int c)
{
    int m1,m2;
    m1=max2(a,b);
    m2=max2(m1,c);
    return m2;
}
```

程序执行结果如下：

```
请输入 3 个数：25 36 47
最大的数是：47
```

分析如下：

例 4.5 中程序第 3、4 行声明了 max2() 函数和 max3() 函数，其中 max2() 函数实现两个数中找最大值的功能，max3() 函数实现 3 个数中找最大值的功能。首先在 main() 函数中调用 max3() 函数，如程序中第 10 行所示，之后在 max3() 函数中又调用了 max2() 函数，如程序中第 22 行所示。

4.2.2 函数调用的参数传递

C++ 函数定义和函数调用中要求形参和实参要一一对应，在函数调用时，系统为形参分配存储空间，并将实参的值传递给形参。通常将函数间参数的传递分为值传递、地址传递和引用传递 3 种。下面重点介绍值传递形式，地址传递和引用传递将在后续章节中详细介绍。

值传递是参数传递数据最常用的方法。值传递方式下，调用函数时系统先计算实参的值，再把实参的值按位置赋给对应的形参，即对形参进行初始化，然后执行函数体。由于值传递的实现机制是系统将实参复制一个副本给形参，因此在函数体执行过程中形参的变化不会影响对应实参的值，使得可以有效地防止被调用函数改变参数的原始值。例 4.6 中描述了向函数传值的过程，并在调用函数中将两个整型数互换，但主调函数中并没有互换。

【例 4.6】编写函数，实现两个整型数的互换。

```
#include<iostream>
using namespace std;
void swap(int,int);
int main()
{
    int a,b;
    cin>>a>>b;
    swap(a,b);
    cout<<"main  program a="<<a<<"\t b="<<b<<"\n";
    return 0;
}
void swap(int x,int y)    //函数定义
{
    int t;
    cout<<"function swap begin a="<<x<<"\t b="<<y<<"\n";
    t=x;   x=y;  y=t;
```

```
        cout<<"function swap end a="<<x<<"\t b="<<y<<"\n";
    }
```

程序执行结果如下：

```
10   20
function swap begin a=10        b=20
function swap end a=20        b=10
main  program a=10        b=20
```

在例 4.6 中，主函数调用函数 swap()时，实参的值赋给相应的形参。在函数 swap()中进行两数交换，如程序中第 16 行所示，此时形参的值已经改变了，但主函数中实参的值并没有改变，变化过程如图 4-1 所示。

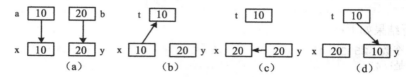

图 4-1　程序运行过程中变量值的变化

4.2.3　函数的嵌套调用和递归调用

1．函数的嵌套调用

若在一个函数调用中又调用了另外一个函数，则称这样的调用过程为函数的嵌套调用。程序执行时从主函数开始执行，遇到函数调用时，如果函数是有参函数，系统先进行实参对形参的替换，然后执行被调用函数的函数体。如果函数体中还调用了其他函数，再转入执行其他函数体。函数体执行完毕后，返回到主调函数，继续执行主调函数中的后续语句。

【例 4.7】函数的嵌套调用。

```
#include<iostream>
using namespace std;
void f1();
void f2();
void f3();
int main()
{
    cout<<"1  main  program  begin "<<endl;
☞  f1();
    cout<<"7  main  function  end "<<endl;
    return 0;
}
void f1()//函数 f1()定义
{
    cout<<"2  function  f1  begin "<<endl;
☞  f2();
    cout<<"6  function  f1  end "<<endl;
}
void f2()//函数 f2()定义
{
    cout<<"3  function  f2  begin  "<<endl;
☞  f3();
    cout<<"5  function  f2  end  "<<endl;
}
void f3()//函数 f3()定义
{
```

```
    cout<<"4  function  f3  begin  "<<endl;
}
```

程序执行结果如下：

```
1  main  program  begin
2  function  f1  begin
3  function  f2  begin
4  function  f3  begin
5  function  f2  end
6  function  f1  end
7  main  function  end
```

例 4.7 中程序的执行过程如图 4-2 所示。图中的序号表示了调用执行过程的先后顺序。主函数中调用了函数 f1()，如程序中第 9 行所示，函数 f1() 中调用了函数 f2()，如程序中第 16 行所示，函数 f2() 中调用了函数 f3()，如程序中第 22 行所示。

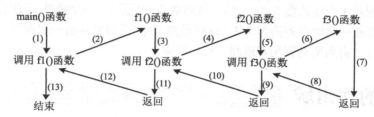

图 4-2　嵌套调用的执行过程

2．函数的递归调用

在调用一个函数的过程中出现直接或间接调用该函数本身，就称作函数的递归调用，这样的函数称为递归函数。编写递归函数时，必须要有终止递归调用的条件，否则递归会无限制地进行下去。常用的办法是加条件判断，满足某种条件就不再递归调用，然后逐层返回。

递归调用的执行过程一般分为以下两个阶段。

第一阶段：递推。将原问题不断分解为新的子问题，逐渐从未知向已知递推，最终达到已知的条件，即递归结束的条件，这时递推阶段结束。

第二阶段：回归。从已知条件出发，按照递推的逆过程逐一求值回归，最后达到递归的开始处，结束回归阶段，完成递归调用。

【例 4.8】用递归求阶乘。

$$n! = \begin{cases} 1 & n=1 \\ n \times (n-1)! & n>1 \end{cases}$$

```cpp
#include<iostream>
using namespace std;
int fac(int n);
int main()
{
    int n;
    cout<<"Input a integer number:";
    cin>>n;
    cout<<n<<"!="<<fac(n)<<endl;
    return  0;
}
```

```
int fac(int n)
{
    if(n==1)
            return 1;
    else
            return n*fac(n-1);
}
```

程序执行结果如下：

```
Input a integer number:8
8 != 40320
```

首先，主函数 main() 调用函数 fac(n)，此时 n=8；由于 8!=1，函数 fac(n) 再用 n-1=7 作为参数调用它本身，如程序中第 17 行所示，此时 7!=1；接下来，用 n=6 调用函数 fac(n)；不断重复此过程，直到用 1 调用函数 fac(1)，然后从函数 fac(1) 返回。由于函数 fac(1) 返回到其调用点，因此程序执行前一次动作的语句 2*1，这样函数 fac(n) 返回到其前一次调用点，故返回 2；返回过程不断进行，直到所有调用都返回，程序结束。

4.3 变量的作用域

作用域就是数据能够使用的范围。一个变量的作用域是程序中的一段区域，用于确定该变量的可见性。按作用域的大小可以把变量分为局部变量和全局变量。

4.3.1 局部变量

在函数或者类内说明的变量是局部变量。局部变量仅在定义它的函数或类内起作用，在这个范围之外不能使用这些变量。局部变量的作用域也称为块作用域。

函数内部使用的局部变量包括形参和函数体内定义的变量。

函数的形参的作用域在函数的函数体内部。不同函数如果使用相同的参数或变量，它们仅在其所在函数体内有效，互不影响。

在函数体内定义的变量，其作用域从说明语句开始直到该函数结束为止。

4.3.2 全局变量

全局变量是在函数和类外部定义的变量。全局变量的作用域从说明点开始直到文件结束。这种作用域也称为文件作用域。

全局变量一般集中在主函数之前说明。利用全局变量可以减少参数数量和数据传递时间。但是，过多的全局变量会降低程序的通用性和程序的可读性，并且全局变量在程序运行过程中始终占用内存，所以应尽量减少使用全局变量。

如果全局变量与函数的局部变量同名，在函数的局部变量的作用域内，同名的全局变量无效。为了在函数体内使用与局部变量同名的全局变量，应在全局变量前面使用作用域运算符 "::"，如例 4.9 中第 8 行所示。

【例 4.9】全局变量和局部变量的使用。

```
#include<iostream>
using namespace std;
int i=3;                    //定义了局部变量 i
int main()
```

```
    {
        double i=2.2;  //定义了局部变量 i
        cout<<"局部变量 i 是 "<<i<<"\n";
☞       cout<<"全局变量 i 是"<<::i<<"\n";
        return 0;
    }
```

程序执行结果如下：

```
局部变量 i 是2.2
全局变量 i 是3
```

4.4　C++对函数的扩充

C++是对 C 语言的扩充，所以针对函数增加了内联函数、函数重载和函数的参数带默认认值等。内联函数是为提高函数调用的效率，而函数重载实现"一名多用"，带默认认值的函数是指可直接给所定义的函数形参设定默认值。

4.4.1　内联函数

函数调用是将程序执行顺序转移到函数所存放在内存中的某个地址，将函数的程序执行完后，再返回到调用该函数前的地方。这种转移操作要求转移前保护现场、记录转移点的地址，函数结束执行还要恢复现场，按原来保存的地址继续执行。因此，函数调用需要一定的时间和空间方面的开销，影响程序的执行效率，所以引入内联函数解决函数调用的效率问题。

若函数被定义为内联函数，则在程序编译时，编译器将程序中出现的内联函数的调用表达式用内联函数的函数体进行替换。

使用内联函数能加快程序的执行速度，但如果函数体中的语句很多，则会增加程序代码的长度。所以，通常将函数体只由几条语句组成的小函数定义为内联函数。另外，由于 C++编译程序时必须知道内联函数的函数体才能进行内联替换，因此内联函数必须在程序中第一次调用此函数的语句前通知 C++编译程序。

内联函数的定义形式为

```
inline  函数类型  函数名(形式参数表)
{   函数体    }
```

【例 4.10】利用内联函数计算圆的面积。

```
#include<iostream>
using namespace std;
☞inline double area(double radius)   //定义内联函数，计算圆的面积
{
    return 3.14*radius*radius;
}
int main()
{
    double area,r;
    cout<<"请输入半径值:";
    cin>>r;
    area=area(r);     //调用内联函数求圆的面积，编译时此处被替换为 area 函数体语句
    cout<<"圆的面积为: "<<area<<endl;
```

```
        return 0;
    }
```

程序执行结果如下：

```
请输入半径值: 2.5
圆的面积为: 19.625
```

例 4.10 中将求圆面积的函数 area() 声明为内联函数，如程序第 3 行所示，编译时函数 area() 的调用会被函数体替换，提高了时间和空间效率。

4.4.2　函数重载

函数重载是指同一个函数名可以对应多个不同函数的实现。例如，可以给函数名 sum() 定义多个函数实现，该函数的功能是求和，即求 3 个操作数的和。其中，一个函数实现的是求 3 个 int 型整数之和，另一个函数实现的是求 3 个 double 型浮点数之和。每种实现对应着一个函数体，这些函数的名字相同，但是函数参数的类型却不同。

如果要实现函数重载，必须要求同名函数的调用能被编译器区分，并唯一地确定调用哪一个函数代码。为了能让编译器唯一确定调用的函数，在定义多个同名的函数时，要求各个函数间在参数的个数、顺序或类型上必须要有区别，编译器通过函数的参数个数、参数类型和参数顺序来区分。

注意　　　　　　　　　**函数的返回类型不能区分不同的函数体。**

【例 4.11】定义两个同名的求 3 个操作数和的函数，其中，3 个操作数可以都是整型数，也可以是实型数。

```
#include<iostream>
#include<string>
using namespace std;
int sum(int,int,int);
double sum(double,double,double);
int main()
{
    cout<<"Int:"<<sum(2,3,4)<<endl;
    cout<<"Double:"<<sum(1.4,2.7,3.8)<<endl;
    return  0;
}
int sum(int a,int b,int c)
{
    return a+b+c;
}
double sum(double a,double b,double c)
{
    return a+b+c;
}
```

程序执行结果如下：

```
Int:9
Double:7.9
```

例 4.11 中函数 sum() 的参数个数相同，但参数的类型不相同，如程序第 4、5 行所示，系统会根据参数的类型区分调用哪个函数。只要同名函数的参数个数、参数类型或参数顺序三者之中一个不同就可以进行区分，可以实现函数重载。

4.4.3　带默认参数值的函数

在函数调用时，必须为函数提供与形参个数和类型一致的实参；否则，编译时会发生语法错误。但在函数的声明或定义中可以预先给出默认的形参值，调用时如给出实参，则采用实参值，否则采用预先给出的默认形参值。

在 C++ 中可以为函数指定默认的形参值，在函数调用时，按从左到右的顺序将实参和形参结合，若参数不够，则后续的形参取其默认值。

【例 4.12】利用参数的默认值，定义一个函数实现求 2 个或 3 个正整数中的最大值的功能。

```
#include<iostream>
using namespace std;
int Max(int ,int ,int =0);
int main()
{
    int num1,num2,num3;
    cout<<"求两个正整数中的大者: "<<endl;
    cout<<"请输入两个正整数: ";
    cin>>num1>>num2;
    cout<<"大者="<<Max(num1,num2)<<endl;
    cout<<"求三个正整数中的大者: "<<endl;
    cout<<"请输入三个正整数: ";
    cin>>num1>>num2>>num3;
    cout<<"大者="<<Max(num1,num2,num3)<<endl;
    return 0;
}
int Max(int  num1,int  num2,int  num3)
{
    int max;
    max=num1>num2?num1:num2;
    max=num3>max?num3:max;
    return  max;
}
```

程序执行结果如下：

```
求两个正整数中的大者:
请输入两个正整数: 34 15
大者=34
求三个正整数中的大者:
请输入三个正整数: 24 36 17
大者=36
```

例 4.12 中定义的函数 Max() 有 3 个参数，且为了能够实现求两个或 3 个正整数中大者的功能，将第三个参数定义为带默认值的参数，默认值为 0，如程序第 3 行所示。第一次调用的是 Max(num1,num2)，给出两个实参，因此第三个形参使用默认值 0，实现求两数中最大值功能，如程序第 10 行所示；第二次调用的是 Max(num1,num2,num3)，给出 3 个实参，3 个形参分别获得对应实参的值，实现求 3 个数中最大值功能，如程序第 14 行所示。

注意

（1）默认形参值必须按由右向左的顺序定义。如果某个参数有默认值，则其右边的参数必须都有默认值；如果某个参数没有默认值，则其左边的参数都不能有默认值。例如：

```
int fun(int a,int b,int c=3);        //正确
int fun(int a=1,int b=2,int c);       //错误
```

（2）在使用带默认参数的函数时，只能在函数定义或声明中的一个位置给出默认值，不能在两个位置同时给出，还要保证在函数之前给出默认值。如例4.11的程序第3、17行。

4.5　案例实战

4.5.1　实战目标

（1）理解函数的作用，掌握根据需要定义完成各种不同功能的函数。

（2）熟练掌握函数的定义和调用。

（3）掌握函数定义中形参的定义，主要是形参的个数和类型的选取。

4.5.2　功能描述

本章案例要求在前一章案例的基础上实现一个简单团购订单信息的管理系统。该系统具有五大功能模块，用以实现团购订单信息的添加、查找、修改、删除、浏览功能。要求输入登录口令，口令正确才可以操作该系统，具体说明如下。

（1）订单信息的设计

订单只保留了以下信息：订单编号、商品编号、商品单价、商品数量、收件人姓名。其中，订单编号是一个字符串，所以多个订单编号可定义为以下形式：

```
#define MaxNum 100              //定义数组大小
string  order_num [MaxNum];     //定义为全局变量
int   count=0;                  //用来记录当前订单的个数
```

（2）添加订单

功能与上一章的案例相同，不同之处：要求把添加功能单独写成一个函数，把判断订单编号唯一性的功能也单独写成一个函数。

（3）查询订单

功能与上一章的案例一样，通过订单编号进行查询，查找出符合条件的记录，并输出显示。不同之处：要求将订单查询功能单独写成一个函数。

（4）修改订单

先按订单编号查找订单，然后修改其信息。除订单编号外，其余信息都可以被修改。不同之处：要求将修改功能单独写成一个函数。

（5）删除订单

功能与上一章的案例一样，输入要删除的订单编号，然后进行查询。查找成功，需要在删除前进行确认。若查找失败，给出相应的提示信息。不同之处：要求将订单删除功能单独写成一个函数。

（6）浏览订单

功能与上一章的案例完全相同，不同之处：将浏览订单功能单独写成一个函数。

4.5.3 案例实现

```cpp
#include <iostream>
#include <iomanip>
#include <string>
using namespace std;
#define MaxNum 100               //定义数组大小
#define N 14
//定义全局变量
int     count=0;                 //用来记录当前订单的个数
string  order_num [MaxNum];      //订单编号
string  goods_num [MaxNum];      //商品编号
double  goods_price[MaxNum];     //商品单价
int     goods_count[MaxNum];     //商品数量
string  name[MaxNum];            //收件人姓名
//定义的所有函数的声明
int   password();                //口令函数
void  menu() ;                   //主菜单函数
void  Append();                  //添加订单函数
int   effective();               //判断订单编号唯一性函数
int   Search_order_num(string);  //按订单编号查询函数，查找成功返回数组中下标，
                                 //  否则返回-1
void  Delete_menu();             //删除函数
void  Modify();                  //修改订单函数
void  Print_goods(int);          //浏览订单信息函数，显示数组中指定下标的订单
//主函数
int main()
{
    if (password())
        menu();
    return 0;
}
void  menu( )//主菜单函数
{ ……    //实现代码省略，与上一章类似   }
int effective()//判断订单编号唯一性函数
{ ……    //实现代码省略，与上一章类似   }
void Append()//添加订单函数
{ ……    //实现代码省略，与上一章类似   }
int Search_order_num(string ch)//查找函数
{ ……    //实现代码省略   }
void Print_goods(int i)//显示指定订单的信息
{ ……    //实现代码省略，与上一章类似   }
void Modify( )//修改函数，先按订单编号进行查找，后修改
{
    string num;
    int m;
    cout<<"请输入所要修改的订单编号：";
    cin>>num;
    m=Search_order_num(num);
    if(m==-1)
    {
        cout<<"所输入订单编号有误，库中不存在该订单信息！"<<endl;
        return;
    }
```

```cpp
        cout<<"当前订单信息如下: "<<endl;
        cout<<"订单编号"<<setw(N)<<"商品编号"<<setw(N)<<"商品名称"<<setw(N)<<"商品单价";
        cout<<setw(N)<<"收件人姓名"<<endl;
        Print_goods(m);
        while(1)
        {
            cout<<"**********************************************************"<<endl;
            cout<<"*            根据所做操作选择以下数字序号:            *"<<endl;
            cout<<"*        1:修改商品号              2:修改收件人姓名     *"<<endl;
            cout<<"*        3:修改商品单价            4:修改商品数量       *"<<endl;
            cout<<"*                         0:退出                       *"<<endl;
            cout<<"**********************************************************"<<endl;
            int n;
            cin>>n;
            switch (n)
            {
            case 1:
                {
                    cout<<"请输入新的商品编号: "<<endl;
                    cin>>goods_num[m];
                    cout<<"修改完毕! "<<endl;
                    break;
                }
                ……   //省略实现代码, 与上面类似
            default:
                    cout<<"输入有误, 请重新输入! "<<endl;
            }
        }
}
void Delete_menu()//删除函数
{ ……   //实现代码省略   }
int password()//口令函数
{ ……   //实现代码省略   }
```

习　题

1．填空题

（1）在 C++中，一个函数一般由两部分组成，分别是＿＿＿＿和＿＿＿＿。

（2）在 C++中，若没有定义函数的返回类型，则系统默认为＿＿＿＿型。

（3）当一个函数没有返回值时，函数的类型应定义为＿＿＿＿。

（4）在 C++的一个程序内可以定义多个同名的函数，称为＿＿＿＿。

（5）在一个函数的定义或声明前加上关键字＿＿＿＿，该函数就声明为内联函数。

（6）若在一个函数中又调用另一个函数，则称这样的调用过程为函数的＿＿＿＿调用。

（7）在调用一个函数的过程中出现直接或间接调用该函数本身，就称作函数的＿＿＿＿调用。

（8）以下程序的输出结果为＿＿＿＿。

```cpp
#include<iostream>
using namespace std;
#define N 8
void fun(int);
int main()
```

```
{
    for(int i=1;i<N;i++)
    fun(i);
    return 0;
}
void fun(int x )
{
    int a=0,b=2;
    cout<<(a+=x+3,a+b)<<endl;
}
```

（9）以下程序的输出结果为_____。

```
#include<iostream>
using namespace std;
const int N=5;
void fun();
int a=0;
int main()
{
    for(int i=1;i<N;i++)
    fun();
    return 0;
}
void fun()
{
    int b=2;
    cout<<(a+=3,a+b)<<endl;
}
```

（10）以下程序的输出结果为_____。

```
#include<iostream>
using namespace std;
int m=3;
void fun(int m)
{
    m=6;
}
int main()
{
    fun(m);
    cout<<" m="<<m<<"\n";
    return 0;
}
```

2. 选择题

（1）以下叙述不正确的是（　　）。

    A. 函数是构成 C++程序的基本元素

    B. 程序总是从第一个定义的函数开始执行

    C. 主函数是 C++程序中不可缺少的函数

    D. 在函数调用之前，必须要进行函数的定义或声明

（2）以下函数声明正确的是（　　）。

    A. double fun(int x,int y)   B. double fun(int x;int y)

    C. double fun(int x,int y);   D. double fun(int x, y);

（3）有函数声明 void fun2(int);，下面选项中，不正确的调用是（　　）。

    A．int x=21;　fun2(x);　　　　　　B．int a=15; fun2(a*3);

    C．int b=100;　fun2(&b);　　　　　　D．fun2(256);

（4）下列关于函数声明说法不正确的是（　　）。

```
void fun(void);
```

    A．函数声明是一条独立的语句，必须以分号结尾

    B．函数声明通常放在程序的开始部分

    C．函数 fun()无参数传入

    D．函数 fun()返回一个值，其类型为 void

（5）下列关于 return 语句的说法错误的是（　　）。

    A．在函数中通过 return 语句返回一个函数值

    B．return 语句中表达式的类型决定函数返回的类型

    C．在无返回值的函数体中可以没有 return 语句

    D．当函数返回值的类型为 void 时，函数中不应出现 return(表达式)

（6）下列关于函数重载的说法正确的是（　　）。

    A．函数重载必须具有不同的返回值类型

    B．函数重载形参个数必须不同

    C．函数重载必须具有不同的形参列表

    D．函数重载名可以不同

（7）一个函数为 void f(int,float='a')，另一个函数为 void f(int)，则它们（　　）。

    A．不能在同一个程序中定义

    B．可以在同一个程序中定义并可重载

    C．可以在同一个程序中定义，但不可重载

    D．以上说法均不正确

（8）使用重载函数编程序的目的是（　　）。

    A．使用相同的函数名调用功能相似的函数

    B．共享程序代码

    C．提高程序的运行速度

    D．节省存储空间

（9）下列关于默认参数值函数说法错误的是（　　）。

    A．在 C++中，允许设置参数的默认值

    B．必须从参数表最右边的参数开始设置参数的默认值

    C．在函数声明和函数定义中，默认参数的值必须相同

    D．函数调用时，带默认值的参数无实参输入时，使用默认值

（10）下列程序的输出结果为（　　）。

    A．10,20,30　　　　　B．35,7,5　　　　　　　C．35,20,10　　　　　D．10,20,35

```
#include<iostream>
using namespace std;
int fun(int a,int b,int c)
{
    a=5;
```

```
        b=a+2;
        c=a*b;
        return (c);
}
int main()
{
        int a=10,b=20,c=30;
        c=fun(a,b,c);
        cout<<c<<" ,"<<b<<" ,"<<a<<"\n";
        return  0;
}
```

3．编程题

（1）编写函数 fun()，函数首部为 double fun(int n)，其功能是计算 $S=1!+2!+\cdots+n!$ 值，并通过函数值返回主调函数。

（2）编写一个判断闰年的函数，主函数中输入年份，调用函数判断是否是闰年。

（3）写出一个函数，使从键盘输入的一个字符串反序存放，并在主函数中输入、输出该字符串。

（4）使用重载函数编程将两个整数和 3 个整数从大到小排列。

（5）编写一个函数，其功能是：输入全班学生的成绩，以负数结束输入，统计学生人数并将其作为函数值返回主调函数，计算平均分，通过函数 ave() 返回主调函数。

第 5 章
指针和引用

PART 5

指针是 C 语言中一种重要的构造类型，是 C 语言中功能最强、使用最广泛的一种机制，所以 C++语言从 C 语言中继承了该机制，使得 C++语言同样具有在程序运行时获得变量的地址并对变量的地址进行操作的能力。

在 C++语言中，程序员可以通过指针直接管理计算机内存。正确而灵活地使用指针，可以有效地表示更加复杂的数据结构，可以使程序简洁高效。但指针也是一种最容易出错的机制。因为通过指针可以访问到内存中的数据，所以错误地使用指针带来的后果往往是很严重的，有时甚至会导致系统崩溃。正确使用指针是 C++语言学习的重点和难点之一，必须从本质上理解指针，并大胆编程实践。

5.1 指针

5.1.1 指针的概念

计算机内存是由二进制位组成的，为了便于访问和管理，每 8 位组成一字节，一字节称为一个存储单元。通常，系统对每个存储单元按其顺序进行编号，编号能唯一地确定任何一个字节的位置，于是编号被形象地称为地址。

在程序运行时，系统将利用内存存储相关的数据。数据在内存中的存储方式是：按其所属的数据类型，占据一定数量的连续内存单元。例如，程序中有一个 int 类型变量 a，则程序运行时，就会给变量 a 分配 4 字节的存储单元，用于存储它的值。

指针（pointer）是一种数据类型，是用来存储地址的数据类型。通常会将某个其他数据对象的存储地址存储到指针中，称为指针指向这个数据对象。例如，程序中定义了一个 int 类型变量 a，它的地址是 0x00347FDF，若定义一个指针变量并赋值为 0x00347FDF，则称该指针是指向变量 a 的指针。

指针变量和普通变量一样占有一定的存储空间，但它与普通变量的区别在于指针变量的存储空间中存放的不是普通的数据，而是一个地址。

1．指针变量的定义

指针是一个变量，必须先定义后使用。指针变量的定义形式如下：

> 数据类型 * 标识符；

其中，标识符是指针变量名，"*"号说明其后的标识符是一个指针变量，数据类型可以是 C++语言中任一合法的类型，即指针所指向的数据对象的类型。例如：

```
int *p1;        //定义指针 p1 指向 int 型变量
```

```
double *p2;   // 定义指针 p2 指向 double 型变量
```

在 C++语言中定义指针变量时，以下形式均是合法的。

```
int* p        //*靠左
double * q    //*两边都不靠
```

注意　　　指针定义语句中的数据类型是指针变量所指向数据对象的数据类型，即指针变量所指向的存储单元中所存储数据的数据类型，并不是指针变量本身的类型。任一指针变量本身数据值的类型都是 unsigned long int，是一个地址。例如，上边的例子中定义的指针变量 p，它表示指针变量 p 中存放的是 int 型变量的地址，即 p 为指向整型变量的指针。

指针也可以和其他变量同时定义。例如：

```
int i,*p1;
```

2．指针变量运算符

（1）取地址运算符 "&"

该运算符表示对 "&" 后面的变量进行取地址运算。例如，在程序中定义了一个变量 a，则&a 表示取变量 a 的地址，即变量 a 的首地址。

通过取地址运算符 "&"，可将某一变量的地址赋值给指针变量。例如：

```
int a=2,*p;
p=&a;
```

上面的语句定义了整型变量 a 和指向 a 的指针变量 p，若变量 a 的地址为 0x00347FDF，则通过取地址运算符 "&" 将变量 a 的地址赋值给指针变量 p，此时指针变量 p 的内容应为变量 a 的地址 0x00347FDF，如图 5-1 所示。

图 5-1　指针变量 p 和变量 a 的关系

（2）间接访问运算符 "*"

该运算符也称为 "指针运算符" 或 "取内容运算符"，它后面必须是一个指针变量，表示访问该指针变量所指向的变量，即访问指针所指向的存储单元的内容，是一种间接访问方式。

每个变量在内存中都有一个固定的地址，而指针中保存的就是变量的地址值。如果声明了一个指针，并使其值为某个变量的地址，则可以通过这个指针间接地访问在这个地址中存储的变量值。例如：

```
int i=1,*p=&i;
cout<<*p;
```

其中第 2 条语句将输出变量 i 的值 1。当然，利用指针也可以给指针所指向的变量赋值，例如：

```
int i=1,*p=&i;
*p=2;                 //通过指针间接访问
cout<<*p;             //在屏幕上输出 2
```

注意　　　（1）间接访问运算符 "*" 与定义指针时的 "*" 代表不同的意思。指针定义时的 "*" 是指针变量定义的标识，可以称为 "指针指示符"，而间接访问运算符 "*" 用来访问指针所指向的变量的值。

（2）*运算和&运算互为逆运算。

【例 5.1】指针的定义和使用。

```
#include<iostream>
using namespace std;
int main()
{
    int a=10,*p;
    p=&a;
    *p=15;
    cout<<"a="<<a<<endl;          //直接访问 a 的值
    cout<<"*p="<<*p<<endl;        //间接访问 a 的值
    cout<<"&a="<<&a<<endl;
    cout<<"p="<<p<<endl;
    cout<<"&p="<<&p<<endl;
    return 0;
}
```

程序执行结果如下：

```
a=15
*p=15
&a=0x0012FF7C
p=0x0012FF7C
&p=0x0012FF78
```

其中，0x0012FF7C 是指针变量 p 的值，即变量 a 的地址，而 0x0012FF78 是指针变量 p 的地址，两者是有区别的，如图 5-2 所示。

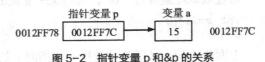

图 5-2　指针变量 p 和 &p 的关系

3．指针变量的初始化

如果用户定义了一个指针变量，在使用该指针变量之前必须对它赋初值；否则，在程序中使用该指针变量就有可能导致系统崩溃。与其他变量一样，可以在定义指针变量的同时，通过初始化来给指针变量赋值。例如：

```
int i,*p1=&i;
int *p2=NULL;
```

其中第 1 条语句将指针变量 p1 的值初始化为变量 i 的地址；第 2 条语句将指针变量 p2 的值初始化为 NULL。NULL（也可写为 0）表示该指针不指向任何数据类型，又称为空指针。

为使用安全起见，最好在定义指针变量时就进行初始化，即使是初始化为空指针也可以。如果在定义指针变量时指针初始化为空指针或根本没有初始化，在使用前就必须给它赋予有意义的值。

【例 5.2】分析下面程序的运行结果。

```
#include<iostream>
using namespace std;
int main()
{
    int i=1,*p1=&i;
    int *p2=p1,*p3=NULL;
    cout<<"&p1="<<p1<<", &p2="<<p2<<", &p3="<<p3<<endl;
    cout<<"*p1="<<*p1<<"*, *p2="<<*p2<<endl;
    return 0;
}
```

程序执行结果如下：

```
&p1=0018FF44, &p2=0018FF44, &p3=00000000
*p1=1, *p2=1
```

在使用指针变量时，可以同时定义多个指针变量，指向相同数据类型的变量间可以互相赋值。如程序的第 6 行所示，定义了两个指针变量 p2 和 p3，并将指针变量 p1 的值赋给指针变量 p2，p1 和 p2 都是指向 int 类型数据的指针变量。

在定义一个指针变量时将它定义为空指针，则该指针的值会变成 0，如程序的第 6、7 行所示。

思考：如果在程序中输出*p3 会出现什么情况？

运行的结果是程序会异常结束。原因是指针 p3 定义时被指定为空指针，在程序中也没有给它赋一个确定的值，明确指针 p3 所指向的数据对象，所以才会出现问题。

除了这种情况外，初学者最容易出错的地方还有以下几种。

（1）错给指针赋变量本身的值，而不是变量的地址。如：int i,*p1=i;。

（2）定义了指针，没有初始化就直接对其进行操作。如：int *p2;*p2=2;。

（3）用不同类型变量的地址来给指针赋值。如：int i,j; double *p2=&i;。

如果确实需要用不同类型变量的地址给指针赋值，就采用强制类型转换。例如：

```
double *p2=(double *)&i;
```

由于指针的值是一个地址，当然也可以直接用一个实际的地址值来给它赋值，在某些与硬件直接打交道的程序中，这一方式是非常有用的。不过，在用常量地址值给指针赋值之前，必须明确该地址所代表的内存单元的作用；否则错误地使用内存单元有可能对整个计算机系统造成严重的后果。

4．指针的运算

指针是一个变量，其值是一个地址，因此，它只能参与赋值运算、算术运算及关系运算。

（1）赋值运算。指针的赋值运算可以通过指针的初始化实现，也可以在程序中通过赋值语句来实现。

（2）算术运算。指针可以和整数进行加减运算，包括自增和自减运算，其实质是地址运算。

设 p 和 q 是指向具有相同数据类型的一组数据的指针，n 是整数，则指针可以进行的算术运算有如下几种。

p+n p−n p++   p——   ++p   ——p   p−q

这里需要指出的是指针的算术运算与一般的数值计算不同，指针与一个整数 n 进行加减运算时，它不是简单地将指针的地址值加或减去给定的整数 n，而是与指针所指变量的数据类型有关。运算时先使 n 乘上一个比例因子，再与地址值进行加减运算。这里所说的比例因子就是指针所指向的数据类型在存储空间中实际所占的字节数。例如 char、int、float、long、double 型数据，其比例因子分别为 1、4、4、4、8。因此，p±n 表示的实际位置的地址值是：p±n×比例因子。

由此可见，指针进行算术运算后的结果仍为地址，只是指针前移或后移了若干个存储单元。

如果两个指针所指向的变量类型相同，也可以对它们直接进行减法运算。例如：p1−p2;运算结果是一个整数值，它的绝对值就是两个指针所指向的地址之间相隔数据的个数。

（3）关系运算。两个指针进行关系运算时，它们必须指向同一连续存储空间。指针的关系运算一般在指向相同类型变量的指针之间进行，表示它们所指向的变量在内存中的位置关系。例如：

```
int a;
int *p1=&a;*p2=p1;
```

所定义的两个指针做 p1==p2 运算，其结果为 1（true），即指针 p1、p2 指向同一个变量。

对于其他关系运算，和上面类似，比较的也是两个指针所指向的地址值的大小，一般用在对数组进行操作的场合。

指针与整数 0 之间可以进行等与不等的关系运算，即 p==0 或 p!=0，用于测试指针是否为空指针。

5．多级指针

由于指针是一个变量，在内存中占据一定的存储空间，具有一个地址，这个地址也可以利用指针来保存，因此可以定义一个指针来指向它，这个指针称为指向指针的指针，即二级指针。

定义二级指针的格式为

> **数据类型 ** 标识符**

其中，两个 "*" 号表示二级指针，标识符为二级指针的名字，数据类型是指通过两次间接寻址后所访问的变量的类型。例如：

```
int i,*p1=&i;
int **p2=&p1;          // p2 是二级指针，它指向指针变量 p1
```

虽然 p1 和 p2 都是指针变量，其值都是地址，所定义的数据类型也都是 int 型，但下面的赋值语句是错误的：

```
p2=&i;
```

原因在于 p2 是二级指针，它应该指向一个指针变量，而不是指向一个普通变量。

依此类推，我们可以用多个 "*" 号定义多级指针。尽管允许任意多级的间接访问，但从数据结构的清晰程度和程序的可读性方面考虑，应当尽量避免使用多级指针。通常超过二级的多级指针在实际编程中都很少遇到，若程中出现了三级及以上的指针，就应该考虑一下程序的设计是否合理，是否有别的方法以避免使用多级指针。

【例 5.3】 二级指针的使用。

```
#include<iostream>
using namespace std;
int main()
{
    int i;
    int *p1=&i,**p2=&p1;      //声明二级指针 p2
    i=1;
    cout<<"i="<<i<<endl;
    cout<<"&i="<<&i<<endl;
    cout<<"p1="<<p1<<endl;
    cout<<"*p1="<<*p1<<endl;
    cout<<"&p1="<<&p1<<endl;
    cout<<"p2="<<p2<<endl;
    cout<<"*p2="<<*p2<<endl;
    cout<<"**p2="<<**p2<<endl;
    return 0;
}
```

程序执行结果如下:

```
i=1
&i=0018FF44
p1=0018FF44
*p1=1
&p1=0018FF40
p2=0018FF40
*p2=0018FF44
**p2=1
```

注意

读者在运行程序时，输出地址会随计算机的不同而有所差异。

5.1.2　指针与数组

在 C++语言中，指针与数组之间存在着密切的关系。尽管指针和数组是两种不同的数据类型，但在程序中经常见到把一个数组赋值给一个指针的情况，甚至这两种类型互换使用。

在 C++语言中，数组名表示的是该数组分配到的存储空间的首地址值，也就是说数组名就是指向数组第一个元素的指针常量。因此，可定义一个指针，用来保存数组的首地址，该指针变量称为指向数组的指针；也可定义一个指针，用来保存数组的某个元素的地址，该指针变量称为指向数组元素的指针。

1．用指针访问数组

对于一维数组来说，指向数组的指针变量与指向数组元素的指针变量的定义方法都与指向普通变量的指针的定义方法一样，都是一级指针。例如:

```
int x[5],*p1;              //定义数组 x 及指针变量 p1
p1=x;                      //将数组的首地址赋给指针变量 p1，使 p1 指向数组 x
```

数组名 x 代表数组的首地址，实际上就是指向第一个元素 x[0]的指针，*x 表示的就是元素 x[0]的值，而*(x+2)则表示元素 x[2]的值。

由于数组在内存中是顺序存储的，因此一旦定义了某个指针指向数组中的一个元素，就可以通过指针和整数的加减运算（包括自增和自减运算）来访问这个数组的每个元素。由于数组名本身就是指向数组第一个元素的指针常量，因此也可以通过它来访问其中的元素。

【例 5.4】通过数组名访问数组元素。

```
#include<iostream>
using namespace std;
int main()
{
    int x[5]={10,12,14,16,18};
    for(int i=0;i<5;i++)           //利用下标法输出数组元素
    {
        cout<<x[i]<<'\t';
    }
    cout<<endl;
    for(i=0;i<5;i++)               //利用数组名输出数组元素
    {
        cout<<*(x+i)<<'\t';
    }
    cout<<endl;
```

```
    return 0;
}
```

程序执行结果如下：

```
10   12   14   16   18
10   12   14   16   18
```

从例 5.4 可知，利用数组名来访问数组元素与利用数组下标的效果是一样的。

此外，我们也可以在程序中定义一个与数组元素类型相同的指针，然后使之指向数组的某个元素。通过这个指针同样也能访问到数组中的每个元素。

【例 5.5】利用指向数组的指针访问数组中的每个元素。

```
#include<iostream>
using namespace std;
int main()
{
    int i,x[5];
    int *p=x;                    //声明一个指向数组的指针
    for(i=0;i<5;i++)             //利用指向数组的指针给数组元素赋值
    {
        *p++=2*i;
    }
    p=x;
    for(i=0;i<5;i++)
    {
        cout<<*p++<<'\t';
    }
    cout<<endl;
    return 0;
}
```

程序执行结果如下：

```
0    2    4    6    8
```

通过以上两个例题的比较可看出，对数组的访问，既可以用下标法，也可以用指针法。下标法简单直观，指针法在采用指针变量的自增或自减运算时，能使目标程序变短，运行速度加快。如果要访问一维数组的第 $i+1$ 个元素，则下标法和指针法分别如下。

（1）下标法

① 数组名下标法：x[i]。

② 指针变量下标法：p[i]。

（2）指针法

① 数组名指针法：x+i表示数组元素 x[i]的地址，*(x+i)表示数组元素 x[i]。

② 指针变量指针法：p+i表示数组元素 x[i]的地址，*(p+i)表示数组元素 x[i]。

在使用指向数组的指针变量时，要注意以下几点。

（1）p+i并不是简单地使指针变量的值加上 i，而是 p+i× n，其中 n 是比例因子，即数组元素所占用的字节数。

（2）利用指针对数组进行操作时，还必须注意越界问题。例如：

```
int x[5];
int *p=x;          //指针 p 指向数组 x 的首地址
p=p+5;
*p=10;
```

上面的程序是错误的，原因在于数组 x 共有 5 个元素，而 p=p+5 已经使指针 p 指向的地址位于第 6 个元素，已经超出数组的边界。

（3）可通过改变指针变量本身值的方法（如 p++）来指向不同的数组元素，但是数组名表示数组的起始地址，是一个地址常量，是不能改变的，如写成 x++是错误的。

（4）要注意指针变量的当前值。在例 5.5 中的第 6 行和第 11 行，分别出现了 p=x;语句。在第一个 for 循环中利用指针 p 给数组进行赋值。操作完成时，指针 p 已指向 x[4]的后面，所以用第二个赋值语句来重新给指针 p 赋值。

2．指针数组

由指针组成的数组称为指针数组，即数组的每一个元素都是指针。指针数组常用于指向多个字符串，使字符串处理更加方便灵活。

定义指针数组的一般格式如下：

数据类型　*数组名[常量表达式 1] [常量表达式 2]…;

其中，数据类型是指数组中各元素指针所指向的类型，同一指针数组中各指针元素指向的类型必须相同；数组名是一个标识符，是这个数组的名字，也即数组的首地址。数组中每个元素都是一个指针。例如：

```
int *p1[6];
double *p2[3][4];
```

就分别定义了含有 6 个元素的一维 int 型指针数组 p1 和含有 12 个元素的二维 double 型指针数组 p2。

【例 5.6】指针数组的使用。

```
#include<iostream>
using namespace std;
int main()
{
    int x[2][3]={{1,2,3},{4,5,6}};
    int i,j;
    int *p[2]={x[0],x[1]};              //声明指针数组并初始化
    for(i=0;i<2;i++)
    {
        for(j=0;j<3;j++)
        {
            cout<<*(p[i]+j)<<'\t';      //利用指针数组输出其指向的元素的值
        }
        cout<<endl;
    }
    return 0;
}
```

程序执行结果如下：

```
1    2    3
4    5    6
```

指针数组在使用前也必须先赋值，当然也可以利用初始化赋值。在例 5.6 中，先定义了一个二维数组 x[2][3]并赋初值。在第 7 行定义了一个指针数组*p[2]并对它进行了初始化，在这里用于初始化的是 x[0]和 x[1]，它们分别表示数组元素 x[0][0]及 x[1][0]的地址。读者可以把第 12 行的输出语句修改为

```
cout<<p[i][j]<< '\t';
```

或

```
cout<<*(*(p+i)+j)<< '\t';
```

运行程序，结果与原程序是一样的。请大家自行分析这两种访问方式。

3．数组指针

数组指针就是一个指向数组的指针，其定义格式如下：

数据类型 (*指针名) [常量表达式1] [常量表达式2]…;

其中，(*指针名)中的圆括号不能省略，原因在于方括号[]的优先级别比"*"高。例如：

```
int (*p) [5];
```

该语句定义了一个指向具有 5 个元素的 int 型数组的指针。如果省略圆括号"()"，则编译器将把上面的语句解释为：

```
int *(p[5]);
```

这显然不符合程序设计的初衷。

若把一个指针定义为指向具有 N 个元素的一维数组的指针类型，并用一个列数为 N 的二维数组的数组名进行初始化，则该指针就指向了这个二维数组。通过指向二维数组的指针，就可以访问该二维数组的元素。

【例 5.7】利用数组指针改写例 5.6。

```
#include<iostream>
using namespace std;
int main()
{
    int x[2][3]={{1,2,3},{4,5,6}};
    int i,j;
    int (*p)[3]=x;                    //指针 p 被声明为数组指针
    for(i=0;i<2;i++)
    {
        for(j=0;j<3;j++)
        {
            cout<<*(*(p+i)+j)<<'\t';
        }
        cout<<endl;
    }
    return 0;
}
```

第 7 行语句是和原程序有区别的地方，它将指针 p 定义为一个指向长度为 3 的整型数组的指针，p+1 指针会向下移动 3×4=12 字节，即一个长度为 3 的整型数组的大小。运行程序后输出结果与例 5.6 完全相同。

5.1.3 指针与函数

在函数一章中，提到函数的参数传递方式共有 3 种，其中，值传递方式已经介绍过，本小节中将介绍第二种参数传递方式——指针传递。指针传递是指函数的参数间传递的是一个地址。

1．指针作为函数的参数

函数的参数可以是 C++语言中任意的合法变量，当然也可以是指针。指针传递过程中，函数的实参传递给形参的是一个地址，从而使得形参指针和实参指针指向同一个地址。因此，被调用函数中对形参指针所指向的地址中内容的任何改变都会影响到实参。

【例 5.8】利用指针作为函数参数交换实参变量的值。

```
#include<iostream>
using namespace std;
void swap(int *a,int *b);
int main()
{
    int x=1,y=2;
    cout<<"交换前"<<endl;
    cout<<"x="<<x<<",y="<<y<<endl;
    swap(&x,&y);
    cout<<"交换后"<<endl;
    cout<<"x="<<x<<",y="<<y<<endl;
    return 0;
}
void swap(int *a,int *b)
{
    int temp;
    temp=*a;
    *a=*b;
    *b=temp;
}
```

程序执行结果如下：

```
交换前
x=1,y=2
交换后
x=2,y=1
```

程序的第 3 行将 swap()函数的形参定义为 int *a,*b 两个指针变量，而对应的 main()函数中的实参变量传递的是&x、&y，如程序的第 9 行所示；在调用 swap()函数的过程中，实参将地址传递给形参，所以形参 a 和 b 分别指向变量 x 和 y；在 swap()函数中使用中间变量 temp，交换*a 和*b 的值，即通过指针变量 a、b 间接访问相应的实参，以改变实参变量的值。

由上例可以看出，在传递指针的过程中，不管数据是在主调函数 main()中，还是在被调函数 swap()中，都使用同一个存储空间,故被调函数中对形参指向的值的改变必然影响到实参，所以能够实现实参变量值的互换。

（1）函数的指针传递过程中，传递参数的值并不改变，即形参指针本身的值并不改变，改变的是它指向的值。

（2）若想通过函数的形参去影响对应的实参的值，必须满足以下 3 个条件：函数的形参是指针变量；与形参对应的实参也必须是指针；通过形参指针间接访问对应的实参。

2．数组名作为函数的参数

数组名代表数组所在存储空间的首地址，它本身就是一个指针，故数组名也可以作为函数的参数，这也属于指针传递。

【例 5.9】定义一个数组元素逆置的函数，在主函数中调用该函数进行测试。

```
#include<iostream>
using namespace std;
void transpose(char x[],int n);              //逆置函数原型声明
int main()
{
    char a[5]={'A','B','C','D','E'};
    int i;
    cout<<"原数组: ";
    for(i=0;i<5;i++)
        cout<<'\t'<<a[i];
    cout<<endl;
    transpose(a,5);                          //调用逆置函数
    cout<<"逆置后: ";
    for(i=0;i<5;i++)
        cout<<'\t'<<a[i];
    cout<<endl;
    return 0;
}
void transpose(char x[],int n)               //逆置函数定义
{
    char temp;
     int i;
    for(i=0;i<n;i++,n--)
    {
        temp=x[i];
        x[i]=x[n-1];
        x[n-1]=temp;
    }
}
```

程序执行结果如下：

| 原数组: | A | B | C | D | E |
| 逆置后: | E | D | C | B | A |

【例 5.10】 编写 3 个函数程序，实现 n 个整数的输入、输出和排序功能，并在主函数中调用进行测试。

分析：排序是指将一个无序序列变成按一定规律排列的有序序列。常用的排序方法有选择排序、冒泡排序、快速排序等。本例题中将使用选择排序。

选择排序法的思想：第 1 趟从 n 个元素中选择最大的一个元素，把它和位于第 1 个位置的元素互换；第 2 趟在剩下的 $n-1$ 个元素中选择次大的一个元素，把它和位于第 2 个位置的元素互换；……第 $n-1$ 趟时在剩下的两个元素中选择较大的一个元素，把它和位于第 $n-1$ 个位置的元素互换，最后剩下的一个元素必然是最小的，排序完成。

```
#include<iostream>
using namespace std;
#define N 10
void Input(int x[],int length);       //输入函数
void Output(int x[],int length);      //输出函数
void Sort(int x[],int length);        //排序函数，选择排序算法
int main()
{
    int a[N];
    Input(a,N);
    cout<<"排序前: "<<endl;
```

```
        Output(a,N);
        Sort(a,N);
        cout<<"排序后: "<<endl;
        Output(a,N);
        return 0;
    }
    void Input(int x[],int length)
    {
        int i;
        cout<<"请输入要排序的"<<length<<"个整数"<<endl;
        for(i=0;i<length;i++)
            cin>>x[i];                     //从键盘输入要排序的数据
    }
    void Output(int x[],int length)
    {
        int i;
        for(i=0;i<length;i++)
          cout<<x[i]<<"    ";
        cout<<endl;
    }
    void Sort(int x[],int length)
    {
        int i,j,k,t;
        for(i=0;i<length-1;i++)        //外循环，控制循环次数
        {
            k=i;                       //预置本轮次最大元素的下标值
            for(j=i+1;j<length;j++)    //内循环，筛选出本轮次最大的元素
                if(x[j]>x[k])  k=j;    //存在更大元素，保存其下标
            if(k!=i)                   //k、i相等，表示当前第 i 个元素最小，不用交换
            {
                t=x[i]; x[i]=x[k]; x[k]=t;    //交换位置
            }
        }
    }
```

程序执行结果如下：

```
请输入要排序的 10 个整数
12 5 8 9 32 41 11 6 88 21
排序前:
12    5     8     9     32    41    11    6     88    21
排序后:
88    41    32    21    12    11    9     8     6     5
```

5.1.4 指针与字符串

在 C++语言中，字符串被表示成一个字符数组。由于字符串中的每一个字符对应字符数组中的一个数组元素，故也可以利用指针指向字符数组中的任何一个数组元素，即指向字符串中的任何一个字符。例如：

```
char *s1="Hello World!";
```

表面上看，该语句虽然没有定义字符数组，但系统实际上在内存中开辟了一个长度为 13 的存储空间来存放"Hello World!"字符串常量，并将该存储空间的首地址赋给字符指针变量 s1。需要注意的是，s1 是一个指针，是指向存放字符串"Hello World! "的存储空间首地址的指针，而不是把字符串"Hello World! "的每一个字符存放到 s1 中。

C++中，字符串除了用字符指针表示外，还可以用字符数组来表示。例如：char a[]=" Hello World!"。其中，a 是字符数组名，a 为给字符串分配的存储空间的首地址。虽然该字符串共有 12 个字符，但该数组的长度是 13 而不是 12，原因在于系统在内存中保存该字符串时，在该字符串的最后加上了一个'\0'字符来表示字符串结束。

对于给字符串分配的存储空间的大小，在 C++中做了以下规定：字符数组的最后一个元素必须是'\0'字符，而且'\0'字符也用来表示字符串的结束。

同样道理，在 C++语言中，引用字符串时，既可以逐个字符引用，也可以作为一个整体引用。

【例 5.11】分析下面程序的运行结果。

```
#include <iostream>
using namespace std;
int main()
{
    char a[]="01234";          //字符数组形式表示字符串
    char *b="56789";           //字符指针形式表示字符串
    char *sa=a,*sb=b;
    for(int i=0;i<5;i++)
      *sa++=*sb++;             //逐个字符引用字符串
    cout<<a<<endl;             //整体引用字符串
    cout<<b<<endl;
    return 0;
}
```

程序执行结果如下：

```
56789
56789
```

【例 5.12】将字符串中的小写字母转换为大写字母。

```
#include<iostream>
using namespace std;
int main()
{
    char string[]="Hello World!";
    cout<<"转换前字符串为: "<<string<<endl;
    char *s=string;
    while (*s!='\0')
    {
        if(*s>='a'&&*s<='z')
          *s-=32;
        ++s;
    }
    cout<<"转换后字符串为: "<<string<<endl;
    return 0;
}
```

程序执行结果如下：

```
转换前字符串为: Hello World!
转换后字符串为: HELLO WORLD!
```

5.1.5 动态内存分配

在编程解决实际问题的过程中，有时会遇到所要处理的数据是多个相同类型数据，并且数据的个数不确定的情况。通常，大家都知道存储相同类型多个数据需要定义数组来存储。但是，定义数组时必须要给出数组的大小，可现在还不清楚到底有多少个数据。这种情况下应该如何解决当前问题呢？

方法 1：定义数组时，对于数组长度可以预估一个较大的数。

例如，现在需要求多名学生某门课程的平均分，但学生人数是未知的。如果定义数组来存储学生成绩，则数组的长度只能选择一个认为较大的一个数。这个较大的数有可能预估为太大，出现浪费存储空间的现象；也可能预估得太小，不够存储所有学生的成绩。同时，数组的大小也不能表示当前存储的学生个数，所以还需要定义一个整型变量来表示当前学生的人数才可以。

方法 2：根据当前需要存储成绩的学生人数，开辟相应的空间，这就涉及动态内存分配。

所谓动态内存分配是指在程序运行期间根据实际需要随时申请内存，并在不需要时释放，它实际是一种在程序运行时动态申请和释放内存的技术。

应用程序数据所占的内存可以分为 3 类：静态存储区、栈和堆。在程序运行开始前就分配的存储空间都在静态存储区中，而局部变量在栈中分配存储空间，堆也称为自由存储空间。动态内存分配就是在堆中进行的。

在 C++中，进行动态内存分配时需要使用运算符 new 申请内存空间，用运算符 delete 释放内存空间。

1. 运算符 new

运算符 new 用于申请所需的内存单元。它的使用格式为

<数据类型> *<指针变量> = new <数据类型>;

其中，指针指向的数据类型应与关键字 new 后给定的数据类型相同。关键字 new 的作用是从堆中为程序分配指定数据类型所需的内存空间。若分配成功，则返回其首地址；否则，返回一个空指针。new 返回的内存地址必须赋给指针。例如：

```
int *pi;                //整数类型指针
pi= new int;            //为一个整型数分配内存
```

说明：如果分配成功，则返回所分配空间的地址，如果此空间不可用、分配失败或者检测到某些错误，则返回零或空指针。因此，在实际编程时，对于动态内存分配，应在分配操作结束后，首先检查返回的地址值是否为零，以确认内存申请是否成功。

在内存分配成功后，就可以使用这个指针。例如：

```
*pi=10;      //把值 10 赋给指针 pi 所指向的 int 型内存空间
```

与其他变量类似，在动态申请内存时，也可同时对分配的内存空间进行初始化。例如：

```
int *p=new int(10);
```

就为所申请的内存单元指定了初值 10，若内存分配成功，其中的内容就为整数 10。这里，圆括号中的内容实际上可以是任意与内存单元类型相同的表达式。

用运算符 new 也可以申请一块保存数组的内存空间，即创建一个数组。创建一个数组的格式如下：

指针= new 数据类型[下标表达式]

其中，指针的类型应与关键字 new 后给出的数据类型相同；下标表达式给出的是数组元素的个数。如果内存分配成功，运算符 new 将返回分配的内存空间的首地址，并将其赋值给指定的指针；当然，如果分配内存失败，返回的将是空指针。与其他情形不同的是，在为数

组动态分配内存时，不能对数组中的元素初始化。例如：

```
int *p=new int[5];                    //创建了一个整数数组
int *p=new int[5]={1,2,3,4,5};        //错误，不可初始化
```

需要注意的事，由运算符 new 动态分配的存储空间的生存周期是任意的，只有在程序中使用运算符 delete 释放时，其生存周期才结束。

2. 运算符 delete

当程序中不再需要使用运算符 new 申请到的某个内存单元时，就必须用运算符 delete 释放它。它的使用格式为

```
delete 指针名;                    //释放非数组内存单元
delete[] 指针名;                  //释放数组内存单元
```

其中，指针名是指向需要释放的内存单元的指针的名字。注意，在这一操作中，指针本身并不被删除，必要时可以重新赋值。在释放数组内存单元时，运算符后必须加上"[]"，如果未加"[]"，就只是释放数组的第一个元素占据的内存单元。例如：

```
int *p1=new int(1);
double *p2=new double[5];
delete p1;
delete []p2;
```

在进行动态内存分配时，必须注意指向分配内存的指针是一个局部变量，但它所指向的内存除非程序显式地释放它，否则直到程序运行结束，它都一直被占据着，会出现内存遗漏问题。通常所说的内存遗漏问题主要表现为以下两个方面：第一方面，从定义指针的函数返回前没有释放在函数中申请的内存单元，函数结束指针将退出作用域，不能再用，如果需要继续使用这个内存单元，就需要将指针的值返回给主调函数；第二方面，指向动态分配内存的指针，在其指向的内存单元没有释放前，指针被重新赋值，导致程序将无法访问到指针原来指向的内存单元，也没有办法释放它。例如：

```
int *p=new int;
*p=2;
p=new int;                            //错误，产生内存遗漏
```

因此，在程序中对应于每次使用运算符 new，都应该相应地使用运算符 delete 来释放申请的内存。另外，还必须注意对应于每个运算符 new，只能调用一次 delete 来释放内存。如果没有再次调用 new 申请空间，而重复释放其指向的内存单元有可能导致程序崩溃。

【例 5.13】编程实现学生人数未知的前提下，求多名学生某门课程的平均分功能。

```
#include<iostream>
using namespace std;
int main()
{
    int count,i;
    int *score;
    double total=0;
    cout<<"请输入当前学生的人数：";
    cin>>count;
    score=new int[count];             //根据当前学生人数，给score动态申请存储空间
    if(!score)
    {
        cout<<"分配空间失败！"<<endl;
        exit(0);
```

```
    }
    cout<<"请依次输入"<<count<<"个学生的成绩："<<endl;
    for(i=0;i<count;i++)
    {
        cin>>score[i];
        total+=score[i];
    }
    cout<<"平均分："<<total/count<<endl;
    delete []score;                  //释放 score 分配的存储空间
    return 0;
}
```

程序执行结果如下：

```
请输入当前学生的人数：8
请依次输入 8 个学生的成绩：
55 87 98 93 76 77 82 59
平均分：78.375
```

5.2 引用

5.2.1 引用的概念

在 C++语言中，提供了一种为变量起一个别名的机制，这个别名就是引用。声明引用的过程也就是为某个变量建立别名的过程。引用在 C++语言中占有十分重要的位置，对引用施加的任何操作实际上都施加在引用所代表的变量上，所以引用常常作为函数的形参，给实参传递信息。

引用声明格式如下：

数据类型 &引用名=变量名；

或

数据类型 &引用名(变量名)；

其中，数据类型是指被引用变量的类型，变量名是被引用变量的名字，"&"是引用运算符，被引用的变量可以是任一类型的变量，即任何变量都可以被引用，当然也包括用户自定义数据类型的变量。例如：

```
int a;
int &b=a;             //为 int 型变量 a 声明了一个引用 b
Time t1;              //Time 为用户自定义的表示时间的数据类型
Time &t2=t1;          //为变量 t1 声明一个引用 t2
```

在为一个变量声明了引用之后，引用就成了这个变量的别名，即同一变量两个不同的名字，在内存中共享同一块存储区域，使用引用和使用其所代表的变量完全一样。

【例 5.14】引用的声明和使用。

```
#include<iostream>
using namespace std;
int main()
{
    int a=1;
    int &b=a;                        //b 是变量 a 的引用
    cout<<"a="<<a<<endl;
    cout<<"b="<<b<<endl;
```

```
          b=2;                              //对 b 赋值就等价于对 a 赋值
          cout<<"a="<<a<<endl;
          cout<<"b="<<b<<endl;
☞      cout<<"&a="<<&a<<endl;
☞      cout<<"&b="<<&b<<endl;
          return 0;
       }
```

程序执行结果如下：

```
a=1
b=1
a=2
b=2
&a=0x0012F7C
&b=0x0012F7C
```

例 5.14 中的第 12、13 行两条语句是输出变量的地址，语句中的 "&" 号是取地址运算符，注意不要与引用运算符混淆。这两条语句的输出结果进一步证明了引用是被引用变量的别名，它与被引用变量共享同一块内存空间。

使用引用应注意以下几点。

（1）声明引用时，除了引用作为函数参数或返回引用的函数这两种情况外，必须要初始化。因此，赋值运算符右边的变量必须是已存在的变量。

（2）一旦为一个变量声明了一个引用，该引用就不能再作为其他变量的引用。

（3）引用和其所代表的变量使用同一块存储空间，并不另外占用存储空间。

（4）"&" 出现在赋值运算符的左边或函数形参表中时，是 "引用"；否则为取地址。

5.2.2 引用与函数

在第 4 章讲到函数的参数传递时，提过 C++中共有 3 种传递方式，其中，值传递和指针传递已经在前面的章节中进行了讲解，现在介绍第三种传递方式——引用传递，这也是引用最主要的用途。

指针作为函数的参数时，是在形参和实参间通过地址来建立联系，在被调用函数中通过改变形参影响相应的实参。但是，如果在函数中反复利用指针进行间接访问，很容易产生错误且难于阅读。

引用作为函数的参数时，它就是与它对应的实参的别名，所以在函数中所有对引用形参所做的操作就相当于对与它对应的实参在进行操作。所以，这种方法既有传值方式方便、自然的特点，又像传地址方式那样能更新实参值。

【例 5.15】利用引用作为函数参数对 3 个整型数按从小到大的顺序进行排序。

```
   #include<iostream>
   using namespace std;
☞ void Sort(int &, int &, int &);            //排序函数的声明
   int main()
   {   int a,b,c;
       cout<<"请输入排序的三个数:";
       cin>>a>>b>>c;
       cout<<"排序之前: ";
       cout<<a<<"  "<<b<<"  "<<c<<endl;
☞      Sort(a,b,c);
       cout<<"排序之后: ";
```

```
        cout<<a<<"  "<<b<<"  "<<c<<endl;
        return 0;
    }
void Sort(int &x,int &y,int &z)                    //将形参全部定义为引用参数
    {   int temp;
        if(x>y)
        {
            temp=x;  x=y;  y=temp;
        }
        if(x>z)
        {
            temp=x;  x=z;  z=temp;
        }
        if(y>z)
        {
            temp=z;  z=y;  y=temp;
        }
    }
```

程序执行结果如下：

请输入排序的三个数:24 12 66
排序之前：24 12 66
排序之后：12 24 66

在例 5.15 的第 3、15 行中，将函数 Sort() 的 3 个形参全部定义为引用参数，同时在 Sort() 函数中对 3 个引用形参比较大小并进行了排序。从运行结果可以看出，对引用形参的操作直接影响了与它对应的实参，最终实现了对 main() 中 3 个整型数的排序。同样也证明了引用形参就是与它对应的函数实参的别名。引用形参 x 与实参 a 对应，引用形参 x 就是实参 a 的别名。还有一点需要注意的是，实参前没有引用运算符 "&"，查看程序中的第 10 行。

由此可以看出，通过引用作为函数参数，被调用函数可以改变主调函数中实参的值，而且使用起来像普通变量一样，易于理解和维护。

学到这里，肯定有人已经想到能不能把所有用指针实现的全部都改为引用来实现这个问题。答案是指针能实现引用的全部功能，但引用却无法完全替代指针，原因如下。

（1）引用不可以是空引用，但指针却可以是空指针。引用空对象在程序中是错误的，有可能导致严重的后果。因此，如果对象有可能为空时，就必须采用指针。

（2）引用是常量，不能重新赋值。如果程序需要先指向一个对象，后又指向另一对象，此时应该采用指针。

通常指针可以实现的功能，大部分都能用引用替代，而且引用更容易使用、更清晰，与指针作为函数的参数相比，也不容易出错。故用户在编程时，反而会多使用引用，而少使用指针。

5.3 案例实战

5.3.1 实战目标

（1）理解指针和引用的作用。

（2）熟练掌握指针与数组的关系；将指针和引用作为函数参数使用。

（3）掌握指针、引用的定义、访问。

5.3.2 功能描述

本章案例完成的功能与前一章案例相同,具有团购订单信息的添加、查找、修改、删除、浏览五大功能模块。要求输入登录口令,口令正确才可进入该系统。具体说明如下。

(1)订单信息的设计。

通常一个订单包括:订单编号、商品编号、商品名称、商品单价、商品数量、收件人地址、收件人姓名、收件人电话。本案例中进行简化,只保留了订单编号和商品编号。不同之处:将表示订单信息的数组定义在主函数中,作为参数传递给各个函数。将表示订单编号和商品编号的数组作为参数在各个函数中传递,同时将当前订单个数也作为参数进行传递,只是在不同的函数中根据需要将它作为普通参数或引用参数传递。

(2)添加、删除订单。

功能与上一章的案例相同,分别定义两个函数实现添加和删除功能。不同之处:需要传递表示订单编号和商品编号的数组;订单的个数发生了变化,所以表示订单个数的整型变量以引用形式传递;添加新订单信息时需要动态分配存储空间。

(3)查询订单。

功能与上一章的案例相同,定义对应函数实现查询功能。不同之处:需要传递表示订单编号和商品编号的数组;订单的个数不发生变化,所以表示订单个数的整型变量值传递;函数中还需要传递要查找的订单的编号。

(4)修改、浏览订单。

功能与上一章的案例相同,分别定义对应函数实现修改和浏览功能。不同之处:需要传递表示订单编号和商品编号的数组;订单的个数不发生变化,所以表示订单个数的整型变量值传递。

5.3.3 案例实现

```cpp
#include <iostream>
#include <iomanip>
#include <string>
using namespace std;
#define MaxNum 100  //定义数组大小
#define N 14         //控制输出格式中长度
#define M 12         //订单编号、商品编号的长度
//所有函数声明
int password();                                                    //口令函数
void menu(string *order_num,string *goods_num,int count );  //主菜单函数
void Append(string *order_num,string *goods_num,int &count );  //添加订单函数
int effective(string *order_num,string *goods_num,int count,string ch);
                                                    //判断订单编号唯一性函数
int Search_order_num(string *order_num,string *goods_num,int count ,string
ch);                                                //按订单编号查询函数
void Delete_menu(string *order_num,string *goods_num,int &count );
                                                    //删除函数
void Modify(string *order_num,string *goods_num,int count );
                                                    //修改订单函数
void Print_goods(string *order_num,string *goods_num,int count ,int i);
                                                    //浏览订单信息函数

//主函数
int main()
{
```

```
        int count=0;        //用来记录当前订单的个数
        string order_num[MaxNum];   //订单编号
        string goods_num[MaxNum];   //商品编号
        if (password())
            menu(order_num,goods_num,count);
        return 0;
    }
    void menu(string *order_num,string *goods_num,int count )//主菜单函数
    {
            ……  //省略部分代码
            switch  (n)
            {
            case 1:
                {
                    Append(order_num,goods_num,count);
                    break;
                }
            case 2:
                {
                    char ch[20];
                    cout<<"请输入查询的订单编号："<<endl;
                    cin>>ch;
                    int m=Search_order_num(order_num,goods_num,count,ch);
                    ……  //代码省略
                    break;
                }
            case 3:
                {
                    Modify(order_num,goods_num,count);
                    break;
                }
            case 4:
                {
                    Delete_menu(order_num,goods_num,count);

                    break;
                }
            case 5:
                {
                    ……  //省略实现代码，与上一章案例类似
            break;
                }
            case 0:
                return;
            default:
                cout<<"输入有误，请重新输入！"<<endl;
            }
        }
    }
    int effective(string *order_num,string *goods_num,int count,string ch)
//判断订单编号唯一性函数
    { ……   //省略实现代码，与上一章案例类似    }
    void Append(string *order_num,string *goods_num,int &count)//添加订单函数
    { ……   //省略实现代码，与上一章案例类似    }
    int Search_order_num(string *order_num,string *goods_num,int count,string
ch)//查找函数
    { ……   //省略实现代码，与上一章案例类似    }
```

```
void Print_goods(string *order_num,string *goods_num,int count,int i)//显
示指定订单的信息
    {
        cout<<order_num [i]<<setw(N)<<goods_num [i]<<endl;
    }
void Modify(string *order_num,string *goods_num,int count)//修改函数，先按订
单编号查找，后修改
    { ……    //省略实现代码，与上一章案例类似    }
void Delete_menu(string *order_num,string *goods_num,int &count)//删除函数
    { ……    //省略实现代码，与上一章案例类似    }
int password()//口令函数
    { ……    //省略实现代码，与上一章案例类似    }
```

习 题

1．填空题

（1）若定义 int a;，则&a 的含义为_____。

（2）若定义 int a; int &b=a;，则 "&" 的含义为_____。

（3）可以直接赋给指针的唯一整数值是_____。

（4）指针可以进行的运算有_____、_____和_____。

（5）若定义 double x; ，则

　　使指针 p 可以指向变量 x 的定义语句是_____；

　　使指针 p 指向变量 x 的赋值语句是_____。

（6）若有定义 char ch;，则

使指针 p 可以指向变量 ch 的定义语句是_____；

使指针 p 可以指向变量 ch 的赋值语句是_____；

通过指针 p 给变量 ch 读入字符的 scanf()函数调用语句是_____；

通过指针 p 给变量 ch 赋值的语句是_____；

通过指针 p 输出 ch 中字符的语句是_____；

（7）运算符_____用于申请所需的内存单元，运算符_____用来释放不需要的内存
单元。

（8）已知数组 x 定义为 int x[10];，并能顺利执行语句 p1=x;，则 p1 的声明语句为_____。

（9）若有以下定义和语句，则++(*p)的值是_____。

```
int a[5]={0,1,2,3,4},*p;
p=&a[3];
```

（10）若有以下定义和语句，则*--p 的值是_____。

```
int a[5]={0,1,2,3,4},*p;
p=&a[3];
```

（11）函数 change 的功能是_____。

```
void change(char *a)
{
    int i=0;
    for(i=0;i<strlen(a)-1;i++)
        if(a[i]>= 'a'&&a[i]<= 'z')
            a[i]=a[i]-32;
}
```

（12）如果正常执行了如下语句：

```
int m[22],*p1=&m[4],*p2=m+15,x;
x=p2-p1;
```

则 x 的值为_____。

（13）如果正常执行了如下语句：

```
int d[]={1,2,3,4,5,6,7,8,9,10},*p1=d+8,*p2=&d[3];
p1-=3
cout<<*p1<<'\t'<<*p2;
```

则程序的输出为_____。

（14）下面程序的运行结果是_____。

```
#include<iostream>
using namespace std;
int main()
{
    int a=10;
    int *p1=&a;
    int *&p2=p1;
    cout<<"a="<<a<<",*p1="<<*p1<<",*p2="<<*p2;
    return 0;
}
```

（15）下面程序的运行结果是_____。

```
#include<iostream>
using namespace std;
int main()
{
    int x=100;
    int &x1=x;
    int y=200;
    int &y1=y;
    cout<<"x="<<x<<",x1="<<x1<<endl;
    cout<<"y="<<y<<",y1="<<y1<<endl;
    x1+=20;
    y1/=8;
    cout<<"x="<<x<<",x1="<<x1<<endl;
    cout<<"y="<<y<<",y1="<<y1<<endl;
    return 0;
}
```

2. 选择题

（1）若有以下定义，则变量 p 所占内存空间的字节数是（　　）。

```
float *p;
```

　A. 1　　　　　　　　B. 2　　　　　　　　C. 4　　　　　　　　D. 8

（2）若有以下定义，则下面说法错误的是（　　）。

```
int a=10,*p=&a;
```

　A. 声明变量 p，其中 "*" 表示 p 是一个指针变量

　B. 声明变量 p 只可以指向一个整型变量

　C. 变量 p 经初始化，获取变量 a 的地址

　D. 变量 p 的值为 10

（3）若有以下定义，则下面均代表地址的一组选项是（　　　）。

```
int *p,a=10;
p=&a;
```

A. a, p, *& a

B. &*a, &a, *p

C. &p, *p, &a

D. &a, &*p, p

（4）若有说明 int *p1,*p2,m=5,n;，则以下均是正确赋值语句的选项为（　　　）。

A. p1=&m;p2=&p1;

B. p1=&m;p2=&n;*p1=*p2;

C. p1=&m;p2=p1;

D. p1=&m;*p1=*p2;

（5）若有下列程序段，则下面叙述正确的是（　　　）。

```
char s[ ]= "china ";
char *p;
p=s;
```

A. s 与 p 完全相同

B. 数组 s 中的内容和指针变量 p 中的内容相同

C. s 数组的长度和 p 所指向的字符长度相等

D. *p 与 s[0]相等

（6）下列程序的运行结果为（　　　）。

```
char str[ ]= "abc",*p=str;
cout<<*(p+3);
```

A. 67

B. 0

C. 字符 c 的地址

D. 字符 c

（7）若有以下定义，则对数组元素的正确引用是（　　　）。

```
int a[5],*p=a;
```

A. *&a[5]

B. a+2

C. *(p+5)

D. *(a+2)

（8）若有以下定义，则正确的叙述是（　　　）。

```
Char*b[2]= {"1234","5678"};
```

A. 数组 b 的两个元素中各存放了字符串"1234"和"5678"的首地址

B. 数组 b 的两个元素中各存放了含有 4 个字符的一维数组的首地址

C. b 是一个指针，它指向含有两个数组元素的字符型一维数组

D. 数组 b 的两个元素值分别是"1234"和"5678"

（9）关于引用的说明，下列说法错误的是（　　　）。

A. 任何变量都可以被引用

B. 不允许把为一个变量建立的引用重新用作另一变量的别名

C. 引用和其所代表的变量使用同一片存储空间

D. 如果程序需要先指向一个对象，后又指向另一对象，此时应该采用引用

（10）下列程序的运行结果为（　　　）。

```
#include<iostream>
using namespace std;
int main()
{
    int a[5]={2,4,6,8,10},*p1,**p2;
    p1=a;
    p2=&p1;
    cout<<*(p++)<<'\t'<<**p2;
```

```
        return 0;
    }
```

A. 4   4   B. 2   4   C. 2   2   D. 4   6

3. 编程题

（1）设有一个整型数组，它有 10 个元素，用 3 种不同的方法输出各元素。

（2）假设有一个字符串 str1，其内容为 "Hello!"，利用指针将该字符串的内容复制到另一个字符串 str2 中，并逆序输出字符串 str1。

（3）输入一串英文文字，统计其中字母（不区分大小写）的数目。

（4）编写一个函数，其功能是对传送过来的两个浮点数求出和值与差值，并通过形参传送回调用函数。

（5）有 10 个数围成一圈，求出相邻 3 个数之和的最小值。

第 6 章
结构体和共用体

在程序设计过程中，简单的基本数据类型是不能满足各种复杂数据要求的，所以 C++ 语言提供了一种机制，让用户可以自己定义复杂的数据类型。这些复杂的数据类型可以看成是由基本数据类型按照某种规则构成的，被称为"构造数据类型"，它们的元素或成员的数据类型仍然是基本数据类型。数组、结构体和共用体都是构造数据类型。

6.1 结构体

C++ 语言中的基本数据类型只能用来描述简单的数据，例如在描述一个"学生"的时候，可以用整型描述学生的年龄，用实型描述学生的成绩，用字符串类型（即字符指针或字符数组）描述学生的姓名等。但在实际程序开发中，有时需要将各种数据类型的数据组合成一个有机的整体，它可能包含一个或多个数据项，每个数据项有不同的含义，具有相同或不同的数据类型。这些数据项之间是相互联系的，共同构成对一个事物整体的描述。例如，上面提到的"学生"这个实体，学号、姓名、性别、年龄、成绩等都是描述它的属性，是一个相互关联的整体，如果将这些属性独立开来，分别定义成简单变量，就很难反映它们之间的内在联系了。

在计算机中要描述"学生"实体，就必然要描述这些属性。那么用数组可以描述这些属性吗？答案是否定的。原因在于数组要求所有的数据元素必须是同一数据类型，而"学生"这个实体的属性是一些不同数据类型的项，例如学号、姓名是字符串类型，年龄是整型，成绩是实型等。因此，要描述"学生"实体，必须使用另外一种数据类型，将若干个数据类型相同或不同的项组合在一起，这就是结构体（struct）。

结构体是一种非常有用的数据类型，而且是今后学习"类"类型的基础。构成结构体的项称为结构体的成员，结构体中的成员可以是基本数据类型，也可以是另一种构造数据类型。定义结构体类型后，就可以定义这种类型的实体了，称为结构体变量。要注意区分结构体类型的定义和结构体变量的定义。

6.1.1 结构体类型的定义

结构体类型的定义形式为

```
struct  结构体类型名
{
    数据类型 成员1;
    数据类型 成员2;
        ⋮
```

```
        数据类型  成员 n;
    };
```

其中，struct 是定义结构体类型的关键字，不能省略。结构体类型名由用户自行命名，必须符合 C++ 语言标识符的命名规则。{}内是组成该结构体的各个成员，在其中要对每个成员的成员名和数据类型进行定义。每个成员的数据类型可以是基本数据类型，也可以是已经定义过的结构体类型。例如：

```
struct  student
{
    char num[10];          //学号
    char name[10];         //姓名
    char sex;              //性别
    float score;           //成绩
};
```

上面定义了一个名为 student 的结构体类型，num、name、sex、score 分别表示学号、姓名、性别和成绩，都是该结构体类型的成员。

注意　　　定义结构体类型时，最后的分号不可缺少。

6.1.2　结构体变量的定义与初始化

结构体是一种特殊的数据类型，例如 student 是一个类型名，它和基本数据类型 int、float、double、char 一样具有相同的地位和作用，用户可以利用结构体类型来定义结构体变量，只不过基本数据类型是由系统提供的标准数据类型，而结构体类型需要用户自己定义。

定义结构体类型后，仅仅是定义了该结构体的构成情况，系统并不为其分配实际的存储单元，为了使用它，必须定义结构体变量。定义结构体变量可采用以下 3 种形式。

1．先定义结构体类型，再定义结构体变量

定义形式为

[struct]　结构体类型　结构体变量名列表；

例如，前面定义了结构体类型 student，用该结构体类型定义变量为

struct student stu1,stu2;

或

student stu1,stu2;

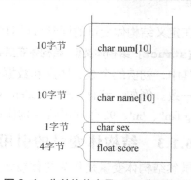

图 6-1　为结构体变量 stu1 分配的内存

这里定义了两个结构体变量 stu1 和 stu2，它们都具有 student 类型，所以系统为其分配的存储空间为结构体类型 student 中各成员所占存储空间的总和，图 6-1 所示是为结构体变量 stu1 分配的内存，空间大小为 10+10+1+4=25 字节。

注意　　　在 C 语言中使用先定义结构体类型，再定义结构体变量的形式时，struct 关键字仍然要写，而在 C++ 语言中则可以不写 struct 关键字。

2．在定义结构体类型的同时，定义结构体变量

定义形式为

struct　结构体类型名

{

成员列表；

}结构体变量名列表；

例如：

```
struct  student
{
    char num[10];          //学号
    char name[10];         //姓名
    char sex;              //性别
    float score;           //成绩
}stu1,stu2;
```

这里在定义结构体类型 student 的同时，定义了两个 student 类型的结构体变量 stu1 和 stu2。

3．直接定义结构体变量

这种形式中没有结构体类型名。它与第 2 种形式类似，不同的是省略了结构体类型名，如果在程序的其他地方还需要定义该结构体类型的变量，将不能实现，所以这种方式很少使用。例如：

```
struct
{
    char num[10];          //学号
    char name[10];         //姓名
    char sex;              //性别
    float score;           //成绩
}stu1,stu2;
```

注意　　　　由于省略了结构体类型名，因此以后不能再用这种结构体类型定义其他结构体变量。

在定义结构体变量的同时可以对结构体变量进行初始化。其语法格式为

[struct] 结构体类型 结构体变量名={初值 1,初值 2，…}；

其中，初值的个数、顺序和数据类型均应与定义结构体时成员的个数、顺序和数据类型保持一致。例如，若有 struct student stu1={"B155A101","zhang fan",'m',92};，则"B155A101"、"zhang fan"、'm'、92 依次赋给结构体变量 stu1 的 num、name、sex 和 score 成员。

6.1.3　结构体变量的引用

虽然结构体变量是作为整体被定义的，但一般不能将结构体变量作为整体进行输入或输出，引用结构体变量必须通过结构体变量的成员来访问它。引用结构体变量成员的方法为

结构体变量.成员名

其中，符号"."是成员运算符，用于访问结构体变量中的某个成员。例如，stu1.num 表示引用 student 结构体变量 stu1 中的 num 成员。

结构体变量的成员可以像普通变量一样进行各种运算。例如：

```
stu1.num ="B155A101";          //结构体变量的成员被赋值
stu1.name ="zhang fan";
```

除了上述情况以外，在下述情况下结构体类型或结构体变量也可以作为整体参与运算。

```
sizeof(struct student);        //计算结构体类型所占内存大小
stu2=stu1;                     //同类型的结构体变量可以整体赋值
```

【例6.1】定义结构体类型 employee，包括工号、姓名、工资 3 个成员，定义两个该类型的变量，并对其中一个员工信息进行初始化，输入另一个员工的信息，最后输出这两个员工的信息。

```
#include<iostream>
using namespace std;
struct employee
{
    char num[10];
    char name[10];
    double salary;
};
struct employee emp1={"1001","李明",2800},emp2;
int main()
{
    cin>>emp2.num>>emp2.name>>emp2.salary;
    cout<<emp1.num<<'\t'<<emp1.name<<'\t'<<emp1.salary<<endl;
    cout<<emp2.num<<'\t'<<emp2.name<<'\t'<<emp2.salary<<endl;
    return 0;
}
```

若依次输入"1002""王芳""5000"，程序执行结果如下：

```
1001      李明      2800
1002      王芳      5000
```

注意

若结构体成员本身又是一个结构体类型，则要通过若干个成员运算符"."，访问到最低一级的成员。

6.1.4　结构体数组与应用

定义一个结构体变量 stu1，可以存放一个学生的学号、姓名、性别、成绩等信息，如果要管理多个学生的信息，就需要定义一个结构体类型的数组，称为"结构体数组"。数组中的每个元素都是一个结构体变量，每个数组元素都有自己的成员。

1．结构体数组的定义

结构体数组的定义形式与定义结构体变量一样，也可以采用 3 种形式。例如，定义一个结构体数组 stu，它有 3 个元素，每个元素都是 student 结构体类型，其程序段如下：

```
struct student
{
    char num[10];
    char name[10];
    char sex;
    float score;
};
```

```
student stu[3];              //先定义结构体类型，再定义结构体数组
struct student
{
    char num[10];
    char name[10];
    char sex;
    float score;
}stu [3];                    //定义结构体类型同时定义结构体数组
struct
{
    char num[10];
    char name[10];
    char sex;
    float score;
}stu[3];                     //直接定义结构体数组
```

与基本数据类型的数组一样，结构体数组名代表结构体数组中第一个元素在内存中的首地址，数组各元素在内存中按规则连续存放。结构体数组每个元素代表一个结构体变量，当需要引用结构体数组元素中的某一成员时，可采用与结构体变量中引用结构体成员相同的方法，利用成员运算符"."操作。

例如，要引用结构体数组 stu 中的第 2 个元素的成员 name，可表示为 stu[1].name。

结构体数组元素的成员和普通变量一样，可以被赋值，也可以参加各种运算。例如：

```
strcpy(stu[1].name, "liu xia");
stu[1].score=95;
```

注意　　　　不能将一个字符串直接赋值给结构体变量的成员或结构体数组元素的成员。如果写成 stu[1].name="liu xia"; 是错误的。因为成员 name 被定义为长度为 10 的字符数组。

2．结构体数组的初始化

结构体数组初始化的一般形式为

[struct] 结构体名 结构体数组名[常量表达式]={初值}；

结构体数组的初始化数据放在大括号内，由于结构体数组中的每个元素都是一个结构体变量，因此通常将其成员的值依次放在一对花括号中，这样方便区分各元素。每个数组元素初值的个数、顺序和类型必须与其对应的结构体成员一致。例如：

```
struct student
{
    char num[10];
    char name[10];
    char sex;
    float score;
}stu[2]={{ "B155A101","zhang fan",'m',92},{"B155A102","liu xia",'f',95}};
```

上面的代码定义了一个具有两个元素的结构体数组 stu，并对数组元素做了初始化，数组元素在内存中是连续存放的，在内存中的存储形式如图 6-2 所示。当然，上面的程序在定义结构体数组时，也可以不给出数组元素的个数，系统会自动根据结构体数组初值的个数来确定结构体数组元素的个数。

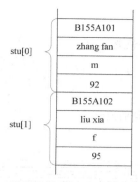

图 6-2 结构体数组在内存中的存储形式

【**例 6.2**】输出结构体数组 employee 中所有员工的数据，并查找出工资最高的员工记录。

```cpp
#include<iostream>
using namespace std;
#define N 4
struct employee
{
    char num[10];
    char name[10];
    double salary;
};
struct employee emp[N]={{"1001","李明",2800},{"1002","王芳",5000},{"1003",
"王强",3600},{"1004","刘刚",4500}};
void show()
{
    cout<<"显示具有 employee 结构的"<<N<<"个记录:"<<endl;
    for(int i=0;i<N;i++)
    {
        cout<<emp[i].num<<""<<emp[i].name<<""<<emp[i].salary<<endl;
    }
     cout<<endl;
}
void find()
{
    int k=0;        //k 表示当前具有最大工资值的元素下标
    float x=emp[0].salary;
    for(int i=1;i<N;i++)
    {
        if(emp[i].salary>x)
        {
            x=emp[i].salary;
            k=i;
        }
    }
    cout<<"显示结构体数组中具有最大工资值的记录: "<<endl;
    cout<<emp[k].num<<""<<emp[k].name<<""<<emp[k].salary<<endl;
}
int main()
{
    show();
    find();
    return 0;
}
```

程序执行结果如下：

显示具有 employee 结构的 4 个记录：
1001　李明　2800
1002　王芳　5000
1003　王强　3600
1004　刘刚　4500
显示结构体数组中具有最大工资值的记录：
1002　王芳　5000

6.2　共用体

在结构体的讲解中我们为"学生"这个实体定义了结构体类型 student，同样也可以为"教师"定义结构体 teacher。student 和 teacher 这两个结构体中有大部分的属性是相同的，如学号（教师是工号）、姓名、性别等。当然这两个结构体中肯定也会有些属性是不同的，例如，学生有"成绩"属性，教师有"工资"属性。那么能不能把学生和教师定义成一种结构呢？答案是肯定的。

怎么才能定义这种结构呢？一种处理方法是在定义结构体类型的同时定义这两种属性，对学生来说"工资"属性空着不用，对教师来说"成绩"属性空着不用。另一种更好的方法是将"工资"和"成绩"这两种属性合起来成为一种属性，当表示学生信息时它是"成绩"，当表示教师信息时它是"工资"。要做到这一点就需用到共用体（union）。

所谓"共用"是指多种不同类型的变量从同一地址开始存放各个成员的值，共同占用同一段内存空间，但在某一时刻只有一个成员起作用。这种含有共用体成员的结构体称为异质结构，共用体也称为联合体。

共用体同结构体一样，也是一种用户自定义数据类型，是由若干数据成员组成的。虽然共用体与结构体有很多相似之处，但两者还是有本质区别的。在任一时刻，结构体中的所有成员都是可访问的，而共用体中只有一个成员可以访问，其他所有成员都是不可访问的。这种不同反映到存储空间分配上就是结构体变量各成员顺序存放在一段内存空间中，每个成员分别占有自己的内存空间，结构体变量所占存储空间的大小等于其所有数据成员所占存储空间的总和；而共用体变量的各成员均从同一地址开始存放，占用同一存储空间，即各成员所占用的存储空间是相互覆盖的，因此每个共用体变量所占存储空间的大小等于其所有数据成员中所占存储空间最大者，在任一时刻只能从变量的首地址开始保存一个数据成员的值。

6.2.1　共用体类型、变量的定义

共用体可以看成是结构体的变种，其定义和使用方式都与结构体极其相似。共用体类型的定义形式为

```
union 共用体类型名
{
    数据类型 成员1;
    数据类型 成员2;
        ⋮
    数据类型 成员 n;
};
```

共用体变量的定义形式和结构体变量的定义形式类似，也有 3 种形式，这里就不再一一列举了。例如：

```
union stu_tea
{
    float score;
    double salary;
}stu_tea1,stu_tea2;
```

以上语句定义了共用体类型 stu_tea 及共用体变量 stu_tea1 和 stu_tea2。score 和 salary 是共用体类型 stu_tea 的数据成员。stu_tea1 和 stu_tea2 所占的存储空间大小等于两个数据成员 score 和 salary 中所占存储空间最大的值，即等于 max(4,8)=8 字节，并且 score、salary 都是从同一地址开始存放的，任一时刻只能有一个数据成员可以访问。如果将上例定义成结构体时，代码如下：

```
struct stu_tea
{
    float score;
    double salary;
}stu_tea1,stu_tea2;
```

结构体变量 stu_tea1 和 stu_tea2 所占的存储空间大小等于两个数据成员 score 和 salary 所占存储空间之和，即等于 4+8=12 字节，其数据成员 score 和 salary 分别从不同的地址开始存放，可以随时被访问，这是结构体和共用体显著的区别。

定义共用体变量时，也可以将类型定义与变量定义分开，还可以直接定义共用体变量而不给出共用体名，这一点和定义结构体变量完全相同。

共用体和结构体在变量的初始化上也有所不同。系统允许对结构体中的每个数据成员按照定义的次序进行初始化，但对共用体来说，只允许对其第一个成员进行初始化，而不允许初始化其他成员。

6.2.2　共用体的应用

共用体变量的使用方式与结构体变量相同，也不能将共用体变量作为一个整体进行输入或输出，只能通过共用体变量的成员来访问它。

成员访问仍然通过成员运算符 "." 进行。同结构体类似，在下述情况下可以对共用体或共用体变量进行整体引用，如：取地址运算、sizeof 运算以及同类型共用体变量之间的赋值。

共用体变量可以用作函数的参数，也可用作函数的返回值。

【例 6.3】共用体变量的使用。

```
#include<iostream>
using namespace std;
union data
{
    char c_data;
    short s_data;
    long l_data;
};
int main()
{
    data x;
    x.c_data='m';
    cout<< "c_data="<< x.c_data <<endl;
```

```
    x.s_data=10;
    cout<< "s_data="<< x.s_data <<endl;
    x.l_data=100;
    cout<< "l_data="<< x.l_data <<endl;
    return 0;
}
```

程序执行结果如下：

```
c_data=m
s_data=10
l_data=100
```

使用共用体时应注意以下几点。

（1）因为共用体成员采用的是覆盖技术，因此每一时刻共用体变量只有一个成员起作用，其他的成员不起作用，在存入一个新的成员后原有的成员就失去作用。

（2）共用体变量的地址和它各成员的地址都是同一地址。

（3）在定义共用体变量时可以进行初始化，但只能对共用体变量的第一个成员进行初始化。

（4）共用体可作为结构体成员，结构体可作为共用体成员，也可定义共用体数组。

6.3 案例实战

6.3.1 实战目标

（1）理解结构体，掌握结构体的定义。

（2）熟练掌握结构体变量的定义、初始化和使用。

（3）掌握结构体数组与函数的使用。

6.3.2 功能描述

本章案例要求在前一章案例的基础上实现一个完整的团购订单信息管理系统。该系统实现团购订单信息的添加、查找、修改、删除、浏览等功能。要求输入登录口令，口令正确才可以继续操作。用结构体数组实现。具体功能说明如下。

（1）添加订单。

输入要添加的订单信息，包括订单编号（唯一）、商品编号、商品名称、商品单价、商品数量、收件人地址、收件人姓名、收件人电话等信息。判断订单编号是否已经存在，若存在则重新输入。将订单信息存入结构体数组中。

（2）查找订单。

设置二级菜单，可以通过订单编号、商品编号、收件人姓名等多途径进行订单查询，查找出符合条件的一条或多条记录，并输出显示。

（3）修改订单。

先按订单编号查找订单，然后修改其信息。除订单编号外，可以修改商品编号、商品名称、商品单价、商品数量、收件人地址、收件人姓名、收件人电话等信息。

（4）删除订单。

可输入订单编号进行删除，这时查询到的订单唯一，可直接删除，删除前要进行确认，确认是否真要删除。也可通过商品编号、收件人姓名等进行删除，这时查找到的订单不唯一，显示出所有符合条件的订单，要求输入要删除的订单号，删除唯一订单。

（5）浏览订单。

遍历存有所有订单信息的顺序表，按顺序依次显示所有订单。若无订单，则提示系统中无订单。

6.3.3 案例实现

```cpp
#include <iostream>
#include <iomanip>
#include <string>
using namespace std;
#define MaxNum 100              //设定最大订单总数
#define N 14
struct DataType                 //表示团购订单信息的结构体类型定义
{
    String order_num;           //订单编号
    String goods_num;           //商品编号
    String goods_name;          //商品名称
    double goods_price;         //商品单价
    int goods_count;            //商品数量
    String Address;             //收件人地址
    String Name')               //收件人姓名
    String Telephone;           //收件人电话
};
struct Order_Type
{
    DataType data[MaxNum+1];    //存储多个订单信息，0 号单元空闲
    int length;                 //订单数量
};
int password();                                       //口令函数
void menu(Order_Type) ;                               //主菜单函数
void Search_menu(Order_Type order);                   //查找菜单函数
void Delete_menu(Order_Type &order);                  //删除菜单函数
void Init(Order_Type &order);                         //初始化函数，将订单表置为空表
int effective(Order_Type order,string  x); //判断订单编号唯一性函数
void Append(Order_Type &order,DataType x); //添加订单函数
void Modify(Order_Type &order);                       //修改订单函数
void Print_all(Order_Type order);                     //浏览订单表信息函数
void Print_goods(DataType );                          //显示一个订单信息函数
void Delete_goods(Order_Type &order,int m);      //删除订单表中的第 m 个订单函数
int Search_order_num(Order_Type order,string ch);  //按订单编号进行查询函数
void Search_goods_num(Order_Type order,string ch;int x[]);
                                              //按商品编号进行查询函数
void Search_name(Order_Type order,string ch,int x[]);
                                              //按收件人姓名进行查询函数
int main()
{
    Order_Type order;
    Init(order);
    if (password())
        menu(order);
    return 0;
}
void menu(Order_Type order)      //主菜单函数
{ ······ //省略实现代码     }
void Init(Order_Type &order)     //初始化函数
{
```

```
        order.length =0;
    }
    int effective(Order_Type order,string x[])        //判断订单编号唯一性函数
    {  ……  //省略实现代码        }
    void Append(Order_Type &order,DataType x)    //添加订单函数
    {  ……  //省略实现代码，注意对存储空间大小的判断     }
    void Search_menu(Order_Type order)                //查找菜单函数
    {
        cout<<endl;
        while(1)
        {
            cout<<"******************************************************"<<endl;
            cout<<"*            根据所做操作选择以下数字序号：            *"<<endl;
            cout<<"*        1:订单编号查询         2:商品编号查询        *"<<endl;
            cout<<"*        3:收件人姓名查询        0:退出              *"<<endl;
            cout<<"******************************************************"<<endl;
            {  ……  //省略实现代码    }
        }
    }
    int Search_order_num(Order_Type order,string ch)//按订单编号进行查询函数
    {  ……  //省略实现代码      }
    void Search_goods_num(Order_Type  order, string ch,int x[])//按商品编号进行
查询函数
    {
        int i=1,flag=0;
        while(i<=order.length )
        {
            if(order.data[i].goods_num==ch)
            {
                flag++;
                cout<<"订单"<<flag<<":"<<endl;
                Print_goods(order.data[i]);
                x[flag]=i;          //记录该收件人订单在订单表中的位置
            }
            i++;
        }
        x[0]=flag;                  //记录该收件人的订单总数
        if(flag==0)
            cout<<"该收件人不存在！"<<endl;
    }
    void Search_name(Order_Type  order,string ch,int x[])     //按收件人姓名进行查
询函数
    {  ……  //省略实现代码      }
    void Modify(Order_Type &order)              //修改函数，先按订单编号进行查找，后修改
    {
        ……  //省略实现代码
        while(1)
        {
            cout<<"******************************************************"<<endl;
            cout<<"*            根据所做操作选择以下数字序号：            *"<<endl;
            cout<<"*        1:修改商品号          2:修改商品名称        *"<<endl;
            cout<<"*        3:修改商品单价        4:修改商品数量        *"<<endl;
            cout<<"*        5:修改收件人姓名      6:修改收件人地址      *"<<endl;
            cout<<"*        7:修改收件人电话      0:退出              *"<<endl;
            cout<<"******************************************************"<<endl;
        ……  //省略实现代码
    }
```

```
}
    void Delete_menu(Order_Type &order)            //删除菜单函数
    {   ……   //省略实现代码   }
    void Delete_goods(Order_Type &order,int m)   //删除订单表中的第 m 个订单信息函数
    {   ……   //省略实现代码   }
    void Print_goods(DataType x)   //显示一个订单信息函数
    {   ……   //省略实现代码   }
    void Print_all(Order_Type  order)   //浏览订单表信息函数
    {   ……   //省略实现代码   }
    int password()//口令函数
    {   ……   //省略实现代码   }
```

习 题

1．填空题

（1）用于访问一个结构体变量中的某个结构体成员要用＿＿＿＿＿＿＿运算符。

（2）因为共用体成员采用＿＿＿＿＿＿＿技术，所以每一时刻共用体变量只有一个成员起作用，其他的成员不起作用。

（3）运行下面程序后，a.x 的值为＿＿＿＿＿＿＿＿，a.c 的值为＿＿＿＿＿＿＿。

```cpp
#include<iostream>
using namespace std;
struct n
{
    int x;
    char c;
};
void func(struct n b)
{
    b.x=20;
    b.c='y';
}
int main()
{
    struct n a={10,'x'};
    func(a);
    return 0;
}
```

（4）设有如下说明，则对字符串"Paul"的引用可以表示为＿＿＿＿＿＿＿。

```cpp
struct person
{
    char name[9];
    int age;
}p[3]={{"John",17},{"Paul",20},{"Mary",19}};
```

（5）函数 caculate 的功能是计算 45 名学生 4 门课的平均分，请填空。

```cpp
#include<iostream>
using namespace std;
const int m=4;
const int n=45;
struct student
{
    int number;
```

```
    char name[12];
    float score[m];     //m门课的成绩
    float ave;          //平均分
}stu[n]={{0}};
void caculate(student s[],int n)
{
    int i,j;
    float sum;
    for(i=0;i<n;i++)
    {
        sum=_____;
        for(j=0;i<m;j++)
            sum=_____;
            _____=sum/m;
    }
}
int main()
{
    student pers[n];
    ......
    stdave(pers,n);
    ......
    return 0;
}
```

（6）下面程序的运行结果为_____。

```
#include<iostream>
using namespace std;
struct flower
{
    int num;                    //花号
    char name[20];              //花名
    char color[10];             //花色
    float price;
}mudan={110245,"牡丹","red",12};
int main()
{
    cout<<mudan.num<<'\t'<<mudan.name<<'\t'<<mudan.color<<'\t'
    <<mudan.price<<endl;
    return 0;
}
```

2. 选择题

（1）C++语言结构体类型变量在程序执行期间（   ）。

    A. 所有成员一直驻留在内存中　　　　B. 只有一个成员驻留在内存中

    C. 部分成员驻留在内存中　　　　　　D. 没有成员驻留在内存中

（2）以下关于结构体的叙述错误的是（   ）。

    A. 结构体是用户定义的一种数据类型

    B. 结构体中可设定若干个不同类型的数据成员

    C. 结构体中成员的数据类型可以是另一个已定义的结构

    D. 在定义结构体时，可以为成员设置默认值

（3）若有以下定义，下列说法错误的是（   ）。

```
struct person
{
```

```
    int num;
    char name[10];
    float score[3];
}wang;
```

  A. struct 是结构体的关键字   B. wang 是结构体类型名

  C. num、name、socre 是结构体成员名 D. wang 是用户声明的结构体变量

（4）下面程序的运行结果是（   ）。

```
int main()
{
    struct cmplx
    { int x;
      int y;
    }num[2]={1,3,2,7};
    printf("%d\n",num[0].y/num[0].x*num[1].x);
    return 0;
}
```

  A. 0   B. 1   C. 3   D. 6

（5）下面定义的结构体，若对变量 person 赋值，则正确的赋值语句是（   ）。

```
struct date
{
    int y,m,d;
};
struct work
{
    char name[10];
    char sex;
    struct date birthday;
}person
```

  A. m=11;   B. date.m=11;

  C. person.birthday.m=11;   D. birthday.m=11

（6）以下关于共用体的叙述错误的是（   ）。

  A. 在定义共用体变量时可以进行初始化

  B. 共用体变量的地址和它各成员的地址都是同一地址

  C. 共用体和结构体变量的初始化方法相同

  D. 共用体可以作为结构体的成员

3．编程题

（1）定义一个结构体"教师"，其成员包括姓名、性别、年龄、职称和联系电话。

（2）定义一个通信录结构，其成员包括姓名（字符串）、电话（字符串）和生日。

（3）若有 3 名学生，每名学生的数据成员包括学号、姓名和 3 门课程的成绩，要求计算出每名学生 3 门课程的平均成绩，以及输出最高分学生的数据，包括学号、姓名、3 门课程的成绩、平均成绩。

第 7 章
类与对象

面向对象程序设计的特征是封装性、继承性和多态性，而封装性是通过类来体现的。类是实现数据抽象的工具，是对某一类具有相同属性和行为特征对象的抽象，它不仅定义了数据的类型，同时也定义了对数据的操作，是实现面向对象程序设计的基础。面向对象的程序主要由类和对象组成。

7.1 类的定义

类是面向对象程序设计的核心，描述了一类事物的共同属性和行为特征。它将共同属性表示为不同类型的数据，将行为特征表示为与这些数据相关的操作，将数据和相关操作封装在一起，并对数据和相关操作限定了访问权限，从而实现了数据的封装和隐蔽。

类的定义格式一般分为说明和实现两部分。说明部分是用来说明类中的成员，包括数据成员的说明和成员函数的说明。数据成员定义该类对象的属性，是不同类型的多个数据，不同的对象其属性值可以不同。成员函数定义了类对象的行为特征，是对数据成员能够进行的操作，又称为"方法"，由多个函数原型声明构成。实现部分根据成员函数所要完成的具体功能，给出所有成员函数的定义。

类的定义格式如下：

```
//类的说明部分
class <类名>
{
    public:
        <公有数据成员和共有成员函数的说明>
    private:
        <私有数据成员和私有成员函数的说明>
    protected:
        <保护数据成员和保护成员函数的说明>
};
//类的实现部分
<各个成员函数的实现>
```

在类外定义每个成员函数的格式如下：

```
函数类型   类名::成员函数名(参数表)
{
        函数体
}
```

其中，class 是定义类的关键字，<类名>是用户定义类的标识符，应符合 C++标识符的命名规则。一般情况下，类名的第一个字母大写，以区别普通的变量和对象。

大括号内部是类的说明部分（包括前面的类头），用来说明该类的成员。类的成员分为数据成员和成员函数两部分。为了实现数据的隐蔽，对类中所有成员设定访问权限。访问权限被分为公有访问权限、私有访问权限和保护访问权限 3 种。

（1）public：公有访问权限。通常被声明为公有成员的是一些操作（即成员函数），它是类提供给用户的功能接口。公有成员不仅可以被类中的成员函数访问，还可以在类的外部通过对象进行访问。

（2）private：私有访问权限。通常被声明为私有成员的是一些数据成员，这些成员用来描述该类对象的属性。私有成员只能被类中的成员函数或经特殊说明的函数访问，在类的外部是无法访问它们的，即不能通过对象加以访问，它们是类中被隐蔽的部分。

（3）protected：保护访问权限。保护成员，一般情况下与私有成员含义相同，可以被类中的成员函数访问，在类的外部是无法访问它们的。但是，在继承中该类的派生类的成员是可以访问的，这是它与私有成员的区别。

一般来说，公有成员是类的外部接口，而私有成员和保护成员是类的内部数据和内部实现，不希望被外部访问。将类的成员划分为不同的访问级别有两个好处：一是信息隐蔽，即实现封装，将类的内部数据和内部实现与外部分开，使类的外部程序不能了解类的内部情况；二是数据保护，将类的重要信息保护起来，以免被其他程序不恰当地修改。

<各个成员函数的实现>是类定义中成员函数的实现部分，该部分包含所有在类内定义的成员函数的具体功能。成员函数的定义也可以在类的声明部分给出，对应的实现部分省略。通常，成员函数的函数体中只有 2~3 行代码时，可以直接在声明部分给出成员函数的实现。

 注意　　　　对成员函数在类外进行定义时，注意一定要加"类名::"。"::"称为作用域限定符，指明当前所定义的成员函数的类属信息。

【例 7.1】定义一个表示时间的类 Time，可以设置时间和显示时间。

```
//类的说明部分
class Time
{
public:
☞    void Set(int,int,int);        //成员函数，用于设置时间
☞    void Show();                  //成员函数，用于显示时间
private:
     int hour;                      //数据成员
     int minute;                    //数据成员
     int second;                    //数据成员
};
//类的实现部分
void Time::Set(int h, int m, int s)
{
    hour =h;
    minute =m;
    second =s;
}
void Time:: Show()
{
    cout<<"现在的时间是: ";
```

```
        cout<< hour<<": "<<minute<<": "<<second<<endl;
    }
```

Time 类在定义时还可以将成员函数的实现部分（即函数的定义）放在类体内，即用两个成员函数的实现部分代替类定义中的第 4 行和第 5 行。

在定义类时应注意以下几点。

（1）访问权限 public、private 和 protected 在类体内（即一对大括号内）允许多次出现，而且出现的先后顺序无关紧要。

（2）当成员函数的函数体内容较简短时直接在类体内定义。若在类外实现部分中给出成员函数定义，一定要加上作用域限定符 "::"，以表明该函数所属类的标识。

（3）在类体中不允许对所定义的数据成员进行初始化。因为类是用户自定义的一种数据类型，只有定义对象时才给各数据成员分配具体的存储空间，才能给数据成员赋值。类的定义只是一种设计说明，不分配存储空间。

（4）类中数据成员的类型可以是任意的，包括基本数据类型、数组、指针和引用等，还可以是对象。但是自身类的对象是不可以的，而自身类的指针或引用可以作为该类的成员。

（5）在类体内定义的成员函数属于内联函数。通常，类的成员函数名往往用能表示它所完成的功能的多个英文单词表示，每个单词的第一个字母大写，其余字母小写。

（6）在定义类时，最后的分号不可省略。

【例 7.2】定义一个表示学生的类 Student。

```
    class Student
    {
    public:                         //公有成员函数
        void Input();
        void Set(string,string,char);
        void Show();
    private:                        //私有数据成员
  ☞     string  num;                //学号
        string  name;               //姓名
        char    sex;                //性别
    };
    //类的实现部分
    void Student::Input()                   //成员函数，用于输入学生信息
    {
        cout<<"num=";
        cin>>num;
        cout<<"name=";
        cin>>name;
        cout<<"sex=";
        cin>>sex;
    }
    void Student::Set(string num1,string name1,char sex1)//成员函数，用于设置学
生信息
    {
        num=num1;
        name=name1;
        sex=sex1;
    }
    void Student::Show()                    //成员函数，用于显示学生信息
    {
  ☞     cout<<setw(8)<<"num"<<setw(8)<<"name"<<setw(8)<<"sex"<<endl;
```

```
      cout<<setw(8)<<num<<setw(8)<<name<<setw(8);
      if(sex=='f'||sex=='F')
          cout<<"female"<<endl;
      else
          cout<<"male"<<endl;
}
```

例 7.2 中的 Student 类中包含了表示学号、姓名和性别的 3 个私有数据成员，包含了输入、设置和显示学生信息的 3 个公有成员函数。在定义数据成员时，用到 string 类，如程序的第 8 行所示，所以写成完整程序时需要添加 "#include <string>"。在成员函数 Show() 中用 setw() 控制了输出格式，如程序的第 30 行所示，所以需要添加 "#include <iomanip>"。

7.2 对象的定义

在客观世界中任何一个事物都可以被看成是一个对象，而有些对象具有相同的属性和行为，将这些对象的相同部分抽象出来，就可以定义一个包含这些相同属性和行为的类。所以，类是对象的抽象，而对象是类的实例。

在 C++ 语言中，类和对象的关系可以用数据类型 int 和整型变量 i 之间的关系来类比。类类型与 int 类型代表的均是一种数据类型，只是 int 类型是基本数据类型，而类类型是一种抽象的用户自定义数据类型。整型变量 i 和对象都代表具体的实例，可以给变量 i 赋值为 10，同样定义一个类的对象，也可给该对象赋具体的值。例如，定义一个 Student 类的对象 stu，并给对象 stu 的各个数据成员赋值为（"x001", "王强", 'f'），则对象 stu 就代表一个实际存在的学生。

7.2.1 对象的定义

对象是类的某一特定实例，也就是该类类型的一个变量，它一定属于某个已经定义的类。声明一个对象后，系统为每个对象分配内存空间。

常用的对象定义方法有以下 3 种。

（1）先声明类类型，后定义对象。例如：

```
class Student
{
public:                        //公有成员函数
    ......
};
Student  stu1,*stu2,stu3[10];
```

与定义一个普通类型变量相同，直接给出类名和对象名。对象名可以有一个或多个，有多个对象名时用逗号分隔。对象名可以是一般的对象名，也可以是指向对象的指针名或引用名，还可以是对象数组名。例如：stu1 是一个 Student 类的对象，stu2 是指向 Student 类对象的一个指针，stu3[10] 是一个长度为 10 的 Student 类的对象数组。

（2）在声明类的同时，直接定义对象，即在声明类的大括号 "}" 后，直接写出要定义的对象。例如：

```
class Student
{
public:
    ......
} stu1,stu2;
```

在声明 Student 类的同时，直接定义了 Student 类的两个对象 stu1 和 stu2。此时定义的对象是全局对象。

（3）在声明类时，不给出类名，直接定义对象。例如：

```
class
{
public:
    ……
}stu1,stu2;
```

这种定义方式因为没有给出类名，虽然是合法的，但是不提倡使用。因为在面向对象程序设计中，类的声明和类的使用常常是分开的，会将一些常用功能和操作封装成类，放在类库中供使用，类并不为某一个程序服务，所以如果在声明类时没有给出类名，在将来类的使用时可能会带来诸多不便。

对象的定义方法中使用最多的是第一种方法。

声明一个对象就需要为它分配存储空间。在 C++语言中，对于每一个对象，只为它的数据成员分配存储空间，即一个对象所占的存储空间大小只取决于该对象中数据成员所占的存储空间大小，与成员函数无关。对于成员函数，不管定义了多少个该类的对象，只存储一个副本，多个对象调用同一个成员函数时，执行的都是存储在同一个位置的同一段函数代码，但执行的结果却是每个对象所需要的。C++为了实现这个机制，引入了 this 指针。关于 this 指针将在后面的章节中详细介绍。

> **注意**　定义了一个类，只是定义了一种类类型，系统并不为其分配存储空间。只有当对象被定义后，系统才会为该对象分配具体的存储空间，且只为该对象的所有数据成员分配存储空间。

7.2.2　对象对类成员的访问

对象被定义以后，就具有了类的所有性质。一个对象的成员就是该对象所属类所定义的数据成员和成员函数。在定义了类及其对象之后，就可以使用成员运算符 "." 访问对象的公有成员，其一般格式如下：

对象名.数据成员名;

或者

对象名.成员函数名(参数表);

前者用来访问数据成员，后者用来访问成员函数。

【例 7.3】定义 Student 类的对象，实现对当前对象信息的输入、设置和输出。

```cpp
#include <iostream>
#include <string>
#include <iomanip>
using namespace std;
//类声明部分
class Student
{
public:                          //公有成员函数
    void Input();
    void Set(string,string,char);
    void Show();
```

```cpp
    private:                         //私有数据成员
        string  num;                 //学号
        string  name;                //姓名
        char    sex;                 //性别
};
//类的实现部分
void Student::Input()
{
    cout<<"num=";
    cin>>num;
    cout<<"name=";
    cin>>name;
    cout<<"sex=";
    cin>>sex;
}
void Student::Set(string num1,string name1,char sex1)
{
    num=num1;
    name=name1;
    sex=sex1;
}
void Student::Show()
{
    cout<<setw(8)<<"num"<<setw(8)<<"name"<<setw(8)<<"sex"<<endl;
    cout<<setw(8)<<num<<setw(8)<<name<<setw(8);
    if(sex=='f'||sex=='F')
        cout<<"female"<<endl;
    else
        cout<<"male"<<endl;
}
int main()
{
☞  Student stu1,stu2;
    cout<<"input  object stu1:"<<endl;
☞  stu1.Input();
    cout<<"output object stu1:"<<endl;
☞  stu1.Show();
    cout<<"set object stu2!"<<endl;
☞  stu2.Set("s001","Anny",'m');
    cout<<"output object stu2:"<<endl;
    stu2.Show();
    return 0;
}
```

程序执行结果如下：

```
input  object stu1:
num=x001
name=Marry
sex=f
output object stu1:
num    name    sex
x001   Marry   female
set object stu2!
output object stu2:
num    name    sex
s001    Anny   male
```

例 7.3 中定义了两个 Student 类的对象 stu1 和 stu2，如程序第 44 行所示，并通过对象访问
了类的公有成员函数 Input()、Set() 和 Show()，如程序第 46、48、50 行所示。

【例 7.4】定义一个平面上的点类 Point，实现设置、移动、获取坐标和输出坐标功能。

```cpp
#include <iostream>
using namespace std;
//类的声明部分
class Point
{
public:
    void MoveTo(int,int);        //设置点的坐标
    void Move(int,int);          //移动点的坐标
    void MoveH(int);             //移动点的横坐标
    void MoveV(int);             //移动点的纵坐标
    int GetX();                  //获取点的横坐标值
    int GetY();                  //获取点的纵坐标值
    void Show();                 //显示点的坐标
private:
    int x,y;                     //横坐标、纵坐标
};
//类的实现部分
void Point::MoveTo(int nx,int ny)//设置点的坐标
{
    x=nx;y=ny;
}
void Point::Move(int hx,int hy)//移动点的坐标
{
    x+=hx;y+=hy;
}
void Point::MoveH(int hx)//移动点的横坐标
{
    x+=hx;
}
void Point::MoveV(int hy)//移动点的纵坐标
{
    y+=hy;
}
int Point::GetX()//获取点的横坐标值
{
    return x;
}
int Point::GetY()//获取点的纵坐标值
{
    return y;
}
void Point::Show()//显示点的坐标
{
    cout<<"( "<<x<<" , "<<y<<" )"<<endl;
}
int main()
{
    cout<<"********  Point p1    ********"<<endl;
    Point p1;
    p1.MoveTo(100,200);
```

```
        p1.Show();
        cout<<"*********   Point *p2 ********"<<endl;
        Point *p2=&p1;
        p2->MoveH(120);
        p2->MoveV(220);
        p2->Show();
        cout<<"*********   Point &p3 ********"<<endl;
        Point &p3=p1;
        p3.Move(50,50);
        cout<<"( "<<p3.GetX()<<" , "<<p3.GetY()<<" )"<<endl;
        return 0;
}
```

程序执行结果如下：

```
*********  Point p1   ********
( 100 , 200 )
*********  Point *p2  ********
( 220 , 420 )
*********  Point &p3  ********
( 270 , 470 )
```

例 7.4 中定义了 Point 类的对象 p1，并通过 p1 去访问公有成员函数 MoveTo()；定义了 Point 类的指针对象 p2，并通过 p2 去访问公有成员函数 MoveH()；定义了 Point 类的引用对象 p3，并通过 p3 去访问公有成员函数 Move()。类的公有成员函数除了被类的对象访问以外，还可以被指针对象和引用对象访问。使用指针对象时，通过 "->" 运算符进行访问。

7.3　构造函数

创建一个对象，一般情况下要将对象初始化，并为对象申请必要的存储空间。对象的初始化就是指对象数据成员的初始化，由于数据成员一般为私有的，不能直接赋值，因此对象初始化主要有两种方法：一是使用类中提供的公有普通成员函数来完成，这种方法使用不方便，必须要显式地调用；二是使用构造函数对对象进行初始化，这种方法比较安全、可靠。

7.3.1　构造函数的定义

构造函数是一个特殊的成员函数，其功能是在创建对象时，使用特定的值初始化对象的数据成员，为对象分配空间。构造函数有以下特性。

（1）构造函数是类的成员函数，名字必须与类名相同。

（2）构造函数可以有任意类型的参数，但没有返回值，也不需要声明函数类型。

（3）构造函数可以重载，可以有一个或多个参数，也可以带默认参数。

（4）构造函数一般被声明为公有成员函数。程序中不能直接调用构造函数，在创建对象时由系统自动调用。

（5）如果用户没有定义构造函数，C++系统会自动生成一个默认构造函数，它是一个函数体为空的无参构造函数。

构造函数的语法格式为

```
类名::类名(参数表)
{
    函数体
}
```

C++提供的默认构造函数格式为

```
类名::默认构造函数名( )
{
}
```

默认构造函数名与类名相同。在程序中定义一个对象而没有进行初始化时，则系统就按默认构造函数来初始化该对象。默认构造函数由于不带任何参数，故仅负责创建对象，为对象开辟一段存储空间，不能给对象中的数据成员赋初值。

因为对象必须在类的外部创建，故构造函数不能是私有的，只能是公有的。

【例 7.5】 定义一个日期 Date 类，定义无参构造函数和显示成员函数。

```cpp
#include <iostream>
using namespace std;
//类的声明部分
class Date
{
public:
    Date();                    //无参构造函数
    void Show();
private:
    int year, month, day;
};
//类的实现部分
Date:: Date() //无参构造函数
{
    year = 2005;
    month = 3;
    day = 6;
}
void Date::Show()
{
    cout<<year<<"."<<month<<"."<<day<<endl;
}
int main()
{
    Date t1;                   //使用无参构造函数初始化对象 t1
    t1.Show ();
    return 0;
}
```

程序执行结果如下：

```
2005.3.6
```

在使用无参构造函数初始化对象时，对应的对象声明语句应该用"Date t1;"，对象 t1 后面没有数值，没有实参，所以调用的构造函数是一个无参构造函数。

7.3.2 带参数的构造函数

创建一个对象时，如果希望用一些特定的数据来初始化对象的数据成员，这时可以使用

带参数的构造函数。在使用带参数的构造函数进行对象初始化时，定义的对象必须具有与构造函数一致的参数表，其格式为

类名 对象名(实参列表);

【例 7.6】在例 7.5 的基础上增加日期类的带参数的构造函数和设置日期的函数。

```cpp
#include<iostream>
using namespace std;
//类的声明部分
class Date
{
private:
    int year,month,day;
public:
    Date(int y,int m,int d);            //带参数的构造函数
    void Set(int y,int m,int d);        //设置日期成员函数
    void Show();
};
//类的实现部分
Date::Date(int y, int m, int d)
{
    year=y;
    month=m;
    day=d;
    cout<<"带参数的构造函数被调用。\n";
}
void Date::Set(int y,int m,int d)        //设置年、月、日
{
    year=y;
    month=m;
    day=d;
}
void Date::Show()                        //显示时间
{
    cout<<year<<"."<<month<<"."<<day<<"."<<endl;
}
int main()
{
    Date Today(2007,3,15);               //在定义对象的同时用构造函数进行初始化
    cout<<"今天是: "<<endl;
    Today.Show();
    Today.Set(2007,4,1);
    cout<<"今天日期设置为:  "<<endl;
    Today.Show();
    return 0;
}
```

程序执行结果如下:

```
带参数的构造函数被调用。
今天是:
2007.3.15
今天日期设置为:
2007.4.1
```

带参数的构造函数还可以使用以下形式来初始化对象，称为初始化式构造函数，其格式为

构造函数名(形式参数表):数据成员1(参数),…,数据成员 *n*(参数)
```
{
}
```

【例7.7】使用初始化式构造函数实现例7.6。

```cpp
#include<iostream>
using namespace std;
//类的声明部分
class Date
{
public:
    Date ();                           //无参构造函数
    Date (int y, int m, int d);        //带参构造函数
    void Show();
private:
    int year, month, day;
};
//类的实现部分
Date:: Date ():year(2005),month(3),day(15)//初始化式的无参构造函数
{
}
Date:: Date (int y, int m, int d):year(y),month(m),day(d) //初始化式的带参构造函数
{
}
void Date::Show()
{
    cout<<year<<"."<<month<<"."<<day<<endl;
}
int main()
{
    Date t1,t2(2005,3,18) ;
    t1.Show();
    t2.Show();
    return 0;
}
```

程序执行结果如下：

```
2005.3.15
2005.3.18
```

在使用初始化式的构造函数时，一定要注意它的格式，括号外是数据成员，括号内是赋值给数据成员的值。例如，例7.7的带参数的构造函数中，把形参 y、m、d 的值分别赋值给数据成员 year、month 和 day，写成 year(y)、month(m)、day(d)形式。

7.3.3　带默认参数的构造函数

构造函数作为类的成员函数，也可以像其他函数一样具有默认参数。在构造函数的声明中指定函数的默认参数，则在构造函数定义中就不再需要指定默认参数。也可以在构造函数定义时指定默认参数，则在构造函数的声明中就不再需要指定默认参数。使用的编译器不同会存在一些差异。

【例7.8】改写例7.5，将构造函数定义为带默认参数的构造函数。

```cpp
#include<iostream>
using namespace std;
//类的声明部分
```

```
class Date
{
public:
    Date(int=2004, int=1, int=1);//带默认参数的构造函数
    void Show();
private:
    int year, month, day;
};
//类的实现部分
Date:: Date(int y, int m, int d)
{
    year = y;
    month = m;
    day = d;
}
void Date::Show()
{
    cout<<year<<"."<<month<<"."<<day<<endl;
}
int main()
{
    Date t1,t2(2005),t3(2005,2),t4(2005,3,2);
    t1.Show();
    t2.Show();
    t3.Show();
    t4.Show();
    return 0;
}
```

程序执行结果如下：

```
2004.1.1
2005.1.1
2005.2.1
2005.3.2
```

在使用带默认参数的构造函数时，也要遵守默认值只能出现在形参表最右端的规则。

7.3.4 重载构造函数

仔细分析例 7.7 不难发现，在类 Date 中定义了两个构造函数，它们的函数名是完全相同的，只是一个不带参数，另一个带参数。所以，构造函数与普通的成员函数一样，是可以进行函数重载的。在创建对象时，会根据参数的类型、个数和顺序调用相应的构造函数，以适应不同的应用。一个对象只能调用一个构造函数。

【例 7.9】改写例 7.7，实现构造函数的重载。

```
#include<iostream>
using namespace std;
//类的声明部分
class Date
{
public:
☞  Date(int y);                //1 个 int 类型参数的构造函数
☞  Date(int y, int m);         //2 个 int 类型参数的构造函数
☞  Date(int y, int m, int d);  //3 个 int 类型参数的构造函数
    void Show();
private:
```

```
            int year, month, day;
};
//类的实现部分
Date::Date(int y)
{
    year= y;month=day=1;
    cout<<"1 个参数的构造函数已被调用。\n";
}
Date::Date(int y, int m)
{
    year= y;month=m;day=1;
    cout<<"2 个参数的构造函数已被调用。\n";
}
Date:: Date(int y, int m, int d)
{
    year = y;
    month = m;
    day = d;
    cout<<"3 个参数的构造函数已被调用。\n";
}
void Date::Show()
{
    cout<<year<<"."<<month<<"."<<day<<endl;
}
int main()
{
    Date t1(2005),t2(2005,2),t3(2005,3,2);
    t1.Show();
    t2.Show();
    t3.Show();
    return 0;
}
```

程序执行结果如下：

```
1 个参数的构造函数已被调用。
2 个参数的构造函数已被调用。
3 个参数的构造函数已被调用。
2005.1.1
2005.2.1
2005.3.2
```

在例 7.9 中程序的第 7、8、9 行定义了 3 个构造函数，它们在参数的个数上有区别，符合函数重载时参数个数或类型必须有一个不相同的规则。

若将例 7.9 的第三个构造函数定义为以下形式的带默认值的构造函数，程序会发生什么变化？

```
Date:: Date(int y=2000, int m=4, int d=5)
{
    year = y;
    month = m;
    day = d;
    cout<<"3 个参数的构造函数已被调用。\n";
}
```

运行程序，会出现以下错误提示：

```
'Date::Date' : ambiguous call to overloaded function
```

该提示表明 Date::Date()构造函数出现二义性。在例 7.9 中 Date t1(2005) 声明了对象 t1，调用构造函数时，因定义了多个构造函数，当前对象 t1 所能调用的构造函数可以是 Date(int y)；也可以是 Date:: Date(int y=2000, int m=4, int d=5)，导致编译时出现了二义性。所以，在一个类中定义了带默认参数的构造函数，又重载构造函数时，一定要注意这种二义性问题。

注意

（1）在程序中定义一个对象时，类中必须要有与该对象对应的构造函数。只要用户定义一个构造函数，系统就不提供默认构造函数。
（2）在重载构造函数的同时定义带默认参数的构造函数，有可能产生二义性。

7.3.5 复制构造函数

在程序中常常需要用一个已知的对象来初始化另一个同类的对象。复制构造函数的功能是在初始化时将已知对象的数据成员的值复制给正在创建的另一个同类的对象。

复制构造函数具有如下特点：

（1）因为复制构造函数也是一种构造函数，所以函数名与类名相同，并且该函数没有返回值。

（2）该函数只有一个参数，并且是同类对象的引用。

（3）每个类都必须有一个复制构造函数。可以根据需要定义复制构造函数，以实现同类对象之间数据成员的值传递。如果类中没有定义复制构造函数，则系统会自动生成一个默认复制构造函数作为该类的公有成员。

复制构造函数的定义格式为

<类名>::<复制构造函数名>(const <类名>& <引用名>)

其中，<复制构造函数名>与类名相同。const 是一个类型修饰符，被它修饰的对象是一个不能被更新的常量。

例如：

```
Date:: Date(const Date &t)
{
    year = t.year ;
    month = t.month ;
    day = t.day ;
    cout<<"复制构造函数已被调用。\n";
}
```

主函数中的调用：

```
Date t1(2005,3,2);
Date t4(t1);
```

表示用已存在的对象 t1 去初始化刚创建的对象 t4。复制构造函数中的形参 t 是一个已存在的对象，通过复制构造函数将对象 t 的所有数据成员的值分别赋值给对象 t4 对应的数据成员。为了避免发生修改对象 t 数据成员的值的情况，会在定义时加 const 加以限制。关于 const 的具体内容，将在后面章节中进行介绍。

通常，复制构造函数在以下 3 种情况下被系统自动调用。

（1）当用类的一个对象去初始化该类的另一个对象时，系统自动调用复制构造函数。

（2）当对象作为函数参数时，系统自动调用复制构造函数。

（3）当对象作为函数返回值时，系统自动调用复制构造函数。

【例 7.10】复制构造函数 3 种调用机制的实例。

```cpp
#include<iostream>
using namespace std;
//类的声明部分
class Date
{
public:
    Date(int y=2000, int m=2, int d=2);        //带默认参数的构造函数
    Date(const Date& t);                        //复制构造函数
    void Show();
private:
    int year, month, day;
};
//类的实现部分
Date:: Date(int y, int m, int d)
{
    year = y;
    month = m;
    day = d;
    cout<<"带默认参数的构造函数已被调用。\n";
}
Date:: Date(const Date &t)
{
    year = t.year ;
    month = t.month ;
    day = t.day ;
    cout<<"复制构造函数已被调用。\n";
}
void Date::Show()
{
    cout<<year<<"."<<month<<"."<<day<<endl;
}
void fun1(Date t)  //第 2 种情况，函数参数为类的对象
{
    cout<<"开始执行 fun1 函数: "<<endl;
    t.Show();
}
Date fun2()  //第 3 种情况，函数的返回值为类的对象
{
    cout<<"开始执行 fun2 函数: "<<endl;
    Date t(2010,4,4);
    return t;
}
int main()
{
    Date t1(2005,10);
    t1.Show();
    cout<<"*********** 第一种情况 ***************"<<endl;
    Date t2(t1);
    t2.Show();
    cout<<"*********** 第二种情况 ***************"<<endl;
    cout<<"调用 fun1 函数: "<<endl;
    fun1(t1);
    cout<<"*********** 第三种情况 ***************"<<endl;
    cout<<"调用 fun2 函数之前: "<<endl;
    t1.Show();
```

```
        cout<<"调用 fun2 函数: "<<endl;
☞       t1=fun2();
        t1.Show();
        return 0;
}
```

程序执行结果如下：

```
带默认参数的构造函数已被调用。
2005.10.2
************ 第一种情况 **************
复制构造函数已被调用。
2005.10.2
************ 第二种情况 **************
调用 fun1 函数：
复制构造函数已被调用。
开始执行 fun1 函数：
2005.10.2
************ 第三种情况 **************
调用 fun2 函数之前：
2005.10.2
调用 fun2 函数：
开始执行 fun2 函数：
带默认参数的构造函数已被调用。
复制构造函数已被调用。
2010.4.4
```

在例 7.10 中定义了参数为 Date 类对象的 fun1()函数和返回值为 Date 类对象的 fun2()函数，如程序第 32、37 行所示。在 main()中定义 Date 类对象 t2，并用对象 t1 初始化，此时会调用复制构造函数，如程序第 49 行所示；调用了函数 fun1(t1)，实参为 Date 类的对象 t1，函数的参数为类的对象，同样会调用复制构造函数，如程序第 54 行所示；调用了函数 fun2()，将返回值赋给 Date 类对象 t1，函数的返回值为类的对象，依然会调用复制构造函数，如程序第 60 行所示。请读者自行分析程序的执行结果。

7.4 析构函数

析构函数是一种特殊的成员函数，其功能与构造函数正好相反，是当对象被撤销时，用来释放该对象所占的存储空间。一般情况下，析构函数的执行顺序与构造函数相反。析构函数的名字是类名前面加上"~"字符，用来与构造函数加以区别。

析构函数不指定数据类型，没有参数，函数体可写在类体内，也可写在类体外。析构函数是不能重载的，即一个类只能定义一个析构函数。析构函数可以由程序调用，也可以由系统自动调用。

在以下情况中，系统会自动调用析构函数。

（1）如果一个对象被定义在一个函数体内，当这个函数执行结束时，系统会自动调用该对象的析构函数。

（2）如果一个临时对象不再需要时，系统会自动调用该对象的析构函数。

（3）当一个对象是使用 new 运算符动态创建的，在使用 delete 运算符释放它时，系统会自动调用该对象的析构函数。

当用户在程序中调用析构函数时，语法格式如下：

对象名.类名::析构函数名（　）；

每个类必须有一个析构函数。如果一个类中没有定义析构函数时，则系统会自动生成一个默认析构函数。默认析构函数是一个空函数，其格式如下：

类名::~默认析构函数名（　）
{
}

对于大多数类而言，默认的析构函数就能满足要求。但是，如果需要在撤销对象时进行一些内部处理，则应该显式地定义析构函数。

【例 7.11】构造函数和析构函数的调用顺序举例。

```cpp
#include <iostream>
using namespace std;
//类的声明部分
class Date
{
public:
    Date(int y=2000, int m=2, int d=2);        //带默认参数的构造函数
    ~Date();                                    //析构函数
    void Show();
private:
    int year, month, day;
};
//类的实现部分
Date:: Date(int y, int m, int d)
{
    year = y;
    month = m;
    day = d;
    cout<<"带默认参数的构造函数已被调用。\n";
}
Date:: ~Date()
{
    cout<<"析构函数被调用!";
    cout<<year<<"."<<month<<"."<<day<<endl;
}
void Date::Show()
{
    cout<<year<<"."<<month<<"."<<day<<endl;
}
void fun1()
{
☞   Date t(1999,9,9);
    t.Show();
}
void fun2()
{
    Date *p=new Date(2002,3,3);
    p->Show();
☞   delete p;
}
int main()
{
```

```
        Date t1,t2(2005,10);
        t1.Show();
        t2.Show();
        cout<<"调用 fun1 函数: "<<endl;
        fun1();
        cout<<"调用 fun2 函数: "<<endl;
        fun2();
        return 0;
}
```

程序执行结果如下：

```
带默认参数的构造函数已被调用。
带默认参数的构造函数已被调用。
2000.2.2
2005.10.2
调用 fun1 函数：
带默认参数的构造函数已被调用。
1999.9.9
☞析构函数被调用!1999.9.9
调用 fun2 函数：
带默认参数的构造函数已被调用。
2002.3.3
☞析构函数被调用!2002.3.3
析构函数被调用!2005.10.2
析构函数被调用!2000.2.2
```

在例 7.11 中，定义了 fun1()函数，在函数体中声明了 Date 类的局部对象 t，如程序第 33 行所示，函数结束执行时，因 t 的作用域已结束，所以调用了析构函数，如运行结果的第 8 行所示；定义了 fun2()函数，在函数体中声明了 Date 类的对象指针 p，用 new 申请空间，函数运行结束前，用 delete 进行释放，如程序第 40 行所示，所以调用了析构函数，如运行结果的第 12 行所示；最后比较在 main()函数中定义的对象 t1 和 t2 的构造函数的执行顺序和析构函数的执行顺序，会发现构造函数和析构函数的执行顺序是相反的，即"先构造的、后被析构"。

7.5 对象指针和对象的引用

7.5.1 对象指针

1. 对象指针的定义

指针可以指向任一类型的变量，自然也可以指向对象。在创建一个类的对象时，系统会自动在内存中为该对象分配一个确定的存储空间，该存储空间在内存中存储的起始地址如果用一个指针来保存，那么这个指针就是指向对象的指针，简称对象指针。

对象指针的定义方法与定义指向普通变量的指针方法相同，格式如下：

类名　＊ 对象指针名；

例如：

```
Date  d(2000, 2,20);              //定义一个对象 d
Date  *p;                        //定义一个对象指针
p=&d;                            //将对象 d 的地址赋给对象指针 p
```

通过对象指针可以间接访问对象成员，其格式为

```
(*对象指针名).数据成员名;                    //访问数据成员
(*对象指针名).成员函数名(参数表);            //访问成员函数
```

因为间接访问运算符"*"的优先级低于成员运算符".",所以表达式中对象指针名两边的圆括号不能省略。

另外,C++语言提供了另一个更为常用的方法,其格式为

```
对象的指针名->数据成员名;                    //访问数据成员
对象的指针名->成员函数名(参数表);            //访问成员函数
```

其中,"–>"称为指向运算符。该运算符可用于通过对象的指针或结构体变量的指针来访问其中的成员。

与普通变量的指针相同,在使用对象的指针之前一定要给指针赋一个合法的初值。

【例7.12】对象指针的使用。

```cpp
#include <iostream>
using namespace std;
//类的声明部分
class Date
{
public:
     Date(int y=2000, int m=2, int d=2);  //带默认参数的构造函数
     ~Date();                              //析构函数
     void Show();
private:
     int year, month, day;
};
//类的实现部分
Date:: Date(int y, int m, int d)
{
    year = y;
    month = m;
    day = d;
    cout<<"带默认参数的构造函数已被调用。\n";
}
Date:: ~Date()
{
    cout<<"析构函数被调用!";
    cout<<year<<"."<<month<<"."<<day<<endl;
}
void Date::Show()
{
    cout<<year<<"."<<month<<"."<<day<<endl;
}
int main()
{
    Date t1(2005,10,10);
☞   Date *p=&t1;
    t1.Show();
☞   p->Show();
    return 0;
}
```

程序执行结果如下:

带默认参数的构造函数已被调用。
2005.10.10
2005.10.10
析构函数被调用!2005.10.10

在例 7.12 中定义了 Date 类的指针对象 p，并赋值为对象 d 的地址，如程序第 33 行所示。通过对象指针 p 去访问了成员函数 Show()，如程序第 35 行所示。

细心的读者还会发现以下问题：声明一个指针对象时，并不会调用构造函数，程序执行结束时也不会调用析构函数。

2. 对象指针作为函数的参数

指针作函数的参数时，实现的是地址传递，即实参和形参共用同一段内存空间。同样，对象指针可以作为函数的参数，也能实现地址传递，实现函数之间的双向信息传递。同时，使用对象指针作为函数的参数，实参仅将对象的地址值传递给形参，并不需要进行实参和形参对象间值的复制，也不必为形参分配空间，这样可以提高程序的运行效率，节省时间和空间的开销。

【例 7.13】分析下面程序的执行结果。

```cpp
#include <iostream>
#include <string>
#include <iomanip>
using namespace std;
//类声明部分
class Student
{
        public:
        Student(string ="",string ="",char ='f');
        void Show();
        ~Student();
        void Setsex(char);      //设置当前学生的性别
private:
        string num;
        string name;
        char sex;
};
//类的实现部分
Student::Student(string num1,string name1,char sex1):num(num1),name(name1),
sex(sex1)
{
        cout<<"调用构造函数！"<<endl;
}
Student::~Student()
{
        cout<<"调用析构函数！"<<endl;
}
void Student::Show()
{
        cout<<"num"<<setw(8)<<"name"<<setw(8)<<"sex"<<endl;
        cout<<num<<setw(8)<<name<<setw(8);
        if(sex=='f'||sex=='F')
            cout<<"female"<<endl;
        else
            cout<<"male"<<endl;
}
void Student::Setsex(char ch)
{
```

```
            sex=ch;
    }
void fun(Student *s)
    {
            s->Setsex('m');
    }
    int main()
    {
        Student stu("x001","Marry",'f');
        stu.Show();
        fun(&stu);
        stu.Show();
    return 0;
    }
```

程序执行结果如下：

```
调用构造函数！
num     name    sex
x001    Marry   female
num     name    sex
x001    Marry   male
调用析构函数！
```

在例 7.13 中，定义了参数为 Student 类对象的函数 fun()，如程序第 40 行所示，并在主函数中进行调用。形参对象指针 s 指向实参对象 stu，在函数 fun() 中实现了对实参对象 stu 的性别的重新设置。

7.5.2　this 指针

在定义对象的时候，系统会给每个对象的所有数据成员分配存储空间，而成员函数只存储一份，不管定义了该类的多少个对象。但是，不同的对象调用同一个成员函数时，所传递的数据成员的值是不相同的，应该如何区分不同对象的数据成员呢？

C++ 语言中，为了实现这个机制，引入了 this 指针。this 指针是一个指向对象的指针，不过比较特殊，它隐含在类的成员函数中，用来指向成员函数所属类当前正在被操作的对象。

实际上，当一个对象的成员函数被调用时，系统会自动向它传递一个隐含的参数，该参数就是一个指向正被该函数操作的对象的指针，在程序中使用关键字 this 来引用该指针。编译系统会首先将这个对象的地址赋给被调用的成员函数中的 this 指针，然后再调用成员函数。而成员函数访问数据成员时就隐含地使用 this 指针来确保要访问的数据成员属于这个对象。当程序操作不同对象的成员函数时，this 指针也指向不同的对象。

【例 7.14】this 指针的使用。

```
#include<iostream>
#include<string>
#include<iomanip>
using namespace std;
//类声明部分
class Student
{
public:
    Student(string ="",string ="",char ='f');
    void Show();
    ~Student();
private:
```

```
        string   num;
        string   name;
        char     sex;
    };
    //类的实现部分
    Student::Student(string num1,string name1,char sex1):num(num1),name(name1),
sex(sex1)
    {
        cout<<"调用构造函数！"<<endl;
    }
    Student::~Student()
    {
        cout<<"调用析构函数！"<<endl;
    }
☞ void Student::Show()   // 加上隐含的形参后为 void Student::Show(Student *this)
    {
        cout<<"num"<<setw(8)<<"name"<<setw(8)<<"sex"<<endl;
☞      cout<<this->num<<setw(8)<<this->name<<setw(8);
        if(sex=='f'||sex=='F')
            cout<<"female"<<endl;
        else
            cout<<"male"<<endl;
    }
    int main()
    {
        Student stu("x001","Marry",'f');
☞      stu.Show();
        return 0;
    }
```

程序执行结果如下：

```
调用构造函数！
num     name      sex
x001    Marry     female
调用析构函数！
```

在类中声明一个成员函数时，每个成员函数都会带有一个隐含的形参，形参类型为指向当前类对象的指针，如程序中第 26 行声明的成员函数 Show()，加上隐含的形参时，它的声明为 void Student::Show(Student *this)；程序第 38 行通过对象调用 Show()函数时，实际的调用形式为 stu.Show(&stu)，将当前对象 stu 的地址传递给对应的形参 this 指针。

使用 this 指针时，要注意 this 指针不能显式声明，但可以显式调用。所以在程序中声明 Show()函数或在类外调用 Show()函数时，都不能写出隐含的参数，但可以利用 this 指针显式调用，程序第 29 行中的 this->name 与 name 是相同的。

【例 7.15】阅读程序，分析执行结果。

```
#include<iostream>
using namespace std;
//类声明部分
class A
{
public:
    A(int =0,int =0);
    void Show();
    void Set(int,int);
```

```
    ~A();
private:
    int  x,y;
};
//类的实现部分
A::A(int x1,int y1):x(x1),y(y1)
{
    cout<<"调用构造函数！"<<endl;
}
A::~A()
{
    cout<<"调用析构函数！"<<endl;
}
void A::Set(int x,int y)
{
☞   this->x=x;  this->y=y;
}
void A::Show()
{
    cout<<"x="<<x<<"  "<<"y="<<y<<endl;
}
int main()
{
    A a(10,20);
    a.Show();
    a.Set(100,200);
    a.Show();
    return 0;
}
```

程序执行结果如下：

```
调用构造函数！
x=10  y=20
x=100  y=200
调用析构函数！
```

在例 7.15 中声明了类 A 的成员函数 Set()，用来设置数据成员的值，但 Set() 的两个形参的名字与类 A 的数据成员的名字相同，如何进行区分？在程序的第 25 行中，利用了 this 指针区分 x 和 y。

7.5.3　对象的引用

在实际编程中，使用对象的引用作为函数参数非常普遍。很多程序员喜欢用对象的引用取代对象指针作为函数的参数，因为使用对象的引用作为函数参数不仅具有用对象指针作为函数参数的优点，而且更简洁、更直观。

【例 7.16】对象的引用作为函数的参数，分析程序执行情况。

```
#include<iostream>
using namespace std;
//类声明部分
class A
{
public:
    A(int =0,int =0);
    void Show();
    void Set(int,int);
```

```
        ~A();
private:
    int x,y;
};
//类的实现部分
A::A(int x1,int y1):x(x1),y(y1)
{
    cout<<"调用构造函数! "<<endl;
}
A::~A()
{
    cout<<"调用析构函数! "<<endl;
}
void A::Set(int x,int y)
{
    this->x=x;  this->y=y;
}
void A::Show()
{
    cout<<"x="<<x<<"  "<<"y="<<y<<endl;
}
void fun(A &a1)
{
    a1.Set(100,200);
}
int main()
{
    A a(10,20);
    a.Show();
    fun(a);
    cout<<"调用 fun 函数后: "<<endl;
    a.Show();
    return 0;
}
```

程序执行结果如下:

```
调用构造函数!
x=10  y=20
调用 fun 函数后:
x=100  y=200
调用析构函数!
```

例 7.16 中定义了函数 fun(),并将对象的引用作为函数的参数。形参是实参的别名,表示同一个对象,在调用程序的过程中对形参的改变将影响实参的值,如程序第 31 行所示。

7.6 对象数组

对象数组是指数组元素为对象的数组。对象数组的定义、使用与一般数组相同,只不过数组元素不同而已。

对象数组定义格式为

类名　对象数组名[长度]…

其中,类名是要定义对象数组元素所属类的名字,即所定义的对象数组元素是该类类型的对象。[长度]指的是数组元素的个数,有一个方括号是一维数组,有两个方括号是二维数组,有多个方括号是多维数组。例如：

```
Student  p[10];
Student  pp[2][3];
```

其中，p 是一维对象数组名，有 10 个 Student 对象，可表示 10 个学生；pp 是二维对象数组名，有 6 个 Student 对象。

与基本类型的数组一样，在使用对象数组时也只能引用单个数组元素。每一个数组元素都是一个对象，通过这个对象，就可以访问到它的成员函数，一般形式如下：

数组名[下标].成员名

当定义一个对象数组时，系统会为数组的每一个数组元素调用一次构造函数，来初始化每一个数组元素。

【例 7.17】分析下面程序执行结果。

```cpp
#include <iostream>
using namespace std;
class A
{
public:
    A(int xx=00):x(xx)
    {
        cout<<"构造函数被调用！"<<x<<endl;
    }
    ~A()
    {
        cout<<"析构函数被调用！"<<x<<endl;
    }
    void Set(int xx=100)
    {
        x=xx;
    }
    void Display()
    {
        cout<<x<<endl;
    }
private:
    int x;
};
int main()
{
    A a[3];
    int i;
    for(i=0;i<3;i++)
        a[i].Set(100+i*100);
    for(i=0;i<3;i++)
        a[i].Display();
    return 0;
}
```

程序执行结果如下：

```
构造函数被调用！0
构造函数被调用！0
构造函数被调用！0
100
200
```

```
300
析构函数被调用！300
析构函数被调用！200
析构函数被调用！100
```

例 7.17 中定义了一个一维对象数组 a[3]，它有 3 个 A 类的对象 a[0]、a[1]、a[2]，系统先后调用了 3 次构造函数分别初始化这 3 个对象，3 个对象的初始值均为 0；之后又分别访问了对象的成员函数 Set()和 Display()来设置、显示对象的值，最后调用析构函数来释放各对象。

在定义对象数组时，会调用构造函数，所以在类的定义中要有与之对应的无参构造函数或带默认参数的构造函数。对象数组也可以像普通数组一样在定义的同时进行初始化，可将例 7.17 的 main()函数改写如下。

```
int main()
{
    A a[3]={A(100),A(200),A(300)};
    for(int i=0;i<3;i++)
        a[i].Display();
    return 0;
}
```

则程序执行结果如下：

```
构造函数被调用！100
构造函数被调用！200
构造函数被调用！300
100
200
300
析构函数被调用！300
析构函数被调用！200
析构函数被调用！100
```

对象数组的初始化与普通数组的不同之处在于，初始化对象数组元素时，用类名加括号将初值括起来。执行时，会根据 A(100)创建一个类 A 的临时对象，并把这个临时对象赋值给a[0]，其他对象数组元素依次类推。

【例 7.18】定义一个歌手记分类，并实现对每位歌手计算出去掉一个最高分和一个最低分后的平均成绩。

```
#include <iostream>
#include <string>
using namespace std;
#define SingerNum 20   //歌手人数
#define JudgeNum 10    //评委人数
class CompetitionResult
{
public:
    CompetitionResult(string ="",string ="");
    ~CompetitionResult(){}
    void SetSingerInformation();    //设置歌手信息：编号、姓名
    void SetScore();                //输入评委给选手打的分数
    double MaxScore();              //求最高分
    double MinScore();              //求最低分
    void SetAverage();             //求选手的最后得分
    double GetAverage();           //获取选手的最后得分
    string GetName();              //获取歌手姓名
private:
```

```
        string num;
        string name;
        double score[JudgeNum];                //记录评委给选手打的分数
        double average;                         //选手最后的得分
};
CompetitionResult::CompetitionResult(string n1,string n2)
{
        num=n1;
        name=n2;
        for(int i=0;i<JudgeNum;i++)
                score[i]=0;
        average=0;
}
void CompetitionResult::SetSingerInformation()     //设置歌手信息：编号、姓名
{
        cout<<"请输入歌手的编号和姓名："；
        cin>>num>>name;
        cout<<endl;
}
void CompetitionResult::SetScore()//输入评委给选手打的分数
{
        for(int i=0;i<JudgeNum;i++)
        {
                cout<<"评委"<<i+1<<":";
                cin>>score[i];
        }
        cout<<endl;
}
double CompetitionResult::MaxScore()//求最高分
{
        double Max=score[0];
        for(int i=1;i<JudgeNum;i++)
                if(Max<score[i])
                        Max=score[i];
        return Max;
}
double CompetitionResult::MinScore()//求最低分
{
        double Min=score[0];
        for(int i=1;i<JudgeNum;i++)
                if(Min>score[i])
                        Min=score[i];
        return Min;
}
void CompetitionResult::SetAverage()//求选手的最后得分
{
        double total=0;
        for(int i=0;i<JudgeNum;i++)
                total+=score[i];
        total=total-MaxScore()-MinScore();
        average=total/(JudgeNum-2);
}
double CompetitionResult::GetAverage()//获取歌手最后得分
{
        return average;
}
string CompetitionResult::GetName()//获取歌手姓名
```

```
    {
        return name;
    }
int main()
{
    int i;
    CompetitionResult Singer[SingerNum];
    cout<<"输入歌手的信息: "<<endl;
    for(i=0;i<SingerNum;i++)
    {
        cout<<"歌手"<<i+1<<":"<<endl;
        Singer[i].SetSingerInformation();
    }
    cout<<"**********************************"<<endl;
    cout<<"输入评委给选手打的分数:"<<endl;
    for(i=0;i<SingerNum;i++)
    {
        cout<<"歌手"<<Singer[i].GetName()<<":"<<endl;
        Singer[i].SetScore();
    }
    cout<<"**********************************"<<endl;
    cout<<"歌手的最后得分: "<<endl;
    for(i=0;i<SingerNum;i++)
    {
        cout<<endl<<"歌手"<<Singer[i].GetName()<<":"<<endl;
        cout<<"最高分="<<Singer[i].MaxScore()<<"  ";
        cout<<"最低分="<<Singer[i].MinScore()<<"  ";
        Singer[i].SetAverage();
        cout<<"最终得分="<<Singer[i].GetAverage()<<endl;
    }
    return 0;
}
```

7.7 常类型

程序中各种形式的数据共享，例如函数的实参和形参，变量与其引用、指针等，在不同程度上破坏了数据的安全性。引入常类型就是为了既能实现数据共享又保证数据安全。常类型是指使用类型修饰符 const 说明的类型，其值在程序运行期间不可改变。

7.7.1 常对象

如果在说明对象时使用 const 关键字修饰，则被说明的对象为常对象。常对象的数据成员的值在对象的整个生命期内不能改变。定义常对象的格式为

类名 const 对象名；

或者

const 类名 对象名；

在定义常对象时必须进行初始化，且常对象所有数据成员的值不能被修改。

【例 7.19】常对象和非常对象的比较。

```cpp
#include <iostream>
using namespace std;
class Sample
{
public:
    int m;
    Sample (int i,int j):m(i),n(j)
    { }
    void Setvalue(int i) {n=i;}
    void Show()
    {
        cout<<"m="<<m<<endl;
        cout<<"n="<<n<<endl;
    }
private:
    int n;
};
int main()
{
☞   Sample a(10,20);
    a.Setvalue(40);
☞   a.m=30;
    a.Show ();
    return 0;
}
```

程序执行结果如下：

```
m=30
n=40
```

例 7.19 中的对象 a 是一个普通的对象，不是常对象，所以通过调用公有成员函数 setvalue() 或直接在类外通过对象访问等形式修改了对象 a 的数据成员 m 和 n 的值。若想对象 a 的数据成员的值不被修改，可将它定义为常对象，即将例 7.19 中第 20 行语句"Sample a(10,20);"修改为"const Sample a(10,20);"。

修改后重新进行编译，程序会提示错误。错误的原因是：若对象被定义为常对象，它只能调用该类的常成员函数，所以不能通过对象 a 访问 Setvalue() 和 Show() 成员函数；另一个原因在于，对象 a 被定义为常对象后，它的数据成员是不能被修改的，所以不允许对数据成员 m 重新赋值，如程序第 22 行所示。如何定义常成员函数将在下一小节中进行介绍。

7.7.2 常对象成员

一个类是由数据成员和成员函数组成的，同样也可以用 const 将它们定义为常对象成员。

1．常数据成员

用关键字 const 修饰的数据成员就称为常数据成员。因为 const 修饰的对象不能更改，所以必须进行初始化。因此，在类中定义常数据成员时，要在构造函数中通过成员初始化列表的方式对数据成员进行初始化。

【例 7.20】定义一个表示圆的 Circle 类，并将用于计算面积的圆周率定义为类的常数据成员。

```cpp
#include <iostream>
using namespace std;
//类的声明部分
```

```
class Circle
{
public:
    Circle(int xx=0,int yy=0,double rr=0);
    double Area();
    void Show();
private:
    int x,y;
☞   const double PI;   //声明为常数据成员
    double r;
};
//类的定义部分
☞Circle::Circle(int xx,int yy,double rr):PI(3.14159)    //初始化常数据成员的值
{
        x=xx;  y=yy;r=rr;
}
double Circle::Area()
{
        return PI*r*r;
}
void Circle::Show()
{
    cout<<"圆心位置: ("<<x<<","<<y<<")"<<endl;
    cout<<"半径大小为: "<<r<<endl;
    cout<<"圆的面积为: "<<Area()<<endl;
}
int main()
{
    Circle c(100,200,10);
    c.Show();
    return 0;
}
```

程序执行结果如下:

```
圆心位置: (100,200)
半径大小为: 10
圆的面积为: 314.159
```

在例 7.20 中定义了常数据成员 PI,并在构造函数中通过初始化式的构造函数对其进行了初始化,如程序第 12、16 行所示。

2.常成员函数

使用 const 说明的成员函数称为常成员函数。常成员函数可以访问本类的所有数据成员,不管是 const 数据成员或非 const 数据成员,但不能修改数据成员的值。一个常对象只能访问类中的 const 成员函数,不能访问非 const 成员函数。

常成员函数定义的格式为

类型说明 函数名(参数表)const;

在函数声明后加的 const 是函数的一个组成部分,因此,在函数的声明和定义部分都必须加上 const 关键字,但调用时不必加 const。

【例 7.21】修改例 7.19,将常对象访问的成员函数定义为常成员函数。

```
#include <iostream>
using namespace std;
class Sample
```

```
{
public:
    int m;
    Sample (int i,int j):m(i),n(j)
    { }
    void Setvalue(int i)const
    { /*n=i; 不能修改常对象的数据成员的值*/  }
    void Display()const
    {
        cout<<"m="<<m<<endl;
        cout<<"n="<<n<<endl;
    }
private:
    int n;
};
int main()
{
    const Sample a(10,20);
    a.Setvalue(40);
    //a.m=30;   不能修改常对象的数据成员的值
    a.Display ();
    return 0;
}
```

程序执行结果如下：

```
m=10
n=20
```

【例 7.22】分析下面程序的执行结果。

```
#include <iostream>
using namespace std;
//类的声明部分
class MyClass
{
public:
    MyClass (int xx=0,int yy=0){x=xx; y=yy;}
    void Show()const;
    void Show();
private:
    int x,y;
};
//类的定义部分
void MyClass::Show()
{
    cout<<x<<" ***** "<<y<<endl;
}
void MyClass::Show()const
{
    cout<<x<<" const "<<y<<endl;
}
int main()
{
    MyClass obj1(100,89);
    obj1.Show();
    cout<<"------------------"<<endl;
    const MyClass obj2(200,98);
    obj2.Show();
```

```
        return 0;
}
```

程序执行结果如下：

```
100 ***** 89
------------------
200 const  98
```

在 MyClass 类中，有两个同名的成员函数 Show()，但是它们的类型不同，一个是 void，另一个是 void 加 const，这是两个重载的成员函数。在程序中定义对象 obj1，obj1 调用成员函数 Show() 进行显示，若不存在成员函数 Show()，则 obj1 调用成员函数 Show()const。对象 obj2 为常对象，调用成员函数 Show()const 进行显示，若不存在成员函数 Show()const，系统编译会出现错误，常对象只能调用常成员函数。

7.7.3　常指针

const 也可以用来修饰指针变量，当使用 const 修饰指针变量时，有两种含义：一是用 const 限定所指对象为常量，此时该指针称为指向常量的指针；二是用 const 限定的指针是一个常量，指针指向的对象可以改变，该指针称为指针常量。

（1）指向常量的指针

指向常量的指针定义格式为

const 类型 * 指针;

或者

类型 const * 指针;

例如：

```
int i=25,j=66;
const int *pi=&i;
int const *pj=&j;
*pi=78;                  //错误，指针指向的内容是一个变量
i=88;                    //正确，i 不是常量
int x=96;
pj=&x;                   //pj 不是常量，可以指向其他变量
*pj=35;                  //错误，指针指向的内容是一个变量
```

（2）指针常量

指针常量定义格式为

类型 *const 指针;

例如：

```
double  d1=123.456;
double *const pd=&d1;    //常量指针指向 double 型变量
*pd=456.789;             //正确
double d2=135.246;
pd=&d2;                  //错误，pd 是一个常量
```

const 关键字还可在参数列表中使用，使得在函数中不允许对参数进行修改，此特性在函数参数中特别有用。例如：

```
void Myfunc(const char *str)
{
    str="hello world!";    //有效
    *str = 'A';            //错误
```

```
    }
```

又如：

```
void Myfunc1(const int index)
{
    index = 100;                    //错误
}
```

7.7.4 常引用

如果在声明引用时使用 const 修饰符，则该引用为常引用。常引用所引用的对象不能被更改。若用常引用作为函数的形参，便不会产生对实参的不希望的修改。

常引用的定义格式为：

const 数据类型　&引用名；

例如：

```
int y=100;
const int &x=y;
y=200;                              //正确
x=300;                              //错误，常引用不能被更改
```

【例 7.23】常引用作为函数参数。

```
#include <iostream>
using namespace std;
//类的声明部分
class Date
{
public:
    Date(int y=2000, int m=2, int d=2);
    Date(const Date& t);                    //复制构造函数，参数被声明为常引用
    void Show();
private:
    int year, month, day;
};
//类的实现部分
Date:: Date(int y, int m, int d):year(y),month(m),day(d)
{
    cout<<"构造函数已被调用。\n";
}
Date:: Date(const Date &t)
{
    year=t.year ;
    month=t.month ;
    day=t.day ;
    cout<<"复制构造函数已被调用。\n";
}
void Date::Show()
{
    cout<<year<<"."<<month<<"."<<day<<endl;
}
int main()
{
    Date t1(2005,10,10);
    cout<<"t1=";
    t1.Show();
```

```
        Date t2(t1);
        cout<<"t2=";
        t2.Show();
        cout<<"t1=";
        t1.Show();
        return 0;
    }
```

程序执行结果如下：

```
构造函数已被调用。
t1=2005.10.10
复制构造函数已被调用。
t2=2005.10.10
t1=2005.10.10
```

若在复制构造函数中加一条语句 t.year=1900;，则编译时会给出错误提示 "error C2166: l-value specifies const object"。原因：在复制构造函数中，形参 t 被定义为常引用，所以不能通过 t 去修改数据成员 year 的值。同样，通过定义为常引用，起到了对引用形参所代表的对象数据的保护。

7.8 案例实战

7.8.1 实战目标

（1）掌握类的定义，包括根据实际问题抽象出类的数据成员和成员函数，提高分析和解决问题的能力。

（2）熟练掌握对象数组的定义和使用，包括：数组长度的控制、作为函数的参数传递等。

（3）掌握根据需求定义对多个对象的管理函数。

7.8.2 功能描述

本章案例要求实现一个简单的企业员工信息管理系统。该系统具有五大功能模块，用以实现员工信息的添加、查找、修改、删除、浏览功能。具体说明如下。

（1）员工信息的设计。

通常员工信息包括：员工编号、姓名、性别、年龄、工龄、婚姻状况、工资级别、是否离职、工资等。常用的操作包括：设置和读取员工属性信息、计算工资、显示员工信息等。

（2）添加员工信息。

输入要添加的员工信息，其中对员工编号的唯一性、年龄和性别进行了有效性判断。若有误，则重新输入。

（3）查询员工信息。

可以通过员工编号、姓名、工龄和婚姻状况进行查询，查找出所有符合条件的记录，并输出显示。

（4）修改员工信息。

先按员工编号查找到符合条件的员工信息，然后修改其信息。员工编号是不能修改的，可对姓名、婚姻状况、工资级别和工龄等信息进行修改。

（5）删除员工信息。

可按员工编号、姓名和工龄进行删除，删除前要进行确认。若不存在要删除的员工信息，需要给出相应的提示信息。

（6）浏览员工信息。

将所有员工信息依次显示。若无员工，则给出相应提示。

7.8.3　案例实现

```cpp
#include<iostream>
#include<iomanip>
#include<string>
using namespace std;

#define M 100
#define N 9
//************** 定义员工类 ***************
class Employee
{
public:
    Employee(string ="",string ="",int =20,int =1,char ='f',int =0,int =1,int
=1);//构造函数
    void setWage();  //计算工资
    void setName(string s);
    void setWorktime(int time);
    void setGrade(int i);
    void setMarriage(int i);
    double getWage();
    string getNum();
    int getWorktime();
    string getName();
    int getMarriage();
    int getAge();
    char getSex();
    int getGrade();
    int getTired();
    void print();
private:
    string num;        //员工编号
    string name;       //姓名
    int age;           //年龄
    int worktime;      //工龄
    char sex;          //性别，f 代表女，m 代表男
    int marriage;      //婚姻状况，0 表示未婚，1 表示已婚
    int grade;         //等级，分为1、2、3、4
    int tired;         //是否在职，0 代表离职，1 代表在职
    double wage;       //工资
};
//*********** 定义各种管理函数 ************
void addEmployee(Employee *e,int &count);               //增加员工信息函数
void deleteEmployee(Employee *e,int &count);            //删除员工信息函数
void updateEmployee(Employee *e,int count);             //修改员工信息函数
void searchEmployee(Employee *e,int count);             //查询员工信息函数
void printEmployee(Employee *e,int count);              //输出函数
int menu();                                             //系统界面函数
int Valid_num(Employee *e,int conunt,string num);       //员工编号唯一性判断函数
int Valid_age(int);                                    //判断年龄有效性函数
int Valid_sex(char ch);                                //判断性别有效性函数
int main()//主函数
```

```cpp
{
    Employee e[M];                    //员工对象数组
    int count=0;                      //员工人数
    while(1)
    {
        switch (menu())
        {
        case 1:
            addEmployee(e,count);
            break;
        case 2:
            searchEmployee(e,count);
            break;
        case 3:
            updateEmployee(e,count);
            break;
        case 4:
            deleteEmployee(e,count);
            break;
        case 5:
            printEmployee(e,count);
            break ;
        case 0:
            return 0;
        default:
            cout<<"输入有误,请重新进行选择!"<<endl;
        }
    }
    return 0;
}
//Employee 类的成员函数定义
Employee::Employee(string n1,string n2,int a,int w,char s,int m,int g,int t)
//构造函数
{
    num=n1;  name=n2;
    age=a;   worktime=w;
    sex=s;   marriage=m;
    grade=g; tired=t;
    wage=grade*1000+worktime*20;
}
void Employee::setWage()//计算工资成员函数
{
    wage=grade*1000+worktime*20;
}
void Employee::print()//输出员工信息成员函数
{
    cout<<setw(N)<<"员工号"<<setw(N)<<"姓名"<<setw(N)<<"年龄"<<setw(N)<<"工龄";
    cout<<setw(N)<<"性别"<<setw(N)<<"婚姻";
    cout<<setw(N)<<"等级"<<setw(N)<<"在职"<<setw(N)<<"工资"<<endl;
    cout<<setw(N)<<num<<setw(N)<<name<<setw(N)<<age<<setw(N)<<worktime;
    if(sex=='f'||sex=='F')
        cout<<setw(N)<<"男";
    else
        cout<<setw(N)<<"女";
    if(marriage==1)
        cout<<setw(N)<<"已婚";
    else
```

```cpp
            cout<<setw(N)<<"未婚";
        cout<<setw(N)<<grade;
        if(tired==1)
            cout<<setw(N)<<"是";
        else
            cout<<setw(N)<<"否";
        cout<<setw(N)<<wage<<endl;
}
……    //省略部分员工类成员函数的定义
//各管理函数的定义
int menu()//用户界面函数
{
    cout<<"        ***********************************************"<<endl;
    cout<<"        *                                             *"<<endl;
    cout<<"        *           欢迎使用员工信息管理系统           *"<<endl;
    cout<<"        *       1.添加员工信息      2.查询员工信息     *"<<endl;
    cout<<"        *       3.修改员工信息      4.删除员工信息     *"<<endl;
    cout<<"        *       5.显示所有员工信息  0.退出系统         *"<<endl;
    cout<<"        *                                             *"<<endl;
    cout<<"        *               请输入相应编号:               *"<<endl;
    cout<<"        *                                             *"<<endl;
    cout<<"        ***********************************************"<<endl;
    int n;
    cin>>n;
    return n;
}
int  Valid_num(Employee *e,int count,string num)//员工编号唯一性判断函数
{
    for(int i=0;i<count;i++)
        if(num==e[i].getNum())
            return 0;
        return 1;
}
void addEmployee(Employee *e,int &count)//增加员工信息函数
{
    int age,worktime,marriage,grade,tired;
    string num,name;
    char sex;
    cout<<"输入员工信息: "<<endl;
    cout<<"员工号: ";
    cin>>num;
    while(1)
    {
        if(Valid_num(e,count,num)==0)
        {
            cout<<"该员工编号已存在! 请重新输入: "<<endl;
            cin>>num;
        }
        else
            break;
    }
    ……   //省略部分实现代码
    e[count]=Employee(num,name,age,worktime,sex,marriage,grade,tired);
    count++;
    cout<<"添加成功! "<<endl;
}
void deleteEmployee(Employee *e,int &count)//删除员工信息函数
```

```cpp
{
    int i,j,flag,type;
    char ch;
    while(1)
    {
        cout<<"        ************************************************"<<endl;
        cout<<"        *                                              *"<<endl;
        cout<<"        *          1.按姓名删除        2.按工龄删除      *"<<endl;
        cout<<"        *          3.按员工编号删除    0.返回            *"<<endl;
        cout<<"        *                                              *"<<endl;
        cout<<"        *                  请输入相应编号：             *"<<endl;
        cout<<"        *                                              *"<<endl;
        cout<<"        ************************************************"<<endl;
        cin>>type;
        switch(type)
        {
        case 1:
            {
                flag=0;
                string newname;
                cout<<"**********  请输入删除姓名  **********:"<<endl;
                cin>>newname;
                for(i=0;i<count;i++)
                {
                    if(e[i].getName()==newname)
                    {
                        flag=1;
                        cout<<"编号:"<<i+1<<endl;
                        e[i].print();
                        cout<<"确认是否进行删除，请输入 y/n: ";
                        cin>>ch;
                        if(ch=='Y'||ch=='y')
                        {
                            for (j=i+1;j<count;j++)
                                e[j-1]=e[j];
                            count--;
                            cout<<"删除成功！"<<endl;
                        }
                        else
                            cout<<"放弃本次删除操作！"<<endl;
                    }
                }
                if(flag==0)
                    cout<<"不存在符合条件的员工信息！"<<endl;
                break;
            }
        ……   //省略部分实现代码
        }
    }
}
void updateEmployee(Employee *e,int count)//修改员工信息函数
{
    int i,type;
    string num;
    cout<<"请输入修改员工编号:"<<endl;
    cin>>num;
    for(i=0;i<count&&(e[i].getNum()!=num);i++);
```

```
    if (i<count)
    {
        e[i].print();
        cout<<"       **********************************************"<<endl;
        cout<<"       *                                            *"<<endl;
        cout<<"       *        1.修改姓名          2.修改工龄        *"<<endl;
        cout<<"       *        3.修改级别          4.修改婚姻状态    *"<<endl;
        cout<<"       *                    0.返回                    *"<<endl;
        cout<<"       *                                            *"<<endl;
        cout<<"       *              请输入相应编号：                *"<<endl;
        cout<<"       *                                            *"<<endl;
        cout<<"       **********************************************"<<endl;
        cin>>type;
        switch(type)
        {
        case 1:
            {
                string newname;
                cout<<"************** 请输入姓名  ************:"<<endl;
                cin>>newname;
                e[i].setName(newname);
                cout<<"修改成功！"<<endl;
                break;
            }
        ……  //省略部分实现代码
        }
    }
    else cout<<"不存在符合条件的员工记录！"<<endl;
}
void searchEmployee(Employee *e,int count)//查询员工信息函数
{
    int I,type,flag;
    while(1)
    {
        cout<<"       **********************************************"<<endl;
        cout<<"       *                                            *"<<endl;
        cout<<"       *        1.按姓名查询        2.按工龄查询      *"<<endl;
        cout<<"       *        3.按员工编号查询    4.按婚姻状态查询   *"<<endl;
        cout<<"       *                    0.返回                    *"<<endl;
        cout<<"       *                                            *"<<endl;
        cout<<"       *              请输入相应编号：                *"<<endl;
        cout<<"       *                                            *"<<endl;
        cout<<"       **********************************************"<<endl;
        cin>>type;
        switch(type)
        {
        case 1:
            {
                string newname;
                cout<<"************ 请查询输入姓名  *********:"<<endl;
                cin>>newname;
                flag=0;
                for(i=0;i<count;i++)
                {
                    if(e[i].getName()==newname)
                    {
                        cout<<"编号:"<<i+1<<endl;
```

```
                                e[i].print();
                                flag=1;
                        }
                }
                if(flag==0)
                        cout<<"不存在符合条件的员工信息！"<<endl;
                break;
            }
        ……   //省略部分实现代码
        }
    }
}
void printEmployee(Employee *e,int count)//输出函数
{   ……   //省略实现代码   }
……   //省略部分管理函数的定义
```

习　题

1．填空题

（1）在 C++中，类成员有 3 种访问权限，它们分别是_____、_____和_____。其中_____提供给用户的接口功能。

（2）类中有一种特殊的成员函数，它主要用来为对象分配内存空间，对类的数据成员进行初始化，这种成员函数是_____。

（3）析构函数的作用是_____。

（4）类是对象的_____，而对象是类的具体_____。

（5）如果想将类的一般成员函数说明为类的常成员函数，则应该使用关键字_____说明成员函数。

（6）当一个类的对象成员函数被调用时，该成员函数的_____指向调用它的对象。

（7）被声明为 const 的数据成员只允许声明为_____的成员函数访问。

（8）若有以下程序结构，该程序运行时调用了_____次构造函数，调用了_____次析构函数。

```
class Box
{……};
void main()
{
    Box A,B,C;
}
```

（9）设 p 为指向一个动态对象的指针变量，则执行 delete p;语句时，将自动调用该类的_____。

（10）假设有一个 Test 类，则执行"Test a(5),b[2],*p;"语句时，自动调用该类构造函数的次数为_____。

2．选择题

（1）以下关于类和对象叙述错误的是（　　）。

　　A．对象是类的一个实例

　　B．任何一个对象都归属于一个具体的类

C. 一个类只能有一个对象

D. 类与对象的关系和数据类型与变量的关系相似

（2）以下关于构造函数叙述错误的是（　　）。

A. 构造函数名必须与类名相同　　　　B. 构造函数在定义对象时自动执行

C. 构造函数无任何函数类型　　　　　D. 在一个类中构造函数有且仅有一个

（3）以下关于析构函数叙述错误的是（　　）。

A. 一个类中只能定义一个析构函数　　B. 析构函数和构造函数一样可以有形参

C. 析构函数不允许有返回值　　　　　D. 析构函数名前必须冠有符号"~"

（4）以下叙述正确的是（　　）。

A. 在类中不做特别说明的数据成员均为私有类型

B. 在类中不做特别说明的成员函数均为公有类型

C. 类成员的定义必须放在类体内

D. 类成员的定义必须是成员变量在前，成员函数在后

（5）以下叙述不正确的是（　　）。

A. 一个类的所有对象都有各自的数据成员，它们共享成员函数

B. 一个类中可以有多个同名的成员函数

C. 一个类中可以有多个构造函数、多个析构函数

D. 类成员的定义必须是成员变量在前，成员函数在后

（6）以下不属于构造函数特征的是（　　）。

A. 构造函数名与类名相同　　　　　　B. 构造函数可以重载

C. 构造函数可以设置默认参数　　　　D. 构造函数必须指定函数类型

（7）在下列函数中，是类 MyClass 的析构函数的是（　　）。

A. ~Myclass();　　　　　　　　　　B. MyClass();

C. ~MyClass();　　　　　　　　　　D. ~MyClass(int n);

（8）关于 this 指针的说法错误的是（　　）。

A. this 指针不能被显示说明　　　　　B. 创建一个对象后，this 指针就指向该对象

C. 成员函数拥有 this 指针　　　　　　D. 静态成员函数拥有 this 指针

（9）下面有关 new 运算符的描述，错误的是（　　）。

A. 使用 new 运算符创建对象时，会调用类的构造函数

B. 使用 new 运算符创建数组时，必须定义初始值

C. 使用 new 运算符创建的对象可以使用 delete 运算符删除

D. new 运算符可以用来动态创建对象和对象数组

（10）下面关于时间类 Time 定义的说法中，正确的是（　　）。

```
Time time1,time[30];
Time *pTime;
Time &time2=time1;
```

A. time[30]是一个数组，它具有 30 个元素

B. pTime 就是指向 Time 类对象的指针

C. time2 是一个类对象引用，定义时必须对其进行初始化，使之成为对象 time1 的别名

D. 以上答案都正确

3. 分析题

（1）下列程序段建立了指针对象 P 与对象数组 A 的链接关系。

```
int a[5], i ;
int *P=&a[0];
```

解释下列语句的语义。

① i=*p++;

② i=*++p;

③ P=P+2;

④ P=a+4;

（2）说明下面的程序中 this 和*this 的用法。

```
#include<iostream>
using namespace std;
class B
{
public:
    B(){ a=b=0;}
    B(int i,int j){a=i;b=j;}
    void copy(B &aa);
    void print()
    {
        cout<<a<<","<<b<<endl;
    }
private:
    int a,b;
};
void B::copy(B &aa)
{
    if(this==&aa) return ;
    *this=aa;
}
int main()
{
    B a1,a2(30,40);
    a1.copy(a2);
    a1.print();
    return 0;
}
```

（3）分析下列程序，指出该程序中定义了几种常类型量。

```
#include<iostream>
using namespace std;
class C
{
public:
    C(int i)
    {
        p=i;
    }
    int getp()
    {
        return p;
    }
    const int fun(int i)const
```

```
        {
            return p+i;
        }
    private:
        int p;
};
int main()
{
    C a(4);
    const int b=a.fun(6);
    int c=a.getp();
    cout<<b<<','<<c<<endl;
    const C d(20);
    cout<<d.fun(3)<<endl;
    cout<<d.getp()<<endl;
    return 0;
}
```

（4）下列程序的执行结果是_____。

```
#include<iostream>
using namespace std;
class A
{
public:
    A(int x=100,double y=1.2){a=x;b=y;}
    void show(char *pt)
    {
        cout<<pt<<":"<<endl;
        cout<<"a="<<a<<endl;
        cout<<"b="<<b<<endl;
    }
private:
    int a;
    double b;
};
int main()
{
    A obj1,obj2(100,3.5);
    obj1.show("obj1");
    obj2.show("obj2");
    A *p;
    p=&obj1;
    p->show("p->obj1");
    (*p).show("(*p)obj1");
    p=&obj2;
    p->show("p->obj2");
    (*p).show("(*p)obj2");
    p=new A;
    p->show("p->new");
    delete p;
    return 0;
}
```

4．编程题

（1）定义一个图书类 Book，类中包括 name（书名）、author（作者）和 sale（销售量)3 个数据成员以及所有参数都具有默认值的构造函数、析构函数、设置信息的函数和显示信息的函数。

（2）编写程序创建 Number 类，它有两个整型数据成员 x 和 y。它应包含成员函数以读取数据，对两个数据进行加、减、乘、除运算，并显示结果。

（3）编写程序，处理学生成绩单。可以从键盘读取下列各项：

```
Name of student（学生姓名）
Roll number（学号）
Subject_ID（学科编号）
Subject Marks（学科成绩）
```

假定考试涉及 5 个学科。在程序中应显示考试分数，还应该包括成员函数，用于计算和显示 5 个学科的总分及平均分。可以使用下面的类结构。

```
class Student
{
public:
    void Getinfo();
    int Total();
    void Show();
    int Averate();
private:
    string name;
    int rollno;
    int sub_ID[5];
    int sub_marks[5];
};
```

（4）设计一个表示矩形的类 Rectangle，其数据成员为长 Length 和宽 Width，设计构造函数、析构函数、显示信息的函数、求面积函数和周长函数操作，并且用指针建立对象测试类。

（5）编写程序，从键盘读入整数，计算出各位数字之和，直到为一位数字。例如，输入数据是 2896，则

```
sum=2+8+9+6=25
sum=2+5=7
```

可以使用下面具有一个整型数据成员和成员函数的类结构来接收用户输入的数据，进行和计算，然后显示结果。

```
class Number
{
public:
    void Getdata();
    int Adddigits();
    void Show();
private:
    int num;
};
```

结果显示为下面的格式。

```
The sum of digits of 2896 is 7.
```

第8章
静态与友元

PART 8

面向对象程序设计的一大特征是封装性，使得同一个类的多个对象都分别有各自的数据成员，不同对象的数据成员各有其值，互不相干。但有时，会出现同类的多个对象间共享数据的需求。例如：声明了学生类，其中包括表示学生某一门课程成绩的数据成员，同时定义了多个该类对象，现在需要计算这门课程的平均分。应该如何去解决这个问题？

解决的方法有两种：定义全局变量和定义静态成员。

8.1 静态

在编程过程中，数据共享是一个经常遇到的问题，以前常用的方法是设置全局变量，但这种方法有很大的局限性，而且破坏了封装性。为了实现一个类的不同对象之间的数据共享，C++提出了静态成员的概念。静态成员作为类的一种成员，可以实现多个对象之间的数据共享，而且使用静态成员还不会破坏信息隐蔽的原则，保证了程序的安全性。

静态成员包括静态数据成员和静态成员函数。

8.1.1 静态数据成员

类的普通数据成员在类的每一个对象中都有自己的一个存储空间，可以存储不同的数值，这体现了每个对象自身的特征。而静态数据成员是类数据成员的一种特例，每个类只为静态数据成员分配一个存储空间，它由该类的所有对象共同拥有，从而实现了同一个类不同对象之间的数据共享。静态数据成员具有静态生存期，从程序运行时存在，直到程序运行结束。

声明静态数据成员时，在数据成员前面加关键字 static，其格式为

static 数据类型 静态数据成员名;

例如：

```
static int total;
```

静态数据成员的使用和静态变量一样，就算不声明类的对象，系统也会在编译时为该静态成员分配相应的存储空间并进行初始化。

静态数据成员在类内声明，并且要求进行初始化。但静态数据成员的初始化不能在类内通过构造函数完成，只能在类外进行。静态数据成员初始化格式为

数据类型 类名::静态数据成员名=初始值;

例如：

```
int Student:: total=0;
```

静态成员只有被定义和初始化后，编译时系统才为其分配对应的存储空间，并把初始值存储到这个存储空间中；如果没有对其进行初始化，则自动赋初值为 0。

静态数据成员是属于某个类的，它不属于任何一个对象，所以，通常在类外通过类名对它进行访问，也允许用对象名进行访问。通过对象名访问时，并不意味着静态数据成员是属于这个对象的，而是提取了该对象所属类的信息。静态数据成员的访问形式如下：

类名::静态数据成员名；

注意　　　　　　**静态数据成员受访问权限控制。**

【例 8.1】 定义一个矩形类 Rectangle，实现计算、显示矩形面积和统计矩形个数的功能。

```
#include<iostream>
using namespace std;
class Rectangle
{
public:
    Rectangle(int =0,int =0);
    void Show();
    int Area();
☞  static int count;          //声明静态数据成员 count
private:
    int length;
    int width;
};
☞int Rectangle::count=0;      //初始化静态数据成员 count
Rectangle::Rectangle(int l,int w):length(l),width(w)
{
☞  count++;                   //静态数据成员 count 计数
}
int Rectangle::Area()
{
    return (length * width);
}
void Rectangle::Show()
{
    cout<<"length="<<length<<"  ";
    cout<<"width="<<width<<"  ";
    cout<<"Area="<<Area()<<endl;
}
int main()
{
    Rectangle rect1(3,3);
    rect1.Show();
☞  cout<<"count="<<Rectangle::count<<endl;
    Rectangle rect2(3,7);
    rect2.Show();
    cout<<"count="<<Rectangle::count<<endl;
    Rectangle rect3(5,5);
    rect3.Show();
☞  cout<<"count="<<rect3.count<<endl;
```

```
        return 0;
    }
```

程序执行结果如下：

```
length=3  width=3  Area=9
count=1
length=3  width=7  Area=21
count=2
length=5  width=5  Area=25
count=3
```

在类 Rectangle 中，除私有数据成员 length 和 width 外，还包括公有的静态数据成员 count。由于用关键字 static 来声明此变量，故此变量在程序运行期间只存在一个副本，该类的所有对象共享此变量的副本。静态数据成员所占的存储空间只与类有关，而与所属类的 3 个对象无关。在例 8.1 中，共定义了 rect1、rect2 和 rect3 3 个 Rectangle 类的对象，每个对象都有自己的 length 和 width，但静态数据成员 count 只有一个，它不属于某一个对象，而是所有对象共享的，如图 8-1 所示。

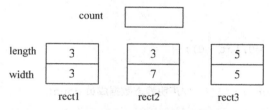

图 8-1 对象数据成员与静态数据成员的存储空间示意图

在例 8.1 中完成的一个功能就是统计定义的对象个数，所以，定义了一个公有的静态数据成员，在类外对它进行了初始化，如程序第 9、14 行所示，并将累加计数语句写在类的构造函数中。因为，只要定义对象都会去调用构造函数，如程序第 17 行所示。

静态数据成员具有类属性，不属于任何对象，所以最常用的访问方式就是通过类名进行访问，如程序第 33 行所示，也可以通过对象进行访问，如程序第 39 行所示。但一定要注意类外访问的前提条件是静态数据成员是公有的。

为了更好地理解静态数据成员和普通数据成员的区别，下面将例 8.1 中的静态成员改为普通数据成员，然后运行程序。

```
#include<iostream>
using namespace std;
class Rectangle
{
public:
    Rectangle(int =0,int =0,int =0);
    void Show();
    int Area();
    int count;          //改为普通数据成员
private:
    int length;
    int width;
};
Rectangle::Rectangle(int l,int w,int c):length(l),width(w),count(c)
//构造函数中对普通数据成员 count 赋初值为 0
{
    count++;
```

```
}
int Rectangle::Area()
{
    return (length * width);
}
void Rectangle::Show()
{
    cout<<"length="<<length<<"  ";
    cout<<"width="<<width<<"  ";
    cout<<"Area="<<Area()<<endl;
}
int main()
{
    Rectangle rect1(3,3);
    rect1.Show();
    cout<<"count="<<rect1.count<<endl;         //通过对象访问数据成员
    Rectangle rect2(3,7);
    rect2.Show();
    cout<<"count="<<rect2.count<<endl;         //通过对象访问数据成员
    Rectangle rect3(5,5);
    rect3.Show();
    cout<<"count="<<rect3.count<<endl;         //通过对象访问数据成员
    return 0;
}
```

程序执行结果如下：

```
length=3  width=3  Area=9
count=1
length=3  width=7  Area=21
count=1
length=5  width=5  Area=25
count=1
```

比较两个输出结果会发现 count 的不同值。声明为静态数据成员时，具有类的特性，在程序中只存在一个副本，所以能完成计数功能。声明为普通数据成员时，在程序中声明多少个对象，就会存在多少个副本，是属于各自对象的，对象间不能共享。

8.1.2　静态成员函数

通常定义类的数据成员时，都会将访问权限定义为私有，同时静态数据成员也受访问权限的控制。所以，若将静态数据成员定义为私有的，就不能在类外进行访问。为了解决这个问题，通常会定义对应的公有的静态成员函数来访问私有的静态数据成员。

静态成员函数与静态数据成员一样，它们都属于整个类，是被一个类中所有对象共享的成员函数，并不属于某个特定的对象。

声明静态成员函数的格式为

static 函数类型 静态成员函数名(参数表);

定义静态成员函数的格式为

函数类型 类名::静态成员函数名(参数表)

访问静态成员函数与访问静态数据成员一样，可以通过类名进行访问，其访问格式为

类名::静态成员函数名(参数表);

【例 8.2】定义一个学生 Student 类，其中包括描述学生信息的学号、姓名、性别和操作系

统课程的成绩。需要完成学生信息的输入、显示、计算操作系统课程平均分的功能。

```cpp
#include<iostream>
#include<string>
#include<iomanip>
using namespace std;
#define N 10   //控制输出格式、数组最大长度
class Student
{
public:
Student(string ="",string ="",char ='f',double =0);
    void Input();
    void Show();
☞   static double Average();      //静态成员函数，计算平均分
    ~Student(){ }
private:
    string num;
    string name;
    char sex;
    double score;                 //操作系统成绩
    static int count;             //静态数据成员，记录学生人数
    static double sum;            //静态数据成员，求学生总分
};
int Student::count=0;             //初始化静态数据成员
double Student::sum=0;
Student::Student(string n1,string n2,char ch,double s):num(n1),name(n2),
sex(ch), score(s)
    {}
void Student::Input()
{
    cout<<"num=";
    cin>>num;
    cout<<"name=";
    cin>>name;
    cout<<"sex=";
    cin>>sex;
    cout<<"score=";
    cin>>score;
☞   count++;              //学生计数
☞   sum+=score;           //累加成绩
}
void Student::Show()
{
    cout<<num<<setw(N)<<name<<setw(N);
    if(sex=='f'||sex=='F')
        cout<<"female";
    else
        cout<<"male";
cout<<setw(N)<<score<<endl;
}
double Student::Average()    //求平均分的静态成员函数
{
☞   return sum/count;
}
int main()
{
    Student stu[N];
```

```
    int n,i;
    cout<<"input  student  number:";
    cin>>n;
    for(i=0;i<n;i++)
    {
        cout<<"number"<<i+1<<":"<<endl;
        stu[i].Input();
    }
    cout<<"num"<<setw(N)<<"name"<<setw(N)<<"sex"<<setw(N)<<"score"<<endl;
    for(i=0;i<n;i++)
        stu[i].Show();
☞   cout<<"average="<<Student::Average()<<endl;
    return 0;
}
```

程序执行结果如下：

```
input  student  number:2
number1:
num=x001
name=Marry
sex=m
score=80
number2:
num=x002
name=Judy
sex=m
score=90
num       name      sex       score
x001      Marry     male        80
x002      Judy      male        90
average=85
```

在例 8.2 中，为了记录学生人数和求出操作系统课程的总分，声明了两个私有的静态数据成员 count 和 sum，并在类外对它们进行了初始化。学生的信息都是通过调用公有的成员函数 Input() 完成的，所以将 count++;和 sum+=score;两条语句加在该成员函数中，如程序第 36、37 行所示。另外，定义的两个静态数据成员是私有的，所以定义了一个公有的静态成员函数 Average()，访问两个静态数据成员，计算平均分，如程序第 50 行所示，并实现了类外的访问，如程序第 66 行所示。静态数据成员和静态成员函数都具备类的特性，所以在 Average() 静态成员函数中直接访问了 count 和 sum 两个静态数据成员。

有时，为了编写的程序更加通俗易懂，也可以将对静态数据成员的处理单独写成一个函数。在例 8.2 中增加一个公有的成员函数 toatl()，它的功能就是 count++和 sum+=score。

```
void Student::total()
{
    count++;                    //学生计数
    sum+=score;                 //累加成绩
}
int main()
{
    ......
    for(i=0;i<n;i++)
    {
        cout<<"number"<<i+1<<":"<<endl;
        stu[i].Input();
```

```
            stu[i].total();        //增加语句
    }
……
    return 0;
}
```

一般情况下，定义静态成员函数的目的就是访问类中的静态成员函数，并为外界提供一个访问接口。那么静态成员函数能不能直接访问类中的非静态数据成员和非静态成员函数？

答案是不能。原因是静态成员都具有类的特性，不属于任何一个对象，但普通成员必须是属于类的某一个对象的，所以想在静态成员函数中访问非静态成员，必须给出非静态成员是属于哪个对象的。通常，采用形参方式将对象名传递给静态成员函数，然后在静态成员函数中通过对象名来引用非静态成员。

【例 8.3】静态成员函数间接访问非静态数据成员实例。

```
#include<iostream>
using namespace std;
class Myclass
{
public:
    Myclass(int =10);
    static int Getn(Myclass a);        //静态成员函数
private:
    int m;                             //非静态数据成员
    static int n;                      //静态数据成员
};
Myclass:: Myclass(int mm):m(mm)
{ }
int Myclass::Getn(Myclass a)
{
    cout<<a.m<<endl;                   //通过对象间接访问非静态数据成员
    return n;
}
int Myclass::n=100;
int main()
{
    Myclass app1;
    cout<<Myclass::Getn(app1)<<endl;   //通过参数传递对象名
    return 0;
}
```

程序执行结果如下：

```
10
100
```

在使用静态成员时，一定要注意以下几点。

（1）静态成员受访问权限的控制。

（2）静态成员的访问方式有两种：通过类名或通过对象名。

（3）静态数据成员的初始化必须在类外，不能通过构造函数进行初始化。

（4）静态成员函数的作用就是为了访问私有的静态数据成员，尽量不去访问非静态数据成员。

（5）静态成员函数没有 this 指针，因为它不属于任何一个对象。

8.2 友元

类具有封装和信息隐蔽的特性，只有类的成员函数才能访问类的私有成员，其他函数无权访问。为提高运行效率，有时确实需要非成员函数能够访问类的私有成员。但是，非成员函数只能访问类的公有成员，如果将类的数据成员定义为公有成员，就破坏了类的封装性。这种情况如何处理呢？

解决访问类的私有成员的方法有两种：（1）定义公有的访问私有数据成员的成员函数，通过类外调用公有成员函数达到目的；（2）使用友元机制。

友元提供了不同类的成员函数之间、类的成员函数与一般函数之间进行数据共享的机制，提高了编程的灵活性，在某些情况下可以提高程序的执行效率。但是它们却与面向对象程序设计的某些原则相悖，破坏了类的封装性和数据的隐蔽性。

8.2.1 友元函数

在 C++中，可以将一个普通函数声明为一个类的友元函数，也可以将一个类的成员函数声明为另一个类的友元函数。

1．将普通函数声明为友元函数

声明友元函数时，用关键字 friend 进行说明。友元函数不是成员函数，但是它可以访问类的私有成员。普通函数声明为友元函数的格式为

friend 函数类型 友元函数名(参数表)；

说明如下：

（1）友元函数为非成员函数，一般在类中进行声明，在类外进行定义；

（2）友元函数的声明可以放在类声明中的任何位置，即不受访问权限的控制；

（3）友元函数可以通过对象名访问类的所有成员，包括私有成员。

【例 8.4】定义一个点类 Point，并求出两点间的距离。

```cpp
#include<iostream>
#include<cmath>
using namespace std;
class Point
{
public:
    Point(int =0,int =0);
    ~Point(){}
    void Show();
    friend double Distance(Point p1,Point p2);  //声明为友元函数
    private:
    int x,y;
};
Point::Point(int x1,int y1):x(x1),y(y1)
{}
void Point::Show()
{
    cout<<"( "<<x<<" , "<<y<<" )"<<endl;
}
double Distance(Point p1,Point p2)   //求距离的普通函数
{
```

```
☞    return sqrt((p1.x-p2.x)*(p1.x-p2.x)+(p1.y-p2.y)*(p1.y-p2.y));
}
int main()
{
    Point p1(3,4),p2;
    p1.Show();
    p2.Show();
    cout<<"Distance:"<<Distance(p1,p2)<<endl;
    return 0;
}
```

程序执行结果如下：

```
( 3 , 4 )
( 0 , 0 )
Distance:5
```

在例 8.4 中，定义了一个求两点间距离的普通函数 Distance()，计算距离的过程中需要访问到点的横坐标 x 和纵坐标 y，但 x、y 是类的私有数据成员，如程序第 11、12 行所示，不允许在类外通过对象对它们进行访问。所以，在类 Point 中将函数 Distance()声明为类的友元函数，如程序第 10 行所示。友元函数可以访问类中的所有成员，最终计算出两点间的距离。

2．将成员函数声明为友元函数

成员函数声明为友元函数的格式为

friend 函数类型 类名::友元函数名(参数表);

如果友元函数是一个类的成员函数，则在定义友元函数时要加上其所在类的类名。

对友元函数的使用，和普通函数的使用方法一样，不需要在友元函数前面加上特殊标志，访问时在友元函数的前面加上自己的对象名即可。如果同一函数需要访问不同类的对象，那么最适用的方法是使它成为这些不同类的友元，关键字 friend 在函数定义中不能重复。

【例 8.5】定义一个学生类 Student 和一个教师类 Teacher。在教师类中定义一个能修改学生成绩的成员函数。

分析如下。

（1）定义学生类 Student，并定义对象在主函数中进行测试。

```
#include<iostream>
#include<string>
#include<iomanip>
using namespace std;
class Student
{
public:
    Student(string ="",string ="",double =0);
    ~Student(){}
    void Show();
private:
    string num;
    string name;
    double score;                    //成绩
};
Student::Student(string n1,string n2,double s):num(n1),name(n2),score(s)
{ }
void Student::Show()
{
    cout<<setw(8)<<"num"<<setw(8)<<"name"<<setw(8)<<"score"<<endl;
```

```
        cout<<setw(8)<<num<<setw(8)<<name<<setw(8)<<score<<endl;
}
int main()
{
    Student stu("x001","王强",88);
    stu.Show();
    return 0;
}
```

（2）定义教师类 Teacher，并在主函数中定义对象进行测试。

```
#include<iostream>
#include<string>
#include<iomanip>
using namespace std;
class Teacher
{
public:
    Teacher(string ="",string ="");
    ~Teacher(){}
    void Show_Teacher();
private:
    string num;
    string name;
};
Teacher::Teacher(string n1,string n2):num(n1),name(n2)
{  }
void Teacher::Show_Teacher()
{
    cout<<setw(8)<<"num"<<setw(8)<<"name"<<endl;
    cout<<setw(8)<<num<<setw(8)<<name<<endl;
}
int main()
{
    Teacher t("t001","杨桃");
    t.Show_Teacher();
    return 0;
}
```

（3）在教师类中添加修改学生成绩的成员函数，并进行测试。

```
#include<iostream>
#include<string>
#include<iomanip>
using namespace std;
class Student;  //类的提前声明
class Teacher
{
public:
    Teacher(string ="",string ="");
    ~Teacher(){}
    void Show_Teacher();
    void SetScore(Student&,double);      //修改指定学生成绩
private:
    string num;
    string name;
};
class Student
{
```

```
public:
    Student(string ="",string ="",double =0);
    ~Student(){}
    void Show_Student();
☞   friend void Teacher::SetScore(Student &stu,double s);  //声明为友元函数
private:
    string num;
    string name;
    double score;              //成绩
};
//Teacher 类和 Student 类的成员函数的定义
……    //相同部分省略
void Teacher::SetScore(Student &stu,double s)//修改指定学生成绩
{
☞   stu.score=s;
}
int main()
{
    Teacher t("t001","杨桃");
    Student stu("x001","王强",88);
    cout<<"修改之前: "<<endl;
    stu.Show_Student();
    t.SetScore(stu,99);
    cout<<"修改之后: "<<endl;
    stu.Show_Student();
    return 0;
}
```

程序执行结果如下：

```
修改之前:
    num     name     score
    x001    王强       88
修改之后:
    num     name     score
    x001    王强       99
```

需要说明的几点如下。

（1）关于提前声明。

在教师类 Teacher 中声明的成员函数 SetScore(Student&,double)，它的第一个形参是学生类 Student 对象的引用，所以需要在教师类 Teacher 前加上类 Student 的提前声明，如程序第 5 行所示。

（2）关于成员函数 SetScore(Student&,double)。

教师类 Teachar 中的成员函数的主要功能是修改指定学生的成绩，在成员函数的形参中必须给出明确的对象，并且要用新成绩更新原有的成绩。所以，需要将形参定义为引用或指针，如程序第 12 行所示。

（3）在 Teacher 类的修改成绩的成员函数 SetScore(Student&,double)中，访问到了 Student 类的私有数据成员 score，所以将它声明为 Student 类的友元函数，如程序第 23、33 行所示。

8.2.2　友元类

有时，可以将整个类声明为另一个类的友元。如果友元是一个类，则称为友元类。友元类的声明格式为

friend class 友元类名;

说明如下：

（1）友元类的声明同样可以在类声明中的任何位置；

（2）友元类的所有成员函数将都成为友元函数。

例如，若 A 类为 B 类的友元类，则 A 类的所有成员函数都是 B 类的友元函数，都可以访问 B 类的私有和保护成员。

【例 8.6】将例 8.5 通过友元类实现。

```cpp
#include<iostream>
#include<string>
#include<iomanip>
using namespace std;
class Student;                            //类的提前声明
class Teacher
{
public:
    Teacher(string ="",string ="");
    ~Teacher(){}
    void Show_Teacher();
    void SetScore(Student &,double);  //修改指定学生成绩
private:
    string num;
    string name;
};
class Student
{
public:
    Student(string ="",string ="",double =0);
    ~Student(){}
    void Show_Student();
    friend class Teacher;                 //声明类 Teacher 为友元类
private:
    string num;
    string name;
    double score;
};
//Teacher 类和 Student 类的成员函数的定义
……    //相同部分省略
void Teacher::SetScore(Student &stu,double s)//修改指定学生成绩
{
    stu.score=s;
}
int main()
{
    Teacher t("t001","杨桃");
    Student stu("x001","王强",88);
    cout<<"修改之前: "<<endl;
    stu.Show_Student();
    t.SetScore(stu,99);
    cout<<"修改之后: "<<endl;
    stu.Show_Student();
    return 0;
}
```

关于友元，需要注意以下两点。

（1）友元关系具有单向性。如果声明类 A 是类 B 的友元，则类 A 的所有成员函数都将变成友元函数，都可以访问类 B 的所有成员，但类 B 的成员函数却不能访问类 A 的私有和保护成员。

（2）友元关系不具有传递性。如果类 A 是类 B 的友元，类 B 是类 C 的友元，类 C 和类 A 之间如果没有声明，就没有任何友元关系，不能进行数据共享。

友元的提出方便了程序的编写，但是却破坏了数据的封装和隐蔽，它使得本来隐蔽的信息显现出来。为了提高程序的可维护性，应该尽量减少友元的使用，当不得不使用时，要尽量调用类的成员函数，而不是直接对类的数据成员进行操作。

8.3 案例实战

8.3.1 实战目标

（1）理解静态成员的作用。
（2）熟练掌握静态数据成员和静态成员函数的定义和使用。
（3）培养根据实际需求分析和解决问题的能力。

8.3.2 功能描述

在第 7 章案例的基础上增加统计员工平均工资的功能。

具体说明如下。

（1）员工人数和员工总工资设计。

员工人数的统计和工资的总和是所有员工要共享的数据，不属于任何一个对象，具有类的特征。根据需求，定义两个静态数据成员，并初始化为 0。

（2）添加员工人数和累加工资。

添加一个新员工信息，员工人数就要加 1，工资也要加在一起。

定义一个员工类的成员函数，主要完成员工人数加 1 和工资的累加。

（3）删除员工人数和扣除工资。

删除一个员工信息，相应的员工人数要减 1，工资也要从总和中扣去。

定义一个员工类的成员函数，主要完成员工人数的减 1 和工资的扣除。

（4）显示员工平均工资。

根据统计好的员工人数和工资总和，计算出员工的平均工资。

定义一个员工类的静态成员函数，计算员工平均工资。

（5）添加用户界面选项。

在主用户界面中添加一个计算员工平均工资的选项。

8.3.3 案例实现

```
#include<iostream>
#include<iomanip>
#include<string>
using namespace std;
#define M 100
#define N 9
//**************  定义员工类  ****************
class Employee
{
```

```
public:
    ……                        //省略实现代码，与上一章案例相同
    static double average();    //静态成员函数，计算平均工资
    void total_add();           //添加时，员工人数加 1 和工资累加
    void total_sub();           //删除时，员工人数减 1 和工资扣除
private:
    ……                        //省略实现代码，与上一章案例相同
    static int count_emp;       //静态数据成员，员工计数
    static double sum;          //静态数据成员，工资总和
};
//初始化静态数据成员
int Employee::count_emp=0;
double Employee::sum=0;
//***********   定义各种管理函数   *************
……  //省略实现代码，与上一章案例相同
int main()//主函数
{
    Employee e[M];              //员工对象数组
    int count=0;                //员工人数
    while(1)
    {
        switch (menu())
        {
            ……   //省略与上一章案例相同代码
        case 6:
            cout<<"员工平均工资："<<Employee::average()<<endl;
            break;
        case 0:
            return 0;
        default:
            cout<<"输入有误,请重新进行选择!"<<endl;
        }
    }
    return 0;
}
//Employee 类的成员函数定义
……  //省略实现代码，与上一章案例相同
void Employee::total_add()//添加时，员工人数加 1 和工资累加
{
    count_emp++;//员工人数加 1
    sum+=wage;//累加工资
}
void Employee::total_sub()//删除时，员工人数减 1 和工资扣除
{
    count_emp--;//员工人数减 1
    sum-=wage;//扣除工资
}
double Employee::average()//静态成员函数，计算平均工资
{
    if(count_emp==0)
        return 0;
    else
        return sum/count_emp;
}
```

```cpp
//各管理函数的定义
int menu()//用户界面函数
{
    cout<<"        ***************************************************"<<endl;
    cout<<"        *                                                 *"<<endl;
    cout<<"        *              欢迎使用员工信息管理系统              *"<<endl;
    cout<<"        *        1.添加员工信息        2.查询员工信息         *"<<endl;
    cout<<"        *        3.修改员工信息        4.删除员工信息         *"<<endl;
    cout<<"        *        5.显示所有员工信息    6.计算平均工资          *"<<endl;
    cout<<"        *                    0.退出系统                     *"<<endl;
    cout<<"        *                                                 *"<<endl;
    cout<<"        *                请输入相应编号:                   *"<<endl;
    cout<<"        *                                                 *"<<endl;
    cout<<"        ***************************************************"<<endl;
    int n;
    cin>>n;
    return n;
}
void addEmployee(Employee *e,int &count)//增加员工信息
{
    ……    //省略实现代码,与上一章案例相同
    e[count]=Employee(num,name,age,worktime,sex,marriage,grade,tired);
    e[count].total_add();
    count++;
    cout<<"添加成功! "<<endl;
}
void deleteEmployee(Employee *e,int &count)//删除员工信息
{
    int i,j,flag,type;
    char ch;
    while(1)
    {
        ……   //省略实现代码,与上一章案例相同
        switch(type)
        {
         case 1:
          {
              ……   //省略实现代码,与上一章案例相同
              cout<<"确认是否进行删除,请输入 y/n: ";
              cin>>ch;
              if(ch=='Y'||ch=='y')
              {
                  e[i].total_sub();
                  for (j=i+1;j<count;j++)
                      e[j-1]=e[j];
                  count--;
                  cout<<"删除成功! "<<endl;
              }
              ……   //省略实现代码,与上面类似
          }
          ……    //省略实现代码,与上一章案例相同
        }
    }
}
```

1. 填空题

（1）若外界函数想直接访问类的私有数据成员，则必须把该函数声明为类的_____。

（2）一个类 A 若声明为另一个类 B 的友元类，则意味着类 A 中的所有成员函数都是类 B 的_____。

（3）将类中的数据成员声明为 static 的目的是_____。

（4）类的静态数据成员的初始化在_____进行。

（5）类的静态成员函数_____this 指针。

2. 选择题

（1）一个类的友元函数或友元类可以访问该类的（　　　）。

    A. 私有成员　　　　　B. 保护成员　　　　　C. 共有成员　　　　　D. 所有成员

（2）下列对静态数据成员的描述正确的是（　　　）。

    A. 静态数据成员不可以被类的对象调用

    B. 静态数据成员可以在类体内进行初始化

    C. 静态数据成员不能受 protected 控制符的作用

    D. 静态数据成员可以直接用类名调用

（3）若类 A 被说明成类 B 的友元，则（　　　）。

    A. 类 A 的成员即类 B 的成员

    B. 类 B 的成员即类 A 的成员

    C. 类 A 的成员函数不能访问类 B 的成员

    D. 类 B 不一定是类 A 的友元

（4）友元的作用是（　　　）。

    A. 提高成员的运行效率　　　　　　　　B. 加强类的封装性

    C. 实现数据的隐藏性　　　　　　　　　D. 增加成员函数的种类

（5）下列关于静态数据成员的特性描述中错误的是（　　　）。

    A. 说明静态数据成员时前边要加 static

    B. 静态数据成员要在类体外进行初始化

    C. 引用静态数据成员时，要在静态数据成员名前加"类名"和作用域运算符

    D. 静态数据成员不是所有对象所共用的

（6）用来说明类的友元的是（　　　）。

    A. private　　　　　B. protected　　　　　C. public　　　　　D. friend

（7）已知 f1 和 f2 是同一个类的两个成员函数，但 f1 不能调用 f2，下列选项中符合要求的是（　　　）。

    A. f1 和 f2 都是静态函数　　　　　　　　B. f1 是静态函数，f2 不是静态函数

    C. f1 不是静态函数，f2 是静态函数　　　D. f1 和 f2 都不是静态函数

（8）下面对于友元函数描述正确的是（　　　）。

    A. 友元函数的实现必须在类的内部定义

    B. 友元函数是类的成员函数

C. 友元函数破坏了类的封装性和隐藏性

D. 友元函数不能访问类的保护成员

（9）C++语言中提供的（　　　　）不是类的成员，但具有类成员的特权。

    A. 构造函数　　　　　B. 友元函数　　　　　C. 虚函数　　　　　D. 重载函数

（10）下列关于静态成员函数的说法中不正确的是（　　　　）

A. 静态成员函数不属于对象成员

B. 对静态成员函数的引用不需要使用对象名

C. 静态成员函数中可以直接引用类的非静态成员

D. 静态成员函数中可以直接引用类的静态成员

3．读程序写结果

（1）

```cpp
#include<iostream>
using namespace std;
class goods
{
public:
    goods(int w) { weight=w; totalweight+=weight; }
    goods(goods &gd) { weight=gd.weight; totalweight+=weight; }
    ~goods() { totalweight-=weight; }
    static int gettotal() { return totalweight; }
private:
    static int totalweight;
    int weight;
};
int goods::totalweight=0;
int main()
{
    goods g1(50);
    cout<<goods::gettotal()<<endl;
    goods g2(100);
    cout<<g2.gettotal()<<endl;
    return 0;
}
```

（2）

```cpp
#include<iostream>
using namespace std;
class A
{
public:
    A(int a=0,int b=0) { i=a; j=b; c++; }
    ~A() { c--; }
    static void f() { cout<<"c="<<c<<endl; }
private:
    int i,j;
    static int c;
};
int A::c=0;
int main()
{
    A a(4,8),b,d;
    {
```

```
        A z(3,6), f;
        A::f();
    }
    A::f();
    return 0;
}
```

（3）

```cpp
#include<iostream>
using namespace std;
class point
{
public:
    void poi(int px=10,int py=10)
    { x=px; y=py; }
    friend int getpx(point a);
    friend int getpy(point b);
private:
    int x,y;
};
int getpx(point a)
{    return a.x;    }
int getpy(point a)
{    return a.y;    }
int main()
{
    point p,q;
    p.poi();q.poi(15,15);
    cout<<getpx(p);
    cout<<getpy(p)<<endl;
    cout<<getpx(q);
    cout<<getpy(q)<<endl;
    return 0;
}
```

（4）

```cpp
#include<iostream>
using namespace std;
class B;
class A
{
public:
    A(int d,A *n){data=d;prev=n;}
    friend class B;
private:
    int data;
    A *prev;
};
class B
{
public:
    B(){top=0;}
    void push(int i){A *n=new A(i,top);top=n;}
    int pop()
    {
        A *t=top;
        if(top)
```

```
            {
                top=top->prev;
                int c=t->data;
                delete t;
                return c;
            }
            return 0;
        }
private:
    A *top;
};
int main()
{
    int c[10]={23,34,56,87,67,876,42,657,55,66};
    B s;
    for(int i=0; i<10;i++)s.push(c[i]);
    for(i=0; i<10; i++)cout<<s.pop()<<",";
    cout<<endl;
    return 0;
}
```

4．编程题

（1）定义一个处理日期的类 TDate，它有 3 个私有数据成员即 Month、Day、Year 和若干个公有成员函数，并实现如下要求：成员函数设置默认参数；定义一个友元函数来打印日期。

（2）设计一个时钟类 CTimeInfo，要求其满足下述要求。

①要求有一个无参数的构造函数，其初始的小时和分钟分别为 0，0。

②要求有一个带参数的构造函数，其参数分别对应小时和分钟。

③要求用一个成员函数实现时间的设置。

④要求用一个友元函数实现以 12 小时的方式输出时间。

⑤要求用一个友元函数实现以 24 小时的方式输出时间。

（3）定义一个工人类 Worker，包含工人的职工号、姓名、性别、工资等数据成员。成员函数包括构造函数、析构函数、显示函数和求平均工资的成员函数。在 main() 函数中，创建 3 名工人对象进行测试。

（4）定义一个客人类 Guest，包含客人编号 Num（按先后顺序自动生成）、姓名 Name、住宿房号 Room、房费 fee，并定义静态成员 Count，用于记录客人总数；提供构造函数、显示信息函数、返回客人总数的函数和全部房费收入的函数。在主函数中创建 3 个客人对象进行测试。

PART 9

第 9 章
继承与派生

> 继承是面向对象程序设计的一个重要特征，是实现软件复用的一种手段和方法。继承可以使程序设计人员在一个已存在类的基础上很快建立一个新的类，而不必从零开始定义新类。新类能够具有原有类的属性和方法，并且为了使新类具有自己独特的功能，新类还可以添加新的属性和方法。面向对象程序设计的主要构成单元就是类，所以面向对象的软件复用主要体现在类的复用上。类的继承机制是面向对象程序设计提供的一种解决软件复用的途径。

9.1 类的继承与派生

9.1.1 继承和派生的概念

定义一个新的类时，如果它包含已有类的属性和方法，就可以利用已有的类来定义新的类，新类不仅能获得已有类的特性，还能增加自己新的特性。这样就可以不重复定义已有类中的属性和方法，只需要定义已有类没有而新类中增加的属性和方法即可，从而减少了代码的编写量，增加了代码的重用性。在原有类的基础上定义一个新的类，新类将自动拥有原有类的特性，这种关系就叫作"类的继承"。从另外一个角度来看，从原有类产生新类的过程就叫作"类的派生"。新类被称为派生类，又被称为子类，原有类被称为基类，又被称为父类。继承和派生的关系就好比是物种遗传和变异的关系，新的物种既继承了原有物种的特性，又增加了自己新的特性。

基类比派生类更为抽象和一般化，派生类比基类更为具体和个性化。例如人类具有的属性有姓名、性别、年龄、出生日期、联系电话等，而教师类除了具有人类的所有属性外，还有一些特殊的属性，如职称、工资等；学生类除了具有人类的所有属性外，还有学号、成绩等特殊属性；干部类除了具有人类的所有属性外，还有职务、政治面貌等属性。当我们定义了人类后，就可以人类为基类，定义教师类、学生类和干部类这3个派生类。这3个派生类均继承了基类的全部成员，包括属性和方法，并且还定义了各自新增加的成员。在实际情况中，有些教师还担任领导干部职位，所以这类人既具有教师的特性同时又具有干部的特性，这样就产生了教师干部类，它需要将教师类和干部类共同作为自己的基类。上述这些类的继承关系如图9-1所示，要注意图中

图 9-1 类的继承关系图

箭头表示继承的方向，箭头是从派生类指向基类的。

如果派生类只有一个基类，如图 9-1 中的派生类教师类、学生类、干部类都只有一个基类，即人类，这种继承关系称为单继承。如果派生类拥有多个基类，如图 9-1 中的派生类教师干部类有两个基类，即教师类和干部类，这种继承关系称为多重继承，简称多继承。通常，派生类有两个或两个以上的基类都为多继承。

派生类同样也可以作为基类再派生新的类，这样就形成了类的层次结构。类的继承和派生的层次结构，可以说是人们对现实生活中的事物进行分类、分析和认识的过程在程序设计中的体现。现实世界中的任何事物都具有与其他事物相区别的特性，又与另外一些事物具有同性。在人们认识事物的过程中，是先根据事物的具体特征进行分类，然后再进行分析和描述。

在图 9-1 中，人类派生出教师类，教师类又派生出教师干部类，人类的特征通过教师类继承到了教师干部类中，所以人类称为教师类的直接基类，教师类称为人类的直接派生类；人类称为教师干部类的间接基类，教师干部类称为人类的间接派生类。从这一继承关系中可以发现，越靠近继承层次上层的类描述越抽象，而越靠近继承层次下层的类描述越具体。

面向对象程序设计的继承与派生机制，其最主要的目的是实现代码的复用和扩充。因此，保留基类成员就是对原有代码的复用，而对基类成员进行调整、改造以及添加新成员就是对原有代码的扩展和补充，两者缺一不可，相辅相成。

9.1.2 派生类的定义

1. 单继承下派生类的定义

单继承的情况下，C++中派生类的定义格式为

```
class 派生类名:继承方式  基类名
{
private:
    新增数据成员和成员函数声明;
public:
    新增数据成员和成员函数声明;
protected:
    新增数据成员和成员函数声明;
};
```

其中，"派生类名"是一个标识符，命名需要满足标识符的命名规则。"基类名"是派生类所继承的类的名字。这里的"继承方式"是指派生类按照指定的继承方式继承基类，用于说明从基类继承来的成员在派生类中的访问控制权限。继承方式有 3 种，分别为 pubic、private 和 protected，分别表示公有继承、私有继承和保护继承。继承方式也可以省略，省略后默认为私有继承 private。派生类中新定义的成员在花括号内声明，其中还包括对基类一些成员的重定义，这部分内容将在后续章节中详细介绍。

2. 多继承下派生类的定义

多继承的情况下，派生类的定义格式与单继承时基本相同，只不过同时继承多个基类，继承方式也是分 public、private 和 protected 3 种情况。其格式为

```
class 派生类名:继承方式 基类名 1, 继承方式 基类名 2, …, 继承方式 基类名 n
{
private:
    新增数据成员和成员函数声明;
public:
```

```
        新增数据成员和成员函数声明；
protected:
        新增数据成员和成员函数声明；
};
```

3. 派生类的构成

从继承的概念上看，派生类应包括从基类继承来的成员和自己新增加的成员两大部分，从基类继承来的成员包含数据成员和成员函数，派生类新增加的成员也包括数据成员和成员函数，如图 9-2 所示。值得注意的是派生类并不是继承基类的所有成员，而是除构造函数和析构函数外的成员，而且从基类继承来的成员并不是简单地放在派生类中就行了，它们在派生类中的访问控制权限会通过不同的继承方式发生改变。在派生类中还可以重新定义基类中已有的成员函数，如图 9-2 所示，派生类 Teacher 包含两个 Display() 函数，一个是从基类继承来的，另一个是派生类重新定义的。

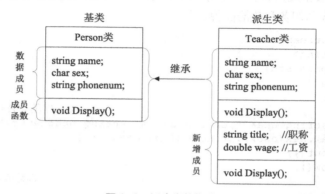

图 9-2　派生类的构成

所以从基类派生出派生类时，在派生类内要完成以下内容：

（1）继承除构造函数和析构函数外的所有成员；

（2）通过继承方式改造基类成员的访问控制权限；

（3）增加新的数据成员和成员函数。

9.1.3　继承方式

前面已经说明，在派生类中从基类继承的成员其访问控制权限由继承方式决定。继承方式有 3 种：公有继承方式（public）、私有继承方式（private）和保护继承方式（protected）。对于不同的继承方式，基类成员原来的访问控制权限在派生类中会有所变化。

1. 公有继承

在公有继承的情况下，基类的公有成员在派生类中仍是公有的，派生类的对象可以直接访问基类所有的公有成员。基类的被保护成员在派生类中仍被保护，只有派生类的成员函数才能访问，派生类的对象不能直接访问。基类的私有成员虽然被派生类继承，但是它的访问权限已经变成不可访问的了，只有基类的成员函数能够访问它，派生类的对象和派生类的成员函数都不能直接访问它。公有继承下派生类成员的访问权限变化如图 9-3 所示。

在公有继承派生类中，有以下几点说明：

（1）基类的公有成员在派生类中仍是公有成员；

（2）基类的保护成员在派生类中仍是保护成员；

（3）基类的私有成员在派生类中是不可访问的。

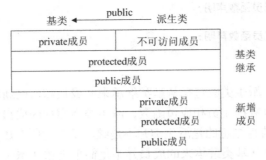

图 9-3 公有继承派生类成员的访问权限

【例 9.1】定义人类 Person，定义教师类 Teacher 和干部类 Cadre 公有继承 Person 类，其中，Person 类包含数据成员姓名、性别、联系电话等；Teacher 类新增数据成员职称和工资；Cadre 类新增数据成员职务和政治面貌。

```cpp
#include<iostream>
#include<string>
using namespace std;
class Person
{
public:                                                  //基类公有成员函数
    Person(string nna="",char nsex='m',string nphonenum=""):
    name(nna),sex(nsex),phonenum(nphonenum){ }
    void Input();
    void Show();
private:                                                 //基类私有数据成员
    string name;
    char sex;
    string phonenum;
};
void Person::Input()
{
    cout<<"Input name:";cin>>name;
    cout<<"Input sex:"; cin>>sex;
    cout<<"Input phonenum:"; cin>>phonenum;
}
void Person::Show()
{
    cout<<"name="<<name<<endl;
    cout<<"sex="<<sex<<endl;
    cout<<"phonenum="<<phonenum<<endl;
}
class Teacher:public Person                              //派生类 Teacher 的声明
{
public:                                                  //新增公有成员函数
    void Input_t();
    void Show_t();
private:                                                 //新增私有数据成员
    string title;
    double wage;
};
void Teacher::Input_t()
{
    Input();
```

```cpp
        cout<<"Input title:"; cin>>title;
        cout<<"Input wage:"; cin>>wage;
    }
    void Teacher::Show_t()
    {
        Show();
        cout<<"title="<<title<<endl;
        cout<<"wage="<<wage<<endl;
    }
    class Cadre:public Person                      //派生类 Cadre 的声明
    {
    public:                                        //新增公有成员函数
        void Input_c();
        void Show_c();
    private:                                       //新增私有数据成员
        string post;
        string political;
    };
    void Cadre::Input_c()
    {
        Input();
        cout<<"Input post:"; cin>>post;
        cout<<"Input political:"; cin>>political;
    }
    void Cadre::Show_c()
    {
        Show();
        cout<<"post="<<post<<endl;
        cout<<"political="<<political<<endl;
    }
    int main()
    {
        Teacher t;
        cout<<"请输入教师的信息："<<endl;
        t.Input_t();
        cout<<"该教师的信息："<<endl;
        t.Show_t();
        cout<<endl;
        Cadre c;
        cout<<"请输入干部的信息："<<endl;
        c.Input_c();
        cout<<"该干部的信息："<<endl;
        c.Show_c();
        return 0;
    }
```

上例首先声明了基类 Person, 派生类 Teacher 和 Cadre 继承了 Person 类除构造函数和析构函数外的全部成员。因此，在派生类中，实际拥有的成员就是从基类继承来的成员以及派生类新声明的成员。继承方式为公有继承，所以基类中的公有成员在派生类中的访问权限仍为公有，派生类的成员函数及对象都可以访问基类的公有成员。基类中的私有成员在派生类中变成不可访问，所以派生类的对象和派生类的成员函数都不能访问，如派生类的成员函数 Input_t()、Input_c()、Show_t()、Show_c()都不能直接访问基类的私有成员，只能通过调用从基类继承的公有成员函数 Input()和 Show()来间接访问基类的私有成员。下面这样写是错误的。

```cpp
void Teacher::Input_t()
```

```
{
    cout<<"Input name:";cin>>name;                    //错误
    cout<<"Input sex:"; cin>>sex;                      //错误
    cout<<"Input phonenum:"; cin>>phonenum;            //错误
    cout<<"Input title:"; cin>>title;
    cout<<"Input wage:"; cin>>wage;
}
```

在单独的一个类中，私有成员和保护成员使用时没有本质区别，但在类的继承关系中，私有成员和保护成员在不同继承方式下访问控制权限会有不同的变化，私有成员变成了不可访问，保护成员则变成了私有或仍然是保护成员，这样使用时就有区别了。

Teacher 类和 Cadre 类继承了 Person 类的成员，也就实现了代码的重用。同时，通过新增成员，加入了自身独有的特征，实现了程序的扩充。在主函数 main() 中分别声明了两个派生类的对象 t 和 c，然后通过派生类的对象访问派生类新增的公有成员函数 Input_t()、Show_t()、Input_c() 和 Show_c()，在这些新增公有成员函数中访问了派生类从基类继承来的公有成员函数 Input() 和 Show()。

如果基类声明了私有成员，则派生任何类成员都不能直接访问它们，若希望在派生类中能够直接访问并且不破坏类的封装性的话，就应当把它们声明为保护成员。

2. 私有继承

在私有继承情况下，基类中的公有成员和保护成员都以私有成员方式出现在派生类中，而基类的私有成员在派生类中变成不可访问。也就是说，基类的公有成员和保护成员被继承后，作为派生类的私有成员，派生类的成员函数可以直接访问它们，但是在类外通过派生类的对象则无法访问。私有继承下派生类成员的访问权限变化如图 9-4 所示。

基类 ←—— private —— 派生类

private成员	不可访问成员	基类
protected成员	private成员	继承
public成员	private成员	
private成员		新增
protected成员		成员
public成员		

图 9-4　私有继承派生类成员的访问权限

在私有继承派生类中，有以下几点说明。

（1）基类的公有成员在派生类中是私有成员。

（2）基类的保护成员在派生类中是私有成员。

（3）基类的私有成员在派生类中是不可访问的。

注意 无论是派生类的成员函数还是派生类的对象，都无法访问从基类继承的私有成员。

【例 9.2】 使用私有继承改写例 9.1。

```cpp
#include<iostream>
#include<string>
using namespace std;
class Person
{
public:                                              //基类公有成员函数
    Person(string nna="",char nsex='m',string nphonenum=""):
    name(nna),sex(nsex),phonenum(nphonenum){ }
    void Input();
    void Show();
private:                                             //基类私有数据成员
    string name;
    char sex;
    string phonenum;
};
void Person::Input()
{
    cout<<"Input name:";cin>>name;
    cout<<"Input sex:"; cin>>sex;
    cout<<"Input phonenum:"; cin>>phonenum;
}
void Person::Show()
{
    cout<<"name="<<name<<endl;
    cout<<"sex="<<sex<<endl;
    cout<<"phonenum="<<phonenum<<endl;
}
class Teacher:private Person            //派生类 Teacher 私有继承基类 Person
{
public:                                 //新增公有成员函数
    void Input_t();
    void Show_t();
private:                                //新增私有数据成员
    string title;
    double wage;
};
void Teacher::Input_t()
{
    Input();
    cout<<"Input title:"; cin>>title;
    cout<<"Input wage:"; cin>>wage;
}
void Teacher::Show_t()
{
    Show();
    cout<<"title="<<title<<endl;
    cout<<"wage="<<wage<<endl;
}
```

```
class Cadre:private Person                    //派生类Cadre私有继承基类Person
{
public:                                       //新增公有成员函数
    void Input_c();
    void Show_c();
private:                                      //新增私有数据成员
    string post;
    string political;
};
void Cadre::Input_c()
{
    Input();
    cout<<"Input post:"; cin>>post;
    cout<<"Input political:"; cin>>political;
}
void Cadre::Show_c()
{
    Show();
    cout<<"post="<<post<<endl;
    cout<<"political="<<political<<endl;
}
int main()
{
    Teacher t;
    cout<<"请输入教师的信息: "<<endl;
    t.Input_t();
    cout<<"该教师的信息: "<<endl;
    t.Show_t();
    cout<<endl;
    Cadre c;
    cout<<"请输入干部的信息: "<<endl;
    c.Input_c();
    cout<<"该干部的信息: "<<endl;
    c.Show_c();
    return 0;
}
```

上例中派生类 Teacher 和 Cadre 都私有继承了 Person 类的成员。这时，基类中的公有和保护成员在派生类中都以私有成员的身份出现，派生类的成员函数可以直接访问，所以派生类的成员函数 Input_t()、Show_t()、Input_c()和 Show_c()仍然可以调用基类的公有成员函数 Input()和 Show()，来间接地访问基类的私有成员 name、sex、phonenum。

派生类的成员函数可以访问从基类继承的公有和保护成员，但是在类外部通过派生类的对象不能访问基类的任何成员，基类原有的接口被派生类封装和隐蔽起来。在私有继承下，为了保证基类的部分接口能够出现在派生类中，就必须在派生类中重新定义同名的成员函数。

3．保护继承

在保护继承的情况下，基类的公有成员和保护成员都以保护成员的权限出现在派生类中，能够被派生类成员函数访问，而基类的私有成员则是不可见的。具体地说，基类中的保护成员只能被基类的成员函数或派生类的成员函数访问，不能被类的对象访问；基类中的公有成员能被基类对象访问，不能被派生类对象访问；基类中的私有成员不能被任何类外的对象访问。保护继承下派生类成员的访问权限变化如图 9-5 所示。

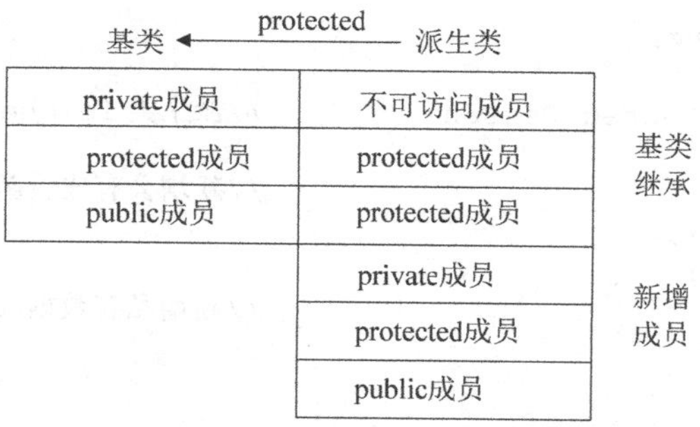

图 9-5　保护继承派生类成员的访问权限

在保护继承派生类中，有以下几点说明。

（1）基类的公有成员在派生类中是保护成员。

（2）基类的保护成员在派生类中是保护成员。

（3）基类的私有成员在派生类中是不可访问的。

【例 9.3】采用保护继承改写例 9.1。

```cpp
#include<iostream>
#include<string>
using namespace std;
class Person
{
public:                                        //基类公有成员函数
    Person(string nna="",char nsex='m',string nphonenum=""):
    name(nna),sex(nsex),phonenum(nphonenum){ }
    void Input();
    void Show();
    string GetName();
    string GetPhonenum();
protected:                                     //基类保护数据成员
    string name;
    char sex;
private:                                        //基类私有数据成员
    string phonenum;
};
void Person::Input()
{
    cout<<"Input name:";cin>>name;
    cout<<"Input sex:"; cin>>sex;
    cout<<"Input phonenum:"; cin>>phonenum;
}
void Person::Show()
{
    cout<<"name="<<name<<endl;
    cout<<"sex="<<sex<<endl;
    cout<<"phonenum="<<phonenum<<endl;
}
string Person::GetName()
{
    return name;
}
string Person::GetPhonenum()
{
```

```
        return phonenum;
}
class Teacher:protected Person              //派生类 Teacher 保护继承基类 Person
{
public:                                     //新增公有成员函数
    void Input_t();
    void Show_t();
private:                                    //新增私有数据成员
    string title;
    double wage;
};
void Teacher::Input_t()
{
    Input();
    cout<<"Input title:"; cin>>title;
    cout<<"Input wage:"; cin>>wage;
}
void Teacher::Show_t()
{
    Show();
    cout<<"title="<<title<<endl;
    cout<<"wage="<<wage<<endl;
}
class Cadre:protected Person                //派生类 Cadre 保护继承基类 Person
{
public:                                     //新增公有成员函数
    void Input_c();
    void Show_c();
private:                                    //新增私有数据成员
    string post;
    string political;
};
void Cadre::Input_c()
{
    Input();
    cout<<"Input post:"; cin>>post;
    cout<<"Input political:"; cin>>political;
}
void Cadre::Show_c()
{
    Show();
    cout<<"post="<<post<<endl;
    cout<<"political="<<political<<endl;
}
int main()
{
    Teacher t;
    cout<<"请输入教师的信息: "<<endl;
    t.Input_t();
    cout<<"该教师的信息: "<<endl;
    t.Show_t();
    cout<<t.GetName()<<endl;                //不能访问, 错误!
    cout<<t.GetPhonenum()<<endl;            //不能访问, 错误!
    cout<<endl;
    Cadre c;
    cout<<"请输入干部的信息: "<<endl;
    c.Input_c();
```

```
    cout<<"该干部的信息: "<<endl;
    c.Show_c();
    cout<<c.GetName()<<endl;               //不能访问,错误!
    cout<<c.GetPhonenum()<<endl;           //不能访问,错误!
    return 0;
}
```

上例中派生类保护继承基类。这时,基类中的公有和保护成员在派生类中都以保护成员的身份出现。派生类的成员函数可以直接访问它们,而派生类的对象不能访问。派生类的对象不能直接访问基类任何成员。

同私有继承一样,在保护继承情况下,为了保证基类的部分接口能够在派生类中存在,就必须在派生类中重新定义同名的成员函数,例如下面代码。

```
class Teacher:protected Person              //派生类 Teacher 保护继承基类 Person
{
public:
    void Input_t();
    void Show_t();
    string GetName();                       //重新定义同名的成员函数
    string GetPhonenum();                   //重新定义同名的成员函数
private:
    string title;
    double wage;
};
string Teacher::GetName()
{   return name;    }
string Teacher::GetPhonenum()
{   return phonenum;    }                   //不能访问,错误!
int main()
{
    Teacher t;
    cout<<"请输入教师的信息: "<<endl;
    t.Input_t();
    cout<<t.GetName()<<endl;
    cout<<t.GetPhonenum()<<endl;
    return 0;
}
```

派生类 Teacher 对基类中的公有成员函数 GetName()和 GetPhonenum()进行了重新定义,这样在类外派生类对象 t 就可以访问它们了,但在成员函数 GetPhonenum()的定义中不能访问基类的私有数据成员 phonenum,原因是私有数据成员经过保护继承后在派生类中是不可访问的,若把其声明为 protected 后,经保护继承后保护成员的访问权限仍然是保护成员,派生类的成员函数就可以访问了。

在派生类中对基类的成员函数进行重新定义后,派生类将存在同名的成员函数,一个是从基类继承来的,另一个是派生类自己新定义的。例如 GetName()函数和 GetPhonenum()函数在派生类 Teacher 中都有两份,当用派生类 Teacher 的对象 t 去访问时,默认访问的是派生类新定义的 GetName()函数和 GetPhonenum()函数,若要访问从基类继承的那个同名成员函数,要加"基类名::"加以限定,"::"为作用域运算符,其格式为

基类名 :: 成员函数名(实参)

例如:

```
t.Person::GetName();
t.Person::GetPhonenmu();
```

派生类中也可以新定义与基类同名的数据成员，同名数据成员的存储空间独立分配，派生类的对象默认访问派生类中新定义的数据成员，访问同名基类数据成员的方法与访问同名成员函数相同，格式为：基类名::数据成员名。

前面曾经提到，以派生类作为基类再派生出派生类，这种情况称为多级派生。多级派生时基类成员访问权限的变化仍按以上规则。如果在多级派生时都采用公有继承方式，那么直到最后一级派生类都能访问基类的公用成员和保护成员。如果采用私有继承方式，经过两次派生之后，基类的所有成员已经变成不可访问的了。如果采用保护继承方式，在派生类外无法访问基类中的任何成员。因此在实际的应用中公有继承最常使用。

9.2 单继承

9.2.1 单继承的构造函数和析构函数

单继承就是一个派生类只有一个基类，该派生类只从单个基类中继承成员。由于派生类继承了基类的成员，派生类的对象既含有派生类本身定义的数据成员，又包含从基类继承的数据成员，故在构建派生类对象时，也要同时创建从基类继承的部分。但是，基类的构造函数和析构函数是不能被继承的。因此，在派生类中如果对派生类新增的数据成员初始化，就需要定义派生类的构造函数。与此同时，对所有从基类继承来的数据成员的初始化工作，还是由基类的构造函数来完成，但是必须在派生类中对所需要的参数进行设置。同样，派生类对象的撤销工作也需要定义派生类的析构函数，而在撤销从基类继承来的成员时，系统会自动调用基类的析构函数来完成。

1．基类的构造函数为无参构造函数

若基类的构造函数为无参的构造函数，派生类构造函数的定义不必显式调用基类无参的构造函数，但在调用派生类构造函数时系统会自动调用基类无参的构造函数，用来给从基类继承来的成员初始化。此时，派生类构造函数定义方式和普通类相同。

【例9.4】基类的构造函数为无参构造函数时，派生类构造函数的定义方式。

```
#include<iostream>
#include<string>
using namespace std;
class Person
{
public:
    Person()                                    //基类无参构造函数
    {
        name="李明";
        sex='m';
        phonenum="13189783326";
        cout<<"Person default con!"<<endl;
    }
    void Show()
    {
        cout<<"name="<<name<<endl;
```

194

```
            cout<<"sex="<<(sex=='m'?"男":"女")<<endl;
            cout<<"phonenum="<<phonenum<<endl;
        }
        ~Person()                                //基类析构函数
        {
            cout<<"Person decon!"<<endl;
        }
    private:
        string name;
        char sex;
        string phonenum;
};
class Teacher:public Person
{
public:
        Teacher()                                //派生类无参构造函数
        {
            title="教授";
            wage=5000;
            cout<<"Teacher default con!"<<endl;
        }
        void Show()
        {
            Person::Show();
            cout<<"title="<<title<<endl;
            cout<<"wage="<<wage<<endl;
        }
        ~Teacher()                               //派生类析构函数
        {
            cout<<"Teacher decon!"<<endl;
        }
    private:
        string title;
        double wage;
};
int main()
{
        Teacher t;                               //定义派生类对象
        cout<<"该教师的信息为: "<<endl;
        t.Show();
        return 0;
}
```

程序执行结果如下：

```
Person default con!
Teacher default con!
该教师的信息为：
name=李明
sex=男
phonenum=13189783326
title=教授
wage=5000
Teacher decon!
Person decon!
```

　　上例中，主函数定义了派生类的对象 t，系统会自动调用派生类的构造函数对该对象的数据成员进行初始化。从程序的执行结果看，系统在调用派生类的构造函数时，先调用了基类的构造函数对从基类继承来的数据成员进行初始化，故先输出"Person default con!"，后输出"Teacher default con!"，这种情况下定义派生类的构造函数时，不需要显式调用基类构造函数。程序执行结果的最后两行输出"Teacher decon!"和"Person decon!"，说明析构函数的调用顺序与构造函数相反。

构造函数的调用顺序如下：

（1）执行基类的无参构造函数。

（2）执行派生类的构造函数。

析构函数的调用顺序如下：

（1）执行派生类的析构函数。

（2）执行基类的析构函数。

2．基类的构造函数为有参构造函数

派生类的构造函数必须通过调用基类的构造函数来初始化从基类继承的数据成员。当基类的构造函数只有有参的构造函数时，派生类的构造函数就需要调用基类有参的构造函数，并需要在调用基类有参构造函数的时候给基类构造函数传递参数，此时派生类构造函数的定义格式为

> **派生类名(总参数表) : 基类名(子参数表)**
>
> **{**
>
>   **派生类中新增成员的初始化语句**
>
> **};**

派生类构造函数的总参数表中定义的参数个数通常等于基类中构造函数的参数个数和派生类新增数据成员的个数之和。由于析构函数没有参数，因此派生类析构函数的定义同普通类析构函数的定义方式相同。

【例9.5】分析下面的程序。

```cpp
#include<iostream>
#include<string>
using namespace std;
class Person
{
public:
    Person(string nna,char nsex,string nphonenum): name(nna),sex(nsex),
phonenum(nphonenum)       //基类有参构造函数
    {   cout<<"Person con!"<<endl;  }
    void Show()
    {
        cout<<"name="<<name<<endl;
        cout<<"sex="<<(sex=='m'?"男":"女")<<endl;
        cout<<"phonenum="<<phonenum<<endl;
    }
    ~Person()                              //基类析构函数
    {
        cout<<"Person decon!"<<endl;
    }
private:
    string name;
    char sex;
    string phonenum;
```

```cpp
};
class Teacher:public Person
{
public:
    Teacher(string nna,char nsex,string nphonenum,string ntitle,double
nwage):Person(nna,nsex,nphonenum)          //派生类有参构造函数
    {
        title=ntitle;
        wage=nwage;
        cout<<"Teacher con!"<<endl;
    }
    void Show()
    {
        Person::Show();
        cout<<"title="<<title<<endl;
        cout<<"wage="<<wage<<endl;
    }
    ~Teacher()                              //派生类析构函数
    {
        cout<<"Teacher decon!"<<endl;
    }
private:
    string title;
    double wage;
};
int main()
{
    Teacher t("李明",'m',"13189783326","教授",5000);      //定义派生类对象
    cout<<"该教师的信息为: "<<endl;
    t.Show();
    return 0;
}
```

程序执行结果如下:

```
Person con!
Teacher con!
该教师的信息为:
name=李明
sex=男
phonenum=13189783326
title=教授
wage=5000
Teacher decon!
Person decon!
```

当定义派生类的某一对象时, 用如下语句:

```
Teacher t("李明",'m',"13189783326","教授",5000);
```

定义派生类对象的同时给出了参数, 是对象的初始化, 此时应该调用派生类带参数的构造函数进行初始化。首先调用基类带参数的构造函数, 然后调用派生类的构造函数。基类构造函数在派生类构造函数后给出, 并用冒号分隔, 例如:

```
Teacher(string nna,char nsex,string nphonenum,string ntitle,double nwage):
Person(nna,nsex,nphonenum)
{       title=ntitle;
        wage=nwage;
        cout<<"Teacher con!"<<endl;
```

}

    调用 Teacher 带参数的构造函数,这一构造函数也调用基类中带参数的构造函数,传递参数 nna、nsex、nphonenum 给 Person 类的构造函数。析构函数的调用顺序与构造函数相反。

9.2.2　单继承中子对象的构造函数

    如果派生类中包含的数据成员是其他类的对象,就称为子对象,派生类的构造函数还应对这些子对象的数据成员进行初始化。因此,初始化派生类的对象时,要对基类数据成员、新增数据成员和子对象的数据成员进行初始化。在派生类构造函数的定义中,需要调用基类和子对象所属类的构造函数来对它们各自的数据成员进行初始化,然后再对新增普通数据成员进行初始化。派生类构造函数的格式为

> 派生类名(总参数表):基类名(子参数表1),子对象名(子参数表2),…,子对象名(子参数表 n)
> {
>   派生类中新增成员的初始化语句
> };

    派生类构造函数的总参数表中定义的参数个数等于基类中构造函数参数的个数和派生类中新增数据成员的个数之和,新增成员包括普通数据成员和子对象数据成员。

    【例 9.6】在例 9.5 的基础上,使 Teacher 类再增加一个新数据成员 parent(父亲),程序改写如下,请分析结果。

```cpp
#include<iostream>
#include<string>
using namespace std;
class Person
{
public:
    Person(string  nna,char  nsex,string  nphonenum):name(nna),sex(nsex),
phonenum(nphonenum)                              //基类有参构造函数
    {
        cout<<"Person con!"<<'\t'<<name<<endl;       //输出提示信息和 name 值
    }
    void Show()
    {
        cout<<"name="<<name<<endl;
        cout<<"sex="<<(sex=='m'?"男":"女")<<endl;
        cout<<"phonenum="<<phonenum<<endl;
    }
    ~Person()
    {
        cout<<"Person decon!"<<'\t'<<name<<endl;      //输出提示信息和 name 值
    }
private:
    string name;
    char sex;
    string phonenum;
};
class Teacher:public Person
{
public:
    Teacher(string  nna,char  nsex,string  nphonenum,string  ntitle,double
nwage,string n,char s,string p):Person(nna,nsex,nphonenum),parent(n,s,p)
        //调用子对象 parent 所属类的构造函数
```

```
    {
        title=ntitle;
        wage=nwage;
        cout<<"Teacher con!"<<endl;
    }
    void Show()
    {
        Person::Show();
        cout<<"title="<<title<<endl;
        cout<<"wage="<<wage<<endl;
        parent.Show();      //输出子对象的数据成员值
    }
    ~Teacher()
    {
        cout<<"Teacher decon!"<<endl;
    }
private:
    string title;
    double wage;
    Person parent;      //声明子对象，增加父亲成员
};
int main()
{
    Teacher t("李明",'m',"13189783326","教授",5000,"李响",'m',"13356582728");
    //定义派生类对象
    cout<<"该教师的信息为："<<endl;
    t.Show();
    return 0;
}
```

程序执行结果如下：

```
Person con!    李明
Person con!    李响
Teacher con!
该教师的信息为：
name=李明
sex=男
phonenum=13189783326
title=教授
wage=5000
name=李响
sex=男
phonenum=13356582728
Teacher decon!
Person decon!    李响
Person decon!    李明
```

定义派生类对象 t 时，总参数列表中一共有 8 个参数，前 3 个是给基类继承的成员初始化，"教授"和 5000 是给派生类新增的普通数据成员初始化，最后 3 个参数是给子对象 parent 初始化，因为 parent 是 Person 类的对象，所以该子对象应包含 Person 类 3 个成员 name、sex、phonenum 的属性，初始化子对象 parent 需要 3 个实参。

```
Teacher t("李明",'m',"13189783326","教授",5000,"李响",'m',"13356582728");
```

在 Teacher 类的构造函数中，Person 类子对象的名字写在冒号的后面。它告诉编译器用 n、

s、p 值初始化 parent 的 name、sex、phonenum 属性。这就与用语句 Person parent(n,s,p)声明 Person 的对象 parent 相似。

```
    Teacher(string nna,char nsex,string nphonenum,string ntitle,double nwage,
string n,char s,string p):Person(nna,nsex,nphonenum),parent(n,s,p)   //调用子对
象 parent 所属类的构造函数
    {
        title=ntitle;
        wage=nwage;
        cout<<"Teacher con!"<<endl;
    }
```

定义派生类对象的同时系统会调用派生类的构造函数对它进行初始化，此时首先调用基类的构造函数，然后调用子对象所属类的构造函数，最后是派生类的构造函数，所以有如下运行结果。基类 Person 的构造函数被调用了两次，第一次是给从基类继承的数据成员初始化，第二次是对子对象 parent 初始化，因为子对象是 Person 类的对象，所以也调用 Person 类的构造函数进行初始化。输出基类中 name 成员的值就可以看出调用基类构造函数的顺序。

```
Person con!    李明
Person con!    李响
Teacher con!
```

含子对象的派生类构造函数的调用顺序如下。

（1）基类的构造函数。

（2）子对象类的构造函数。

（3）派生类的构造函数。

析构函数的调用顺序与构造函数相反，首先调用派生类的析构函数，然后调用子对象类的析构函数，最后调用基类的析构函数。仅当派生类的析构函数通过动态内存管理分配内存时，才定义派生类的析构函数。如果派生类的析构函数不起任何作用或派生类中未添加任何附加数据成员，则派生类的析构函数可以是一个空函数。

【例 9.7】多层派生时，单继承中构造函数与析构函数的执行顺序。

```
#include <iostream>
using namespace std;
class Data
{
public:
    Data(int x)                                            //类 Data 的构造函数
    {
        Data::x=x;
        cout<<"Class Data Constructor!"<<endl;
    }
    ~Data(){cout<<"Class Data Destructor!"<<endl;}         //类 Data 的析构函数
    int getx(){return x;}
private:
    int x;
};
class A
{
public:
    A(int x):d1(x){ cout<<"Class A Constructor!"<<endl;}   //类 A 的构造函数
    ~A(){cout<<"Class A Destructor!"<<endl;}               //类 A 的析构函数
    int getdataa(){return d1.getx();}
```

```
private:
    Data d1;
};
class B:public A
{
public:
    B(int x):A(x),d2(x)  { cout<<"class B Constructor!"<<endl;} //类B的构造函数
    ~B(){cout<<"Class B Destructor!"<<endl;}                    //类B的析构函数
    int getdatab(){return d2.getx();}
private:
    Data d2;
};
class C:public B
{
public:
    C(int x):B(x) {cout<<"class C Constructor!"<<endl;}          //类C的构造函数
    ~C(){cout<<"class C Destructor!"<<endl;}                     //类C的析构函数
};
int main()
{
    C c1(100);
    cout<<c1.getdataa()<<"\t"<<c1.getdatab()<<endl;
    cout<<"In main()!"<<endl;
    return 0;
}
```

程序执行结果如下：

```
Class Data Constructor!
Class A Constructor!
Class Data Constructor!
class B Constructor!
class C Constructor!
100     100
In main()!
class C Destructor!
Class B Destructor!
Class Data Destructor!
Class A Destructor!
Class Data Destructor!
```

在例 9.7 程序中，类 A 包含一个 Data 类对象成员，类 B 继承类 A，类 C 继承类 B。在创建类 C 的对象 c1 时，要执行类 B 的构造函数和类 C 的构造函数，在执行类 B 的构造函数时，先执行类 B 的基类类 A 的构造函数和类 Data 的构造函数对 d2 进行初始化，再执行类 B 构造函数。在执行类 A 的构造函数时，先执行类 Data 的构造函数对 d1 进行初始化，再执行类 A 的构造函数。这个执行顺序对应输出结果的前 5 行，然后在主函数中输出相应信息，即输出结果中接下来的两行。最后，调用析构函数，调用顺序与构造函数顺序相反，输出结果的最后 5 行。

注意　多层派生时，构造函数不要列出每一层派生类的构造函数，只须写出其上一层派生类（即直接基类）的构造函数即可。

关于单继承中的构造函数与析构函数有以下几点说明。

（1）派生类的构造函数初始化列表中列出的均是直接基类的构造函数。

（2）构造函数不能被继承，因此，派生类的构造函数只能通过调用基类的构造函数来初始化从基类继承的成员。

（3）先调用基类的构造函数，再调用子对象所属类的构造函数，最后调用派生类自己的构造函数。

（4）派生类的构造函数只负责初始化自己声明的数据成员。

（5）析构函数不可以继承，不可以重载，也不需要被调用。

（6）派生类对象的生存期结束时自动调用派生类的析构函数，在该析构函数结束之后再自动调用基类的析构函数。因此，析构函数被自动调用的顺序与构造函数相反，即先撤销派生类，再撤销子对象，最后撤销基类成员。

9.3 多继承

在派生类的声明中，基类名可以有一个，也可以有多个。如果基类名有多个，即一个派生类可以有多个直接基类，则这种继承方式称为多继承，或称为多重继承。这时的派生类同时得到了多个已有类的特征。多继承中派生类与每个基类之间的关系仍可看作是一个单继承关系，满足单继承的规则，可以把单继承看作是多继承的一个最简单的特例。多继承可以看作是多个单继承的组合，它们之间的很多特性是相同的。

多继承派生类声明的格式为

```
class 派生类名:继承方式  基类名1,继承方式  基类名2,…,继承方式  基类名n
{
    派生类新增成员;
};
```

在多继承中，各个基类名之间要用逗号分隔。

例如：

```
class A
{
    ……
};
class B
{
    ……
};
class C:public A,public B
{
    ……
};
```

其中，派生类 C 具有两个直接基类。派生类 C 的成员包含基类 A 中的成员和基类 B 中的成员以及该类本身的成员。

【例9.8】分析下面的程序。

```
#include<iostream>
using namespace std;
```

```
class A
{
public:
    void printA(){cout<<"Hello ";}
};
class B
{
public:
    void printB(){cout<<"C++ ";}
};
class C: public A,public B
{
public:
    void printC(){cout<<"World!\n";}
};
int main()
{
    C obj;
    obj.printA();              //调用对象 obj 的基类 A 的成员函数 printA()
    obj.printB();              //调用对象 obj 的基类 B 的成员函数 printB()
    obj.printC();              //调用对象 obj 所属类 C 的成员函数 printC()
    return 0;
}
```

程序执行结果如下：

```
Hello C++ World!
```

9.3.1 多继承的构造函数和析构函数

因为在多继承中派生类有多个基类，故在定义派生类对象时，需要分别调用各个基类的构造函数为基类的数据成员初始化。特别需要注意的是，当一个派生类同时有多个基类时，对于所有需要对参数进行初始化的基类，都要显式地给出基类名和参数表。对于使用默认构造函数的基类，可以不给出类名。同样，对于子对象成员，如果是使用默认构造函数，也不需要写出子对象名和参数表。

多继承派生类的构造函数格式为

派生类名(总参数表)：基类名1(子参数表1),基类名2(子参数表2),···
{
　　派生类中新增成员的初始化语句
}

多继承下，派生类构造函数的执行顺序如下：

（1）按照在派生类中声明的顺序（从左到右）依次调用各基类的构造函数；

（2）若派生类中含有子对象，则按照子对象声明的顺序依次调用子对象成员的构造函数；

（3）执行派生类构造函数的函数体。

多重继承的析构函数的执行顺序与多重继承的构造函数的执行顺序相反，具体如下：

（1）执行派生类的析构函数；

（2）按照子对象声明的相反顺序依次调用子对象的析构函数；

（3）按照基类声明的相反顺序依次调用各基类的析构函数。

【例9.9】分析下列程序的输出结果。

```
#include<iostream>
```

```
#include<string>
using namespace std;
class Person
{
public:
    Person(string nna,char nsex,string nphonenum): name(nna),sex(nsex),
phonenum(nphonenum)                                    //基类有参构造函数
    {
        cout<<"Person con!"<<'\t'<<name<<endl;         //输出提示信息和 name 值
    }
    void Show()
    {
        cout<<"name="<<name<<endl;
        cout<<"sex="<<(sex=='m'?"男":"女")<<endl;
        cout<<"phonenum="<<phonenum<<endl;
    }
    ~Person()
    {
        cout<<"Person decon!"<<'\t'<<name<<endl;       //输出提示信息和 name 值
    }
private:
    string name;
    char sex;
    string phonenum;
};
class Teacher:public Person
{
public:
    Teacher(string nna,char nsex,string nphonenum,string ntitle,double
nwage,string n,char s,string p):Person(nna,nsex,nphonenum),parent(n,s,p)
    //调用子对象 parent 所属类的构造函数
    {
        title=ntitle;
        wage=nwage;
        cout<<"Teacher con!"<<endl;
    }
    void Show()
    {
        Person::Show();
        cout<<"title="<<title<<endl;
        cout<<"wage="<<wage<<endl;
        parent.Show();                                 //输出子对象的数据成员值
    }
    ~Teacher()
    {
        cout<<"Teacher decon!"<<endl;
    }
private:
    string title;
    double wage;
    Person parent;                                     //声明子对象,增加父亲成员
};
class Cadre:public Person                               //干部类
{
public:
    Cadre(string nna,char nsex,string nphonenum,string npost,string npolitical):
Person(nna,nsex,nphonenum)
```

```
        {
            post=npost;
            political=npolitical;
            cout<<"Cadre con!"<<endl;
        }
        void Show()
        {
            Person::Show();
            cout<<"post="<<post<<endl;
            cout<<"political="<<political<<endl;
        }
        ~Cadre()
        {
            cout<<"Cadre decon!"<<endl;
        }
    private:
        string post;                    //职务
        string political;               //政治面貌
    };
☞class Tea_Ca:public Teacher,public Cadre     //多继承,同时继承 Teacher 和 Cadre 类
    {
    public:
        ☞Tea_Ca(string nna,char nsex,string nphonenum,string ntitle,double
    nwage, string n,char s,string p,string npost,string npolitical): Teacher
    (nna,nsex, nphonenum,ntitle,nwage,n,s,p), Cadre(nna,nsex,nphonenum,npost,
    npolitical) //多继承派生类的构造函数的定义
        {
            cout<<"Tea_Ca con!"<<endl;
        }
        ~Tea_Ca()
        {
            cout<<"Tea_Ca decon!"<<endl;
        }
    };
    int main()
    {
        Tea_Ca tc("李明",'m',"13189783326","教授",5000,"李响",'m', "13356582728",
    "主任","党员");  //定义派生类对象
        return 0;
    }
```

程序执行结果如下:

```
Person con!    李明
Person con!    李响
Teacher con!
Person con!    李明
Cadre con!
Tea_Ca con!
Tea_Ca decon!
Cadre decon!
Person decon!    李明
Teacher decon!
Person decon!    李响
Person decon!    李明
```

例 9.9 中的派生类 Tea_Ca 有两个基类,分别为 Teacher 和 Cadre;每个基类都有一个共同
的基类 Person,其中 Teacher 类新增的数据成员中有一个是子对象 parent,Cadre 类新增的数

据成员都是普通成员。派生类 Tea_Ca 没有新增数据成员。

在定义派生类 Tea_Ca 时，公有继承了两个基类，并且继承的顺序为 Teacher 类、Cadre 类，那么定义派生类 Tea_Ca 的对象 tc 时，应该按照继承声明的顺序先执行基类 Teacher 的构造函数，然后执行基类 Cadre 的构造函数。由于 Teacher 类公有继承 Person 类，即 Person 类是它的基类，并且 Teacher 类还包含一个子对象，因此在执行 Teacher 类的构造函数时，先执行 Person 类的构造函数，然后是子对象，最后才是 Teacher 类自己的构造函数。在执行 Cadre 类的构造函数时，由于它也继承基类 Person，因此先执行 Person 类的构造函数，然后是它自己的构造函数。到此为止，对于派生类 Tea_Ca 来说，它的两个基类的构造函数才执行结束，它没有子对象，所以接下来要执行自己的构造函数。例 9.9 程序中执行构造函数和析构函数的顺序如下。

（1）执行间接基类 Person 的构造函数，对间接从 Person 类继承的数据成员进行初始化，将实参"李明"、'm'、"13189783326"分别传给 Person 类构造函数的形参，因此输出第 1 行的结果。

（2）执行子对象 parent 所属类 Person 的构造函数，将实参"李响"、'm'、"13356582728"分别传给 Person 类构造函数的形参，给子对象初始化，因此输出第 2 行的结果。

（3）执行 Teacher 类的构造函数，输出第 3 行的结果。

（4）执行间接基类 Person 的构造函数，给从 Cadre 类间接继承 Person 类的数据成员初始化，将同样的实参"李明"、'm'、"13189783326"分别传给 Person 类构造函数的形参，因此输出第 4 行的结果。

（5）执行 Cadre 类的构造函数，输出第 5 行的结果。

（6）执行派生类 Tea_Ca 本身的构造函数，输出第 6 行的结果。

（7）离开主函数时，销毁对象 tc，调用析构函数的顺序与调用构造函数的顺序相反，输出第 7 行～第 12 行的结果。

注意　基类构造函数的执行顺序取决于定义派生类时继承基类的声明顺序。在派生类构造函数的成员初始化列表中各项顺序可以任意地排列。

9.3.2　二义性问题

在派生过程中，派生出来的新类同样也可以作为基类再派生新的类。一般来说，在派生类中对基类成员的访问应该是唯一的。但由于多继承有多个基类，在这些基类中可能会有同名的数据成员或成员函数，这样派生类中就具有从不同基类继承的同名成员，在引用时产生二义性。另外，如果是多继承，低层的派生类有可能从不同的路径继承同一个基类的成员多次，也会产生二义性。

1．基类有同名成员引起的二义性

在多继承情况下，当两个基类有相同名称的数据成员或成员函数时，编译器将不知道使用哪个函数，出现对基类成员访问不唯一的情况，称为对基类成员访问的二义性问题。例如：

```
class Alpha
{
public:
    void display();
};
class Beta
```

```
{
public:
    void display();
};
class Gamma: public Alpha,public Beta
{
};
int main()
{
  Gamma obj;
  obj.display();                        //含义模糊，编译不能通过
  return 0;
}
```

若要访问正确的数据成员或成员函数，需要使用作用域运算符"::"。例如：

```
obj.Alpha::display();
obj.Beta::display();
```

应当由编程人员来避免此类冲突和二义性。在编程时，通过在派生类中定义一个新函数 display()可以解决这个问题。例如：

```
void Gamma::display()
{
    Alpha::display();
    Beta::display();
}
```

这样一来，如果定义 Gamma 类的对象，并调用 display()函数，编译器会默认调用 Gamma 类定义的 display()函数。

2．从多个路径继承同一个基类引起的二义性

在多继承情况下，从多个路径继承同一个基类也可以产生二义性。仔细分析例 9.9，就会发现 Tea_Ca 类继承了 Teacher 类和 Cadre 类，Teacher 类和 Cadre 类又分别继承了 Person 类，这样 Tea_Ca 类就从两个路径继承了 Person 类的成员，因此 Person 类的成员在 Tea_Ca 类中存在两份相同的副本，如果引用这些成员就会引起二义性。

【例 9.10】改写例 9.9，分析程序的输出结果。

```
#include<iostream>
#include<string>
using namespace std;
class Person
{
public:
    Person(string nna,char nsex,string nphonenum): name(nna),sex(nsex),
phonenum(nphonenum){ }
    void Show()                        //基类 Show()函数
    {
        cout<<"name="<<name<<endl;
        cout<<"sex="<<(sex=='m'?"男":"女")<<endl;
        cout<<"phonenum="<<phonenum<<endl;
    }
    ~Person(){ }
private:
    string name;
    char sex;
    string phonenum;
```

```cpp
};
class Teacher:public Person
{
public:
    Teacher(string nna,char nsex,string nphonenum,string ntitle,double nwage):
Person(nna,nsex,nphonenum)
    {
        title=ntitle;
        wage=nwage;
    }
    void Show()                          //Teacher 类的 Show()函数
    {
        Person::Show();
        cout<<"title="<<title<<endl;
        cout<<"wage="<<wage<<endl;
    }
    ~Teacher(){  }
private:
    string title;
    double wage;
};
class Cadre:public Person
{
public:
    Cadre(string nna,char nsex,string nphonenum,string npost,string npolitical):
Person(nna,nsex,nphonenum)
    {
        post=npost;
        political=npolitical;
    }
    void Show()                          //Cadre 类的 Show()函数
    {
        Person::Show();
        cout<<"post="<<post<<endl;
        cout<<"political="<<political<<endl;
    }
    ~Cadre(){ }
private:
    string post;                //职务
    string political;           //政治面貌
};
class Tea_Ca:public Teacher,public Cadre
{
public:
    Tea_Ca(string  nna,char  nsex,string  nphonenum,string  ntitle,double
nwage,string npost,string npolitical):Teacher(nna,nsex,nphonenum,ntitle,nwage),
Cadre(nna,nsex,nphonenum,npost,npolitical){ }
    void Show()                          //Tea_Ca 类的 Show()函数
    {
        Teacher::Show();
        Cadre::Show();
    }
    ~Tea_Ca(){ }
};
int main()
{
    Tea_Ca tc("李明",'m',"13189783326","教授",5000,"主任","党员");
```

```
                                   //定义派生类对象
    tc.Show();                     //默认访问 Tea_Ca 类的 Show()函数
    tc.Person::Show();             //编译会报错！从两条路径继承了 Person 类的 Show()函数
    return 0;
}
```

如果把语句 tc.Person::Show();去掉，程序可以编译通过，执行结果如下：

```
name=李明
sex=男
phonenum=13189783326
title=教授
wage=5000
name=李明
sex=男
phonenum=13189783326
post=主任
political=党员
```

Teacher 类和 Cadre 类都含有 Person 类成员的副本。当 Tea_Ca 类从 Teacher 类和 Cadre 类派生时，它从两个直接基类中分别获取一份 Person 类数据成员的副本，这意味着 Tea_Ca 类的对象含有 Person 类成员的两份副本，一份来自 Teacher 类，一份来自 Cadre 类，如图 9-6 所示。当派生类 Tea_Ca 的对象调用 Person 类的成员时，就会出现二义性。如果要想使这个公共间接基类 Person 在派生类中只产生一个副本，则必须将这个间接基类定义为虚基类。

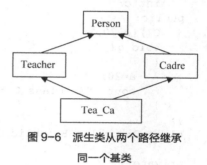

图 9-6　派生类从两个路径继承同一个基类

9.4　虚基类

9.4.1　虚基类的概念

多继承层次结构可能很复杂，而且可能会出现下面这种情况，即派生类从同一基类中继承多次，这样一来就会出现基类的两个或两个以上的副本，编译器不知道应该访问哪个副本，造成二义性问题，因此就会发生错误。为了避免出现基类的多个副本，应使用虚基类。虚基类用在多继承层次结构中，可以避免同一数据成员的不必要重复。

声明虚基类的格式如下：

class 派生类名::virtual 继承方式　基类名

其中，virtual 是虚基类的关键字。

【例 9.11】虚基类举例。

```cpp
#include<iostream>
using namespace std;
class A
{
protected:
    int a;
public:
    A(){a=50;}
    void f(){cout<<"In class A : "<<a<<endl;}
```

```
};
class B:virtual public A
{
protected:
    int b;
public:
    B(){b=60;}
    void g()
    {
        a=10;
        cout<<"In class B : "<<a<<","<<b<<endl;
    }
};
class C:virtual public A
{
protected:
    int c;
public:
    C(){c=70;}
    void g()
    {
        a=20;
        cout<<"In class C : "<<a<<","<<c<<endl;
    }
};
class D: public B,public C
{
private:
    int d;
public:
    D(){d=80;}
    void g()
    {
        a=30;
        b=40;
        c=50;
        cout<<"In class D : "<<a<<","<<b<<","<<c<<","<<d<<endl;
    }
};
int main()
{
    D d1;
    d1.f();        //编译正确，没有二义性
    d1.B::g();
    d1.C::g();
    d1.g();
    return 0;
}
```

程序执行结果如下：

```
In class A : 50
In class B : 10,60
In class C : 20,70
In class D : 30,40,50,80
```

使用虚基类后，类 D 对象中只存在一个虚基类 A 成员的副本，故下面的访问是正确的。

```
D d1;
d1.f();                //正确
```

9.4.2 虚基类的构造函数和析构函数

定义虚基类就是要保证派生类对象中只有一个虚基类成员的副本，这样虚基类的构造函数只需要被调用一次就够了，而且也只能被调用一次，用来给这个唯一的副本初始化。这一工作由谁完成呢？由间接派生类完成，所以间接派生类构造函数的定义就会发生变化。另外，虚基类的出现也改变了构造函数的调用顺序。在初始化任何非虚基类之前，将先初始化虚基类。这时，在整个继承结构中，直接或间接继承虚基类的所有派生类都必须在构造函数的成员初始化表中列出对虚基类的初始化。如果存在多个虚基类，初始化顺序由它们在继承结构中的位置决定，其顺序是从上到下、从左到右。调用析构函数也遵守相同的规则，但是顺序相反。

【例9.12】用虚基类改写例9.10，分析程序的运行结果。

```cpp
#include<iostream>
#include<string>
using namespace std;
class Person
{
public:
    Person(string nna,char nsex,string nphonenum): name(nna),sex(nsex), phonenum
(nphonenum){ }
    void Show()                             //基类 Show()函数
    {
        cout<<"name="<<name<<endl;
        cout<<"sex="<<(sex=='m'?"男":"女")<<endl;
        cout<<"phonenum="<<phonenum<<endl;
    }
    ~Person(){ }
private:
    string name;
    char sex;
    string phonenum;
};
class Teacher:virtual public Person      //虚基类
{
public:
    Teacher(string nna,char nsex,string nphonenum,string ntitle,double nwage):
Person(nna,nsex,nphonenum)
    {
        title=ntitle;
        wage=nwage;
    }
    void Show()                             //Teacher 类的 Show()函数
    {
        Person::Show();
        cout<<"title="<<title<<endl;
        cout<<"wage="<<wage<<endl;
    }
    ~Teacher(){ }
private:
    string title;
```

```
        double wage;
};
class Cadre:virtual public Person            //虚基类
{
public:
    Cadre(string nna,char nsex,string nphonenum,string npost,string npolitical):
Person(nna,nsex,nphonenum)
    {
        post=npost;
        political=npolitical;
    }
    void Show()                                  //Cadre 类的 Show()函数
    {
        Person::Show();
        cout<<"post="<<post<<endl;
        cout<<"political="<<political<<endl;
    }
    ~Cadre(){ }
private:
    string post;            //职务
    string political;    //政治面貌
};
class Tea_Ca:public Teacher,public Cadre
{
public:
    Tea_Ca(string  nna,char  nsex,string  nphonenum,string  ntitle,double
nwage,string npost,string npolitical):Teacher(nna,nsex,nphonenum,ntitle,nwage),
Cadre(nna,nsex,nphonenum,npost,npolitical), Person(nna,nsex,nphonenum){ }
                                //由 Tea_Ca 类调用虚基类的构造函数
    void Show()                              //Tea_Ca 类的 Show()函数
    {
        Teacher::Show();
        Cadre::Show();
    }
    ~Tea_Ca(){ }
};
int main()
{
    Tea_Ca tc("李明",'m',"13189783326","教授",5000,"主任","党员");
                                //定义派生类对象
    tc.Person::Show();          //编译正确,从 Person 类间接继承的 Show()函数唯一
    return 0;
}
```

程序执行结果如下:

```
name=李明
sex=男
phonenum=13189783326
```

例 9.12 在主函数中定义了一个派生类 Tea_Ca 的对象 tc,其构造函数和析构函数的执行顺序如下:

(1)执行虚基类 Person 的构造函数;

(2)执行类 Teacher 和类 Cadre 的构造函数;

(3)执行类 Tea_Ca 自己的构造函数;

(4)销毁对象 tc 时,调用析构函数,调用析构函数的顺序与调用构造函数的顺序相反。

虽然类 Teacher 和类 Cadre 相对类 Person 来说也是派生类，但因其基类是虚基类，且已经被构造，因此就不再重复调用基类 Person 的构造函数。

虚基类的初始化与一般多继承的初始化在语法上是一样的，但构造函数的执行顺序不同。虚基类及派生类构造函数的执行顺序如下：

（1）虚基类的构造函数在所有非虚基类之前执行；

（2）若同一层次中包含多个虚基类，这些虚基类的构造函数按它们声明的次序调用；

（3）若虚基类由非虚基类派生而来，则仍然先调用基类构造函数，再调用派生类的构造函数。

9.4.3　虚基类的应用

【例 9.13】虚基类应用举例。

```
#include<iostream>
using namespace std;
class A1                            //声明基类 A1
{
public:
    A1(){cout<<"A1 类默认构造函数;"<<endl;}
    ~A1(){cout<<"A1 类析构函数;"<<endl;}
    void Print(){cout<<"在 A1 中;"<<endl;}
};
class A2:public A1                  //声明基类 A2
{
public:
    A2(int i){a=i;cout<<"A2 类构造函数;  a="<<a<<endl;}
    ~A2(){cout<<"A2 类析构函数;  a="<<a<<endl;}
private:
    int a;
};
class B1:virtual public A2       //A2 为虚基类, 派生类 B1
{
public:
    B1(int i,int j):A2(i){b1=j;cout<<"B1 类构造函数;  b1="<<b1<<endl;}
    ~B1(){cout<<"B1 类析构函数;  b1="<<b1<<endl;}
private:
    int b1;
};
class B2:virtual public A2       //A2 为虚基类, 派生类 B2
{
public:
    B2(int i,int j):A2(i){b2=j;cout<<"B2 类构造函数;  b2="<<b2<<endl;}
    ~B2(){cout<<"B2 类析构函数;  b2="<<b2<<endl;}
private:
    int b2;
};
class C:public B1,public B2       //声明派生类 C
{
public:
    C(int i,int j,int k,int t):A2(i),B1(i,j),B2(i,k)
    {
        c=t;
        cout<<"C 类构造函数;  c="<<c<<endl;
    }
```

```
    ~C(){cout<<"C 类析构函数；  c="<<c<<endl;}
private:
    int c;
};
int main()
{
    C c1(1,2,3,4);
    c1.Print();
    return 0;
}
```

程序执行结果如下：

```
A1 类默认构造函数；
A2 类构造函数；  a=1
B1 类构造函数；  b1=2
B2 类构造函数；  b2=3
C 类构造函数；   c=4
在 A1 中；
C 类析构函数；   c=4
B2 类析构函数；  b2=3
B1 类析构函数；  b1=2
A2 类析构函数；  a=1
A1 类析构函数；
```

【例 9.14】分析下列程序的运行结果。

```
#include<iostream>
#include<string>
using namespace std;
class people
{
public:
    people(char *n="",char *i="",char s='m',int a=19);
    void Pdisplay();
private:
    char name[20];
    char ID[20];
    char sex;
    int age;
};
people::people(char *n,char *i,char s,int a)
{
    strcpy(name,n);
    strcpy(ID,i);
    sex=s;
    age=a;
}
void people::Pdisplay()
{
    cout<<"人员：\n 身份证号 ---"<<ID<<endl;
    cout<<"姓名 ---"<<name<<endl;
    if(sex=='m'||sex=='M')cout<<"性别 ---"<<"男"<<endl;
    if(sex=='f'||sex=='F')cout<<"性别 ---"<<"女"<<endl;
    cout<<"年龄 ---"<<age<<endl;
}
class job:virtual public people
```

```
{
public:
    job(char *n,char *i,char s,int a,int num=0,char *dep="");
    void Jdisplay();
private:
    int number;                    //工作证号
    char department[20];           //工作部门
};
job::job(char *n,char *i,char s,int a,int num,char *dep):people(n,i,s,a)
{
    number=num;
    strcpy(department,dep);
}
void job::Jdisplay()
{
    cout<<"工作人员："<<endl;
    cout<<"编号 ---"<<number<<endl;
    cout<<"工作单位 ---"<<department<<endl;
}
class student: virtual public people
{
public:
    student(char *n,char *i,char s,int a,int sn=0,int cn=0):people(n,i,s,a)
    {
        snum=sn;
        classnum=cn;
    }
    void Sdisplay()
    {
        cout<<"在校学生"<<endl;
        cout<<"学号="<<snum<<endl;
        cout<<"班级="<<classnum<<endl;
    }
private:
    int snum;
    int classnum;
};
class job_student:public job,public student
{
public:
    job_student(char *n,char *i,char s='m',int a=19,int mn=0,char *md="",int
no=0,int sta=1):job(n,i,s,a,mn,md),student(n,i,s,a,no,sta),people(n,i,s,a){  }
    void Tdisplay();
};
void job_student::Tdisplay()
{
    cout<<"在职学生"<<endl;
}
int main()
{
    job_student w("张国嫒","122334571908655",'f',22,102,"民族学院",5282,2004);
    w.Tdisplay();
    w.Pdisplay();
    w.Jdisplay();
```

```
        w.Sdisplay();
        return 0;
}
```

程序执行结果如下：

```
在职学生
人员：
身份证号 ---122334571908655
姓名 ---张国媛
性别 ---女
年龄 ---22
工作人员：
编号 ---102
工作单位 ---民族学院
在校学生
学号=5282
班级=2004
```

例 9.14 中首先设计基类 people，表示一般人员的信息，再设计一个表示工作人员的类 job，接下来设计一个表示学生的类 student，在职学生类 job_student 以这些类为基类。

9.4.4 基类和派生类的转换

对于基本数据类型而言，不同数据类型之间是可以转换的。比如双精度类型的数据可以给整型变量赋值，赋值前，先将数据转换成整数（舍去小数位取整），再赋给整型变量。反过来整型数据也可以给双精度类型变量赋值，赋值前需要将整型数据转换成双精度型的数据，再赋给双精度类型的变量。这种不同数据类型之间的赋值和转换称为赋值兼容。

基类和派生类之间也能进行类似的类型转换。由于派生类包含从基类继承的成员，因此可以将派生类对象赋值给基类对象，反之不能。具体表现为下面 3 种形式。

1．派生类的对象可以赋值给基类的对象

用派生类对象给基类对象赋值时，派生类中从基类继承的数据成员对应赋值给基类的数据成员，派生类自己新增的数据成员则舍弃。赋值只是对数据成员，成员函数是不存在赋值的。只能用派生类对象对基类对象赋值，不能用基类对象对派生类对象赋值，原因是基类对象不包含派生类的数据成员，所以无法对派生类对象赋值。例如：

```
Base b;              //定义基类对象
Derived d;           //定义派生类对象
b=d;                 //正确，派生类对象给基类对象赋值
d=b;                 //错误！
```

在公有继承下，派生类的对象可作为基类的对象使用，但只能使用从基类继承的成员。

2．派生类的对象可以初始化基类对象的引用

如果定义了基类对象的引用，可以用基类对象初始化，也可以用派生类对象初始化。如：

```
Base b;              //定义基类对象
Derived d;           //定义派生类对象
Base &r1=b;          //定义基类对象的引用 r1，用基类对象 b 初始化
Base &r2=d;          //定义基类对象的引用 r2，用派生类对象 d 初始化
```

基类对象的引用 r1 是 b 的别名，b 和 r1 共享同一存储空间。但 r2 并不是 d 的别名，它只

是 d 中基类部分的别名，r2 与 d 中的基类部分共享同一存储空间。它们之间的关系如图 9-7 所示。

派生类对象d

图 9-7 派生类对象初始化基类对象的引用

3．派生类对象的地址可以赋给基类指针变量

若定义了指向基类对象的指针变量，也可以用派生类的对象取地址给它赋值，即指向基类对象的指针变量可以指向派生类对象。例如：

```
Base b;            //定义基类对象
Derived d;         //定义派生类对象
Base *p=&d;        //定义基类的指针 p，指向派生类的对象 d
```

以上的表现形式同样可用在函数参数中。如果函数的形参是基类的对象、基类对象的引用或是指向基类对象的指针变量，那么实参可以是一个派生类的对象。

【例 9.15】分析下列程序的运行结果。

```cpp
#include<iostream>
#include<string>
using namespace std;
class Person
{
public:
    Person(string nna,char nsex,string nphonenum):name(nna),sex(nsex),
phonenum(nphonenum){ }
    void Show()
    {
        cout<<"name="<<name<<endl;
        cout<<"sex="<<(sex=='m'?"男":"女")<<endl;
        cout<<"phonenum="<<phonenum<<endl;
    }
private:
    string name;
    char sex;
    string phonenum;
};
class Teacher:public Person
{
public:
    Teacher(string nna,char nsex,string nphonenum,string ntitle,double nwage):
Person(nna,nsex,nphonenum)
    {
        title=ntitle;
        wage=nwage;
    }
    void Show()
    {
        Person::Show();
```

```
            cout<<"title="<<title<<endl;
            cout<<"wage="<<wage<<endl;
    }
private:
    string title;
    double wage;
};
int main()
{
    Teacher t("李明",'m',"13189783326","教授",5000);
    Person *p=&t;    //定义了指向基类对象的指针，用派生类对象的地址给它赋值
    p->Show();
    return 0;
}
```

程序执行结果如下：

```
name=李明
sex=男
phonenum=13189783326
```

从程序的运行结果看，虽然指向基类对象的指针 p 是指向派生类对象的，但通过指针访问的是基类的 Show()函数，而不是派生类中重新定义的 Show()函数。这是由于 p 虽然指向了派生类的对象 t，但 p 实际上指向的是 t 中从基类继承的成员，通过指针，只能访问派生类中从基类继承的成员，而不能访问派生类新定义的成员。所以调用基类的 Show()函数后，输出的只有 name、sex 和 phonenum 3 个数据成员的值。

9.5 案例实战

9.5.1 实战目标

（1）掌握继承与派生的基本知识，能够根据实际情况划分类之间的继承关系。

（2）熟练掌握单继承和多继承相关内容，能够处理较复杂类继承关系中出现的各种问题。

（3）掌握多继承下运用虚基类解决二义性问题的方法。掌握虚基类的定义与用法。

9.5.2 功能描述

在第 7 章的案例中，为了描述企业员工的信息，定义了一个员工类 Employee 类。但在实际的需求中，企业员工除了公共的基本信息外，根据工作性质的不同，还有些属性和方法是不同的。例如，企业技术人员有每月工作时间的属性，它的奖金由每月工作时间的长短决定。企业销售人员具有部门销售利润的属性，销售利润的高低直接决定了他们的奖金。所以我们需要根据实际的需求，在已经定义的员工类 Employee 的基础上派生出新的类，以形成类之间的继承关系。

本章案例要求根据企业员工工作性质的不同，将所有员工分为技术人员类 Worker、销售人员类 Saler 和经理类 Manager 3 类。所有员工的基本信息包括：编号、姓名、年龄、性别、工龄、婚姻状况、岗位等级、是否在职、工资、奖金等。技术人员类 Worker 中增加新的属性月工作时间，成员函数除了设置和获取属性值外，还应具有计算奖金的函数。销售人员类 Saler 中增加新的属性部门销售利润，成员函数包括设置和获取新属性值以及计算奖金的函数。经理类 Manager 既具有技术人员的属性又具有销售人员的属性，应该是多继承的关系。类的继承关系图如图 9-8 所示。

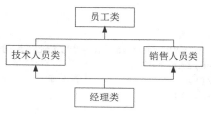

图 9-8 类的继承关系

各类人员工资计算的公式：工资=岗位等级×1000+工龄×20。

各类人员奖金计算的公式如下。

（1）技术人员类：奖金=（月工作时间－100）×20（其中 100 小时为基本工作量）。

（2）销售人员类：奖金=部门利润×0.05。

（3）经理类：奖金=（月工作时间－100）×30+部门利润×0.01。

9.5.3 案例实现

下面的代码定义了一个公共基类（员工类 Employee），两个直接派生类（技术人员类 Worker、销售人员类 Saler）和一个间接派生类（经理类 Manager）。由于经理类 Manager 间接继承了员工类 Employee，因此需要把员工类 Employee 声明为虚基类。各类人员计算工资的公式一致，所以计算工资的函数 setWage()在公共基类 Employee 中定义，其他类继承即可。由于各个类计算奖金的方式不同，故计算奖金的函数 setSalary()在 Employee 类中定义后，各个类中再重写此函数。

```cpp
#include<iostream>
#include<iomanip>
#include<string>
using namespace std;
#define M 100
#define N 9
//************** 定义员工基类 ********************
class Employee  //公共基类
{
public:
    ......                  //省略实现代码，与上一章案例相同
    void setSalary();       //计算奖金，在前面案例基础上新增成员函数
    double getSalary();     //在前面案例基础上新增成员函数

    protected:              //*注意将私有属性改为保护
    ......                  //省略实现代码，与上一章案例相同
    double salary;          //奖金，在前面案例基础上新增数据成员
};
Employee::Employee(string n1,string n2,int a,int w,char s,int m,int g,int
t):wage(0.0),salary(0.0)
{  ......  //实现代码省略   }
void Employee::setSalary() //计算奖金
{   salary=0.0;            }
double Employee::getSalary()
{   return salary;         }
......  //省略部分成员函数的定义，与第 7 章案例相同
// ************** 技术人员 Worker 类，继承 Employee ****************
class Worker:virtual public Employee
```

```cpp
{
public:
    Worker(string n1="",string n2="",int a=30,int w=0,char s='f',int
m=0,int g=0,int t=0,int h=0);
    void setSalary();              //计算奖金
    int getWorkhours();
    void print();
protected:
    int workhours;                 //月工作时间
};
Worker::Worker(string n1,string n2,int a,int w,char s,int m,int g,int t,int
h):Employee(n1,n2,a,w,s,m,g,t)
{    workhours=h;    }
void Worker::setSalary()           //计算技术人员奖金
{    salary=(workhours-100)*20;  //工时超过100小时奖金才为正    }
int Worker::getWorkhours()         //获取员工工龄
{    return workhours;  }
void Worker::print()
{
    setWage();
    Worker::setSalary();
    Employee::print();
    cout<<"月工作时间: "<<getWorkhours()<<endl;
    cout<<"奖金:"<<getSalary()<<endl;
}
// ***************    定义销售员类Saler,继承Employee  *********************
class Saler:virtual public Employee
{
public:
    Saler( string n1="",string n2="",int a=30,int w=0,char s='f',int m=0,int
g=0,int t=0,double p=0);
    void setSalary();    //计算销售人员奖金
    double getProfit();
    void print();
protected:
    double profit;       //部门利润
};
Saler::Saler(string n1,string n2,int a,int w,char s,int m,int g,int t,double
p):Employee(n1,n2,a,w,s,m,g,t)
{    profit=p;    }
void Saler::setSalary()//计算奖金
{    salary=profit*0.05;    }
double Saler::getProfit()//获取部门利润
{    return profit;    }
void Saler::print()
{
    setWage();
    Saler::setSalary();
    Employee::print();
    cout<<"部门利润: "<<getProfit()<<endl;
    cout<<"奖金:"<<getSalary()<<endl;
}
//****************经理Manager类,继承Worker、Saler,多继承  *********
class Manager:public Worker,public Saler
```

```
    {
    public:
        Manager(string n1="",string n2="",int a=30,int w=0,char s='f',int
    m=0,int g=0,int t=0,int h=0,double p=0);
        void setSalary();          //计算奖金
        void print();
    };
    Manager::Manager(string n1,string n2,int a,int w,char s,int m,int g,int t,int
    h,double p):Employee(n1,n2,a,w,s,m,g,t),Worker(n1,n2,a,w,s,m,g,t,h),Saler(n1,
    n2,a,w,s,m,g,t,p)
    { }
    void Manager::setSalary()//计算奖金
    {   salary=(workhours-100)*30+profit*0.01;   }
    void Manager::print()
    {
        setWage();
        Manager::setSalary();
        Employee::print();
        cout<<"月工作时间: "<<getWorkhours()<<endl;
        cout<<"部门利润: "<<getProfit()<<endl;
        cout<<"奖金:"<<getSalary()<<endl;
    }
    int main()   //该主函数用来测试上述类的定义
    {
        Manager m1("1001","liming",30,8,'m',1,2,1,300,300);
        m1.Manager::print();
        return 0;
    }
    //其他关于添加、修改、查找、删除、菜单等函数的定义与第7章相同
```

习 题

1. 填空题

（1）C++语言有 3 种继承方式，分别为_____、_____、_____。

（2）在 C++语言中，派生类继承了基类的全部数据成员和除_____和_____之外的全部成员函数。

（3）如果一个类有两个或两个以上直接基类，则这种继承称为_____。

（4）在公有继承关系下，派生类的对象可以访问基类中的_____成员，派生类的成员函数可以访问基类中的_____成员。

（5）利用现有类定义一个新类时，被继承的类称为_____类或_____类；新定义的类称为_____类或_____类。

（6）派生类析构函数的执行顺序与构造函数的执行顺序_____，即先执行_____的析构函数，然后执行_____的析构函数，最后执行_____的析构函数。

（7）在保护继承关系下，基类的共有成员和保护成员将成为派生类中的_____成员，它们只能由派生类的_____来访问，基类的私有成员将成为派生类中的_____成员。

（8）一个基类可以有_____个派生类，一个派生类可以有_____个基类。

（9）在 C++语言中，设置虚基类的目的是_____，通过关键字_____来标识虚基类。

（10）下列程序的执行结果是_____。

```cpp
#include<iostream>
using namespace std;
class Base
{
public:
    void disp(float f){cout<<f<<endl;}
};
class Derived:public Base
{
public:
    void disp(int f){cout<<f<<endl;}
};
int main()
{
    Derived d;
    d.disp(15.32);
    return 0;
}
```

（11）以下程序的执行结果第一行是_____，第二行是_____。

```cpp
#include<iostream>
using namespace std;
class Base
{
public:
    void print(){cout<<"class Base!"<<endl;}
};
class Derived:public Base
{
public:
    void print(int f){cout<<"class Derived!"<<endl;}
};
int main()
{
    Base b,*pb;
    Derived d;
    pb=&b;
    (*pb).print();
    pb=&d;
    pb->print();
    return 0;
}
```

（12）下列程序的执行结果是_____。

```cpp
#include<iostream>
using namespace std;
class shape
{
public:
    void Draw()  {cout<<"\nBase::Draw()\n";}
    void Erase() {cout<<"Base::Erase()\n\n";}
    shape()  {Draw();}
    ~shape() {Erase();}
};
class Polygon:public shape
```

```
{
public:
    Polygon() {Draw();}
    void Draw() {cout<<"Polygon::Draw()\n";}
    void Erase() {cout<<"Polygon::Erase()\n";}
    ~Polygon() {Erase();}
};
class Rectangle:public Polygon
{
public:
    Rectangle(){Draw();}
    void Draw(){cout<<"Rectangle::Draw()\n";}
    void Erase(){cout<<"Rectangle::Erase()\n";}
    ~Rectangle(){Erase();}
};
class Square:public Rectangle
{
public:
    Square() {Draw();}
    void Draw() {cout<<"Square::Draw()\n";}
    void Erase() {cout<<"Square::Erase()\n";}
    ~Square() {Erase();}
};
int main()
{
    Polygon c;
    Rectangle s;
    Square t;
    cout<<"----------------\n";
    return 0;
}
```

2．选择题

（1）要用派生类的对象访问基类的保护成员，以下观点正确的是（　　　　）。

    A．不可能实现　　　　　　　　　　　　B．可采用保护继承

    C．可采用私有继承　　　　　　　　　　D．可采用共有继承

（2）下列关于派生类的描述中，错误的是（　　　　）。

    A．派生类中包含它基类中的成员和它自己的新增成员

    B．派生类至少应该有一个基类

    C．派生类的成员可以访问它的基类中的所有成员

    D．一个派生类可以作为其他派生类的基类

（3）C++中类的用途有两种：一种是类的实例化，即生成类的对象；另一种是通过（　　　　）派生出新类。

    A．复用　　　　　　B．继承　　　　　　C．封装　　　　　　D．引用

（4）继承具有（　　　），即当基类本身也是某一类的派生类时，底层的派生类也会自动继承间接基类的成员。

    A．规律性　　　　　B．传递性　　　　　C．重复性　　　　　D．多样性

（5）基类中的（　　　）不允许外界访问，但允许派生类的成员访问，这样既有一定的隐藏能力，又提供了开放的接口。

    A．共有成员　　　　B．私有成员　　　　C．私有成员函数　　D．保护成员

（6）下列关于派生类构造函数的描述中，错误的是（　　　　）

  A．派生类构造函数应包含直接基类和所有的间接基类的构造函数

  B．派生类构造函数仅包含直接基类构造函数和其他（如子对象）类构造函数等

  C．派生类构造函数通常带有成员初始化列表

  D．派生类默认构造函数中隐含包括直接基类的默认构造函数

（7）关于多继承的描述中，（　　　　）是错误的。

  A．多继承中出现的二义性通常使用成员限定符消除

  B．不是所有情况的多继承都会出现二义性

  C．程序中出现的二义性不必消除

  D．派生类中对它多个基类的同名成员访问时可能会出现二义性

（8）下列关于虚基类的描述中，（　　　　）是错误的。

  A．虚基类的关键字是 virtual

  B．使用虚基类可以解决公共基类的二义性问题

  C．虚基类能够解决公共基类只被初始化一次数据成员的问题

  D．带有虚基类的派生类构造函数与不带有虚基类的派生类的构造函数没有区别

（9）当不同的类具有相同的间接基类时，具有的特点是（　　　　）。

  A．各派生类对象中不存在基类版本

  B．派生类对象无法产生自己的基类版本

  C．为了建立唯一的间接基类版本，应该改变继承方式

  D．为了建立唯一的间接基类版本，应该声明虚基类

（10）下列虚基类的声明中正确的是（　　　　）。

  A．class virtual B:public A   B．virtual class B:public A

  C．class B:public A virtual   D．class B: virtual public A

3．分析下列程序的访问权限，并回答问题。

```cpp
#include<iostream>
using namespace std;
class A
{
public:
    void f1();
protected:
    int j1;
private:
    int i1;
};
class B:public A
{
public:
    void f2();
protected:
    int j2;
private:
    int i2;
};
class C:public B
{
public:
```

```
    void f3();
};
```

回答下列问题。

（1）派生类 B 中成员函数 f2()能否访问基类 A 中的成员 f1()、i1 和 j1 呢？

（2）派生类 B 的对象 b1 能否访问基类 A 中的成员 f1()、i1 和 j1 呢？

（3）派生类 C 中成员函数 f3()能否访问直接基类 B 中的成员 f2()和 j2 呢？能否访问间接基类 A 中的成员 f1()、i1 和 j1 呢？

（4）类 C 的对象 c1 能否访问直接基类 B 中的成员 f2()、i2 和 j2 呢？能否访问间接基类 A 中的成员 f1()、i1 和 j1 呢？

（5）从问题（1）~（4）可得出对公有继承的什么结论？

4．编程题

（1）按以下提示信息，由基类的设计和测试开始，逐渐地完成各个类的设计，并且完成要求的功能。

①设计一个 Point（点）类，包含数据成员 x、y（坐标点）。

②以 Point 为基类，派生出一个 Circle（圆）类，增加数据成员 r（半径）。

③以 Circle 类为直接基类，派生出一个 Cylinder（圆柱体）类，再增加数据成员 h（高）。

要求编写程序，设计出各类中基本的成员函数，包括构造函数、析构函数、设置数据成员和获取数据成员的函数，以及计算圆的周长和面积、计算圆柱体的表面积和体积的函数。

（2）定义一个汽车类 Automobile，包含数据成员品牌、颜色、车重、马力；定义小客车类 Car 继承 Automobile，增加数据成员座位数；定义小货车类 Wagon 继承 Automobile，增加数据成员载重量；定义客货两用车类 StationWagon 继承 Car 和 Wagon。分析类之间的关系，完成各类的设计和定义，并在各类中提供构造函数、输入和输出信息函数。

（3）定义 B0 是虚基类，B1 和 B2 都继承 B0，D1 同时继承 B1 和 B2，它们都是公有派生，这些类都有同名的公有数据成员和公有函数，编制主程序，生成 D1 的对象，通过限定符"::"分别访问 D1、B0、B1 和 B2 的公有成员。

（4）定义一个车类 Vehicle，具有最大速度 Maxspeed、重量 Weight 等成员变量，行驶 Run、停车 Stop 等成员函数，由此派生出自行车类 Bicycle、汽车类 Car。自行车类有颜色 Color 等属性，汽车类有车型 Type 等属性，从自行车类和汽车类派生出摩托车类 Motor。在继承过程中，注意把车类 Vehicle 设置为虚基类。

第 10 章
运算符重载

运算符重载就是赋予已有运算符更多的含义，通过重新定义运算符的操作功能，使同一个运算符可以作用于不同类型的数据，导致不同类型的行为发生。在 C++ 语言中运算符经重载后不仅能操作基本数据类型的对象，还能操作用户自定义类型的对象，这就是 C++ 语言中运算符重载的意义。运算符重载提供了重新定义语言、扩展语言的能力，使程序更加容易阅读和调试。运算符重载可以通过成员函数或友元函数来实现，运算符重载实际上就是特殊函数的重载。

10.1 概述

在设计一个新的类时，其实是将一个新的数据类型引入到 C++ 语言中，对于一个新的数据类型的操作需要重新定义，而不能直接使用一些系统预先定义好的操作符。

例如，用户设计了一个新类 object，又定义了该类的两个对象 obj1 和 obj2，但不能进行两个对象相加（obj1+obj2）的操作，这是因为在 C++ 语言中没有对 "+" 运算符赋予这样的功能，即不能对两个用户自定义类的对象求和。如果用户想进行这种运算，需要用户自己编写运算符重载函数，来实现 "+" 运算符对用户自定义类型的加法功能。

运算符重载就是编写函数来拓展某些运算符所能作用的对象范围，使得它们不但能用于基本数据类型，而且能用于用户自定义类型的对象或者对象与基本数据类型的混合操作，这一类函数称为运算符重载函数，对这一类函数的重载称为运算符重载。

为什么要重载运算符？运算符重载能带来哪些好处呢？让我们先看下面的程序。

```
int sum_i;
float sum_f,sum;
int i1=123,i2=456;
float f1=3.45,f2=6.78;
sum_i=i1+i2;
sum_f=f1+f2;
sum=i1+f1;
```

在上面的程序中，表达式 i1+i2 中的加号 "+" 用于完成两个整型数据的加法运算，而表达式 f1+f2 中的加号 "+" 用于完成两个浮点型数据的加法运算，表达式 i1+f1 中的加号 "+" 用于完成一个整型数和一个浮点型数的加法运算。这样的运算肯定不会有问题，但是为什么同一个运算符 "+" 可以完成不同类型数据的加法运算呢？原因在于 C++ 语言针对基本数据类型已经对某些运算符做了运算符重载。

当编译程序编译表达式 i1+i2 时，会自动调用整型数相加的函数，编译表达式 f1+f2 时会自动调用浮点型数相加的函数，依次类推。上述工作都是由编译程序自动完成的，无需程序员进行任何操作。

但 C++语言提供的基本数据类型终究是有限的，在解决各种各样的实际问题时往往需要使用自定义的数据类型，如类、结构体等，并且需要对各种类型的对象进行运算操作，运算符重载这一机制正好解决了这一问题。例如，在解决科学计算问题时经常要用到复数的运算，下面定义一个简单的复数类 Complex，然后定义 Complex 类的两个对象 c1 和 c2，计算 c1 和 c2 之和，这样的运算能不能运行呢？答案是否定的。程序如下。

```
#include<iostream>
using namespace std;
class Complex
{
public:
    Complex(double r=0,double i=0)
    {
        real=r;
        imag=i;
    }
private:
    double real,imag;    //实部和虚部
};
int main()
{
    Complex c1(1.1,2.2),c2(3.3,4.4),c3;
☞  c3= c1+c2;           //编译错误
    ......
    return 0;
}
```

上面代码中，☞ 所指的语句编译报错，原因是程序中"+"运算符不能进行 Complex 类对象的加法运算。"+"运算符只能操作 C++定义的基本数据类型，而不能是用户自定义的数据类型，所以编译器不知道如何实现这个加法，无法将两个 Complex 类对象相加。此时，若要实现 Complex 类对象的加法功能，就需要我们自己编写类的成员函数。例如在类中定义成员函数 add()来完成两个复数的加法运算。

【例 10.1】使用成员函数完成复数的加法运算。

```
#include<iostream>
using namespace std;
class Complex                              //声明 Complex 类
{
public:
    Complex(double r=0,double i=0)
    {
        real=r;
        imag=i;
    }
    void display()                         //输出复数
    {
        cout<<"("<<real;
        if(imag>0) cout<<"+"<<imag<<"i)";
        else if(imag<0) cout<<imag<<"i)";
        else cout<<")";
    }
```

```
        Complex add(Complex &c1, Complex &c2)      //定义成员函数实现复数加法运算
        {
            this->real=c1.real+c2.real;
            this->imag=c1.imag+c2.imag;
            return *this;
        }
private:
    double real,imag;
};
int main()
{
    Complex c1(1.1,2.2),c2(3.3,4.4),c3;
    c3.add(c1,c2);
    c3.display();
return 0;
}
```

程序执行结果如下：

```
(4.4+6.6i)
```

程序中，语句"c3.add(c1,c2);"调用类的成员函数 add()来实现复数 c1 和 c2 相加，其实我们也可以写成"c3=c1+c2"的形式进行复数求和，而且这样更直观，更符合人们的习惯，也容易理解它的含义。但是采用这种形式就需要对"+"运算符进行重载，使其能操作复数类的对象 c1 和 c2。实际上运算符重载就是通过定义一个运算符重载函数来实现的，本书 10.3 节将会介绍运算符重载的实现方法。

C++中的运算符实际上是系统预先定义好的一些函数名称。所以，可以把运算符重载看作是函数重载的一种特殊形式，都使用同一个名称但具有多重含义，它体现了面向对象程序设计的多态性。

运算符重载的优点在于扩展了运算符操作的数据类型的范围，同时也方便了用户使用，提高了程序的可读性。

10.2 运算符重载规则

运算符是在 C++系统内部定义的，它们具有特定的语法规则，如参数说明、运算顺序、优先级别等。因此，运算符重载时必须要遵守一定的规则。

运算符重载的一般规则如下。

（1）重载的运算符必须是 C++语言中已经存在的运算符，不允许用户自己定义新的运算符。

（2）运算符重载不能改变运算符的语法结构，即操作数的个数。例如，自增运算符"++"和自减运算符"－"只能重载为单目运算符使用，不能重载为双目运算符使用。

（3）运算符重载不能改变 C++语言中已定义运算符的优先级和结合性。

（4）运算符重载一般不改变运算符的功能。例如，重载"+"运算符虽然可以定义成计算两个对象乘积的函数，但失去了人们对"+"运算符的常规认识，会影响程序代码的可读性。

（5）不能重载的运算符有：sizeof()运算符、成员运算符（.）、指向成员的指针运算符（.*）、作用域运算符（::）和条件运算符（?:）。

（6）重载的运算符必须和用户自定义的类对象一起使用，其参数至少应有一个是类的对

象或对象的引用。

（7）重载运算符函数不能含有默认的参数。

（8）运算符只能被显式重载。例如，重载了"+"和"="运算符之后，并不意味着"+="也被自动重载了。

10.3　运算符重载的实现方式

运算符重载有两种实现方式：重载为类的成员函数和重载为类的友元函数。运算符重载通常是针对类中的私有成员进行操作，故运算符重载函数也应该能够访问类中的私有成员，所以运算符重载一般采用类的成员函数或友元函数来实现，既不是成员函数也不是友元函数，只是作为类外部的普通函数来重载运算符的情况极少。

运算符重载的过程是将现有运算符与成员函数或友元函数相关联的过程，使得该运算符具有将该类的对象用作其操作数的能力。

10.3.1　用成员函数重载运算符

运算符重载为类的成员函数的语法格式如下：

函数类型 类名::**operator** 运算符(参数表)
{
 函数体
}

其中，"函数类型"是成员函数的返回值类型，"类名"是重载该运算符的类，"operator"是关键字，是运算符重载的标志，"运算符"是要重载的运算符，"参数表"表示该成员函数所需要的操作数。

下面以 Complex 类为例来说明运算符重载为类的成员函数的方法。在例 10.1 中，若把语句"c3.add(c1,c2);"改为"c3=c1+c2;"，"+"运算符左右两个操作数都是 Complex 类的对象，需要对"+"运算符进行重载。此时编译程序将其解释为 c3=c1.operator+(c2)，其中运算符左操作数即 c1 对象作为了调用运算符重载函数的对象，右操作数 c2 对象则作为函数调用时的参数。与之对应的运算符重载函数中函数名应该为"operator+"，有一个参数为 Complex 的对象。

【例 10.2】用成员函数重载算术运算符"+"。

```
#include<iostream>
using namespace std;
class Complex                          //声明 Complex 类
{
public:
    Complex(double r=0,double i=0)
    {
        real=r;
        imag=i;
    }
    void display()                     //输出复数
    {
        cout<<"("<<real;
        if(imag>0) cout<<"+"<<imag<<"i)";
        else if(imag<0) cout<<imag<<"i)";
        else cout<<")";
    }
```

```
    Complex operator+(Complex c);        //声明重载算术运算符"+"
private:
    double real,imag;
};
Complex Complex::operator+(Complex c)    //定义运算符"+"的重载函数
{
    Complex cc;
    cc.real=real+c.real;
    cc.imag=imag+c.imag;
    return cc;
}
int main()
{
    Complex c1(1.1,2.2),c2(3.3,4.4),c3;
    c3=c1+c2;        //调用运算符重载函数
    c3.display();
    return 0;
}
```

程序执行结果如下：

```
(4.4+6.6i)
```

上面程序中执行"c3=c1+c2;"将调用运算符重载函数进行加操作。c1是调用函数的对象，c2是函数的参数。由此可见，当运算符重载为成员函数时，双目运算符仅有一个参数。对于单目运算符，重载为成员函数时不需要参数，唯一的一个操作数作为对象调用运算符重载函数。运算符重载为成员函数时，总是隐含了一个参数，该参数是this指针，this指针指向调用该成员函数的对象。

（1）要重载的运算符必须置于关键字operator之后。

（2）运算符重载为类的成员函数时，第一个操作数必须是当前类的对象或对象的引用。

10.3.2　用友元函数重载运算符

利用友元函数重载运算符的语法格式如下：

friend 函数类型 operator 运算符(形参表)
{
    函数体
}

其中，"friend"关键字用来说明是利用友元函数来重载运算符。下面在例10.3中实现了用友元函数重载双目运算符，将双目运算符重载为友元函数时，有两个参数。

【例10.3】用友元函数重载算术运算符"+"。

```
#include<iostream>
using namespace std;
class Complex                              //声明Complex类
{
public:
    Complex(double r=0,double i=0)
    {
        real=r;
        imag=i;
```

```
    }
    void display()                              //输出复数
    {
        cout<<"("<<real;
        if(imag>0) cout<<"+"<<imag<<"i)";
        else if(imag<0) cout<<imag<<"i)";
        else cout<<")";
    }
    friend Complex operator+(Complex c1,Complex c2);//声明运算符重载函数为
Complex 类的友元函数
private:
    double real,imag;
};
Complex operator+(Complex c1,Complex c2)     //定义运算符"+"的重载函数
{
    Complex cc;
    cc.real=c1.real+c2.real;
    cc.imag=c1.imag+c2.imag;
    return cc;
}
int main()
{
    Complex c1(1.1,2.2),c2(3.3,4.4),c3;
    c3=c1+c2;        //调用运算符重载函数
    c3.display();
    return 0;
}
```

程序执行结果如下：

```
(4.4+6.6i)
```

语句"c3=c1+c2;"，如果将运算符"+"重载为友元函数时，编译程序将其解释为 c3=operator+(c1,c2)，左右两个操作数都作为了参数，这样对应的运算符重载函数也应该有两个参数，并且都是 Complex 类的对象。这个运算符重载函数是个普通函数，不是 Complex 类的成员函数，因此函数内要访问 Complex 类的私有数据成员，就需要声明它为 Complex 类的友元函数，这就是运算符重载为类的友元函数的方法。

注意

（1）当运算符重载为类的成员函数时，函数的参数个数比原来操作数的个数要少一个（后置"++""−−"除外）。当重载为类的友元函数时，参数个数与原操作数的个数相同。原因是重载为类的成员函数时，如果某个对象调用了运算符的重载函数，自身的数据可以直接访问，就不需要放在参数表中进行传递，缺少的操作数就是该对象本身。

（2）运算符重载为类的友元函数时，第一个操作数可以是 C++的基本数据类型（如 int），也可以是一个类的对象或对象的引用。

10.4　常用运算符的重载

10.4.1　单目运算符重载

单目运算符只有一个操作数。例如，自增运算符"++"、自减运算符"−−"和负运算符

"−"。自增运算符和自减运算符可以用于前缀或后缀运算。

1. 重载为类的成员函数

【例10.4】定义一个点类Point，它含有两个数据成员x和y，x代表横坐标，y代表纵坐标。现要进行运算符"++"的重载，实现Point类对象的自增的操作，即x和y均增加1。

```cpp
#include<iostream>
using namespace std;
class Point
{
public:
    Point(int xx=0,int yy=0){x=xx; y=yy;}
    void display(){cout<<"("<<x<<","<<y<<")"<<endl;}
    Point operator++()          //前置式++p1 调用
    {
        x++;
        y++;
        return *this;
    }
    Point operator++(int)     //后置式 p1++调用
    {
        Point p=*this;
        x++;
        y++;
        return p;
    }
private:
    int x,y;
};
int main()
{
    Point p1(1,2),p2;
    p2=++p1;     //前置式，先自增再赋值
    p1.display();
    p2.display();
    p2=p1++;     //后置式，先赋值再自增
    p1.display();
    p2.display();
    return 0;
}
```

程序执行结果如下：

```
(2,3)
(2,3)
(3,4)
(2,3)
```

上面代码中，如果要将自增运算符重载为类的成员函数，无论是前置式"++p1"还是后置式"p1++"，编译器都解释为p1.operator++()，唯一的一个操作数作为类的对象去调用运算符重载函数。由于前置式和后置式运算符重载函数实现的代码不同，为了有所区别，在后置式的重载函数中增加了一个参数int，这样就可以调用不同的运算符"++"的重载函数实现相应的功能。自减运算符"−−"的重载和自增运算符类似。

当单独使用++p1或p1++时，对于自增和自减运算符重载函数的实现是一样的，但是当执行p2=++p1;或p2=p1++;时就会出现问题，前者p2的值为p1自增后的结果，后者p2的值

为 p1 自增前的结果，所以前置式和后置式需要调用不同的重载函数，并且必须返回一个 Point 类的对象，有如下代码：

```
Point Point::operator++()         //前置式++p1 调用
{
    x++;                          //this->x 自增 1
    y++;                          //this->y 自增 1
    return *this;                 //使用 this 指针，返回 this 指向的对象，自增后的结果
}
Point Point::operator++(int)      //后置式 p1++调用
{
    Point p=*this;                //创建一个对象，先保存当前对象的值
    x++;                          //this->x 自增 1
    y++;                          //this->y 自增 1
    return p;                     //返回保存的自增前的对象
}
```

重载函数的定义还有其他的实现方法，例如创建一个临时对象，并将它返回。函数定义的实现代码如下：

```
Point Point::operator++()         //前置式++p1 调用
{
    Point p;                      //创建一个临时对象
    p.x=++x;                      //自增赋值
    p.y=++y;                      //自增赋值
    return p;                     //返回自增后的对象
}
```

也可以创建一个匿名的临时对象，并将它返回。代码如下：

```
Point Point::operator++()         //前置式++p1 调用
{
    return Point(++x,++y);        //this->x 和 this->y 自增 1，返回自增后的匿名对象
}
Point Point::operator++(int)      //后置式 p1++调用
{
    return Point(x++,y++);        //先返回匿名对象，再 this->x 和 this->y 自增 1
}
```

在 C++语言中重载()、[]、->、=运算符时，运算符重载函数必须声明为类的成员函数。

2. 重载为类的友元函数

单目运算符重载为类的成员函数时，重载函数不能再显式声明参数。这是因为重载为类的成员函数时总是隐藏了一个参数，该参数就是 this 指针。this 指针指向调用该成员函数的对象。当单目运算符重载为类的友元函数时，由于不存在隐含的 this 指针，因此友元函数有一个参数。自增或自减运算符重载为类的友元函数时，后置式调用的重载函数仍然要增加一个参数 int。

【例 10.5】用友元函数实现运算符"++"的重载。

```
#include<iostream>
using namespace std;
class Point
{
public:
    Point(int xx=0,int yy=0){x=xx; y=yy;}
```

```
        void display(){cout<<"("<<x<<","<<y<<")"<<endl;}
        friend Point operator++(Point &p);        //声明重载函数为友元函数
        friend Point operator++(Point &p,int);    //声明重载函数为友元函数
private:
        int x,y;
};
Point operator++(Point &p)              //前置式++p1调用
{
        return Point(++p.x,++p.y);
}
Point operator++(Point &p,int)          //后置式p1++调用
{
        return Point(p.x++,p.y++);
}
int main()
{
        Point p1(1,2),p2;
        p2=++p1;        //前置式,先自增再赋值
        p1.display();
        p2.display();
        p2=p1++;        //后置式,先赋值再自增
        p1.display();
        p2.display();
        return 0;
}
```

程序执行结果如下:

```
(2,3)
(2,3)
(3,4)
(2,3)
```

一般情况下,单目运算符常重载为类的成员函数,双目运算符常重载为类的友元函数。这是因为对双目运算符重载时,如果左操作数不是类的对象,就不能调用重载为成员函数的运算符重载函数,重载为友元函数就不存在这一问题。当需要重载的运算符具有可交换性时,选择重载为友元函数更为适宜。

10.4.2　双目运算符重载

下面介绍几种常用的双目运算符的重载,如果重载为类的成员函数,则包含一个形参,即运算符的右操作数;如果重载为类的友元函数,则包含两个参数,即运算符的左右两个操作数。

例如,当要完成 obj1+obj2 时,运算符"+"重载为成员函数的声明如下:

```
Example operator+(Example obj2);
```

重载为友元函数的声明如下:

```
friend Example operator+(Example obj1,Example obj2);
```

1．重载算术运算符

【例 10.6】重载算术运算符"*"。

```
#include<iostream>
using namespace std;
class Complex                                    //声明 Complex 类
{
```

```
public:
    Complex(double r=0,double i=0)
    {
        real=r;
        imag=i;
    }
    void display()                            //输出复数
    {
        cout<<"("<<real;
        if(imag>0) cout<<"+"<<imag<<"i)";
        else if(imag<0) cout<<imag<<"i)";
        else cout<<")";
    }
    friend Complex operator*(Complex c1,Complex c2);//声明运算符重载函数为
Complex 类的友元函数
private:
    double real,imag;
};
Complex operator *(Complex c1,Complex c2)
{
    Complex c;
    c.real=c1.real*c2.real-c1.imag*c2.imag;
    c.imag=c1.real*c2.imag+c1.imag*c2.real;
    return c;
}
int main()
{
    Complex c1(3,4),c2(5,10),c3;
    c3=c1*c2;                              //使用友元函数重载的运算符"*"
    c1.display();
    cout<<"*";
    c2.display();
    cout<<"=";
    c3.display();
    cout<<endl;
    return 0;
}
```

程序执行结果如下：

```
(3+4i )*(5+10i )=(-25+50i )
```

2．重载关系运算符

关系运算符都是双目运算符，具有两个操作数，既可以重载为类的成员函数，也可以重载为类的友元函数。

【例 10.7】 对于两个复数，我们以实部与虚部的平方和作为判断两个复数大小的依据。用成员函数重载关系运算符 "<="。

```
#include<iostream>
using namespace std;
class Complex                              //声明 Complex 类
{
public:
    Complex(double r=0,double i=0)
    {
        real = r ;
        imag = i ;
```

```
    }
    bool operator<=(Complex c)                    //运算符"<="重载为成员函数
    {
        if(real*real+imag*imag<=c.real*c.real+c.imag*c.imag)
            return true;
        else
            return false;
    }
private:
    double real,imag;
};
int main()
{
    Complex c1(3,4),c2(5,10);
    if(c1<=c2)                                    //调用运算符重载函数
        cout<<"c1<=c2"<<endl;
    else
        cout<<"c1>c2"<<endl;
    return 0;
}
```

程序执行结果如下：

```
c1<=c2
```

3．重载赋值运算符

如果数据成员包含指针且已经使用运算符 new 分配内存，默认赋值运算符仅将源对象逐字节复制到目的对象。

【例 10.8】重载赋值运算符 "="。

```
#include<iostream>
using namespace std;
class Complex                                     //声明 Complex 类
{
public:
    Complex(double r=0,double i=0)
    {
        real = r ;
        imag = i ;
    }
    void display()                               //输出复数
    {
        cout<<"("<<real;
        if(imag>0) cout<<"+"<<imag<<"i)";
        else if(imag<0) cout<<imag<<"i)";
            else cout<<")";
        cout<<endl;
    }
    void operator=(Complex c)                    //运算符 "=" 重载为成员函数
    {
        real=c.real;
        imag=c.imag;
    }
private:
    double real,imag;
};
int main()
```

```
{
    Complex c1(3,4),c2(5,10);
    cout<<"赋值前: "<<endl;
    cout<<"c1: ";
    c1.display();
    cout<<"c2: ";
    c2.display();
    c1=c2;                                    //调用运算符重载函数
    cout<<"赋值后: "<<endl;
    cout<<"c1: ";
    c1.display();
    cout<<"c2: ";
    c2.display();
    return 0;
}
```

程序执行结果如下：

```
赋值前:
c1: (3+4i)
c2: (5+10i)
赋值后:
c1: (5+10i)
c2: (5+10i)
```

若重载复合赋值运算符"+="，有如下代码：

```
void Complex ::operator+=(Complex c)
{
    real=real+c.real;
    imag=imag+c.imag;
}
```

在复合赋值运算符重载函数中，不需要临时对象，因为调用函数的对象就是其本身，其数据成员 real 和 imag 的值已经改变，同赋值运算符"="一样，函数不需要返回值。复合赋值运算符"+="重载函数调用时的表达式为

```
c1 += c2          //c1、c2 为 Complex 类的对象
```

若在更复杂的表达式中使用该复合赋值运算符，则在重载的函数中需要有一个返回值。例如：

```
c3 = c1 += c2    //c1、c2、c3 为 Complex 类的对象
```

则成员函数的声明为

```
Complex operator+=(Complex c);
```

重载函数可以写为

```
Complex Complex::operator+=(Complex c)    //运算符重载为成员函数
{
    real=real+c.real;
    imag=imag+c.imag;
    return *this;
}
```

返回语句也可以创建一个临时对象，写为

```
return Complex(real,imag);
```

默认赋值运算符仅将源对象逐字节复制到目的对象，如果数据成员包含指针且已经使用运算符 new 分配内存，当使用默认赋值运算符进行赋值时，那么两个对象将指向同一个资源，

在对象销毁时，系统释放对象使用的空间。由于同一个资源与两个对象相关联，因此这个资源会被释放两次，造成系统出错。

10.4.3　特殊运算符重载

在 C++中使用流提取运算符"<<"和流插入运算符">>"执行输入、输出操作。这两个运算符是在 C++类库中提供的，类库中提供了输入流类 istream 和输出流类 ostream，cin 和 cout 分别是 istream 类和 ostream 类的对象。C++类库中已经定义了针对基本数据类型的运算符重载函数，所以通过这两个运算符可以进行基本数据类型数据的输入和输出，但若要直接对类对象进行输入和输出，则需要对这两个运算符进行重载，使其可以输入和输出自己定义类型的数据。

1．重载流插入运算符

重载运算符"<<"的一般格式为

```
ostream & operator << (ostream &,自定义类 &形参对象);
```

流插入运算符"<<"的重载函数，第一个参数必须是 ostream &的类型，即 ostream 对象的引用；第二个参数是要进行输出操作的类对象或对象的引用；函数的返回类型和第一个参数一样，必须是 ostream &的类型，返回 ostream 对象的引用。

从重载函数的原型可以看出，只能将运算符"<<"重载为类的友元函数，不能将它重载为类的成员函数，原因是运算符"<<"左侧操作数必须是 ostream 类的对象，而如果重载为成员函数，左侧操作数则应是一个我们自定义类的对象，所以必须重载为友元函数。

【例 10.9】重载流插入运算符"<<"。

```cpp
#include<iostream>
using namespace std;
class Complex           //声明 Complex 类
{
public:
    Complex(double r=0,double i=0)
    {
        real = r ;
        imag = i ;
    }
    friend ostream & operator<<(ostream &output,Complex &c);   //运算符重载
为友元函数
private:
    double real,imag;
};
ostream & operator<<(ostream &output,Complex &c)   //流插入运算符重载函数的定义
{
    output<<'('<<c.real<<'+'<<c.imag<<"i)"<<endl;
    return output;
}
int main()
{
    Complex c1(3,4);
    cout<<c1;           // 调用流插入运算符重载函数
    return 0;
}
```

程序执行结果如下：

```
(3+4i)
```

可以看到在对运算符"<<"重载后，在程序中可以输出用户自定义类的对象，用 cout<<c1 就能输出复数对象 c1 的值。运算符重载函数中的形参 output 是 ostream 类对象的引用，形参名 output 是用户自己命名的标识符。编译系统把语句"cout<<c1;"解释为 operator<<(cout, c1);，以 cout 和 c1 为实参调用 "operator<<(ostream &,Complex &)" 重载函数。

上例中☞所指的语句作用是什么呢？output 是 ostream 类的对象，是 cout 对象的引用，它们二者共享同一段存储单元。return output 就是 return cout，将输出流对象 cout 的状态返回。若有如下语句：

```
cout<<c1<<c2;          //c1 和 c2 都为 Complex 类的对象
```

重载函数执行完后返回到调用的地方，即 cout<<c1，返回一个新的输出流对象 cout。第二个流插入运算符"<<"，左操作数是新的 cout，右操作数是 c2 对象，相当于是"cout(新)<<c2"，再一次调用运算符"<<"重载函数。语句"return output;"可以实现连续向输出流输出对象。

2．重载流提取运算符

重载运算符">>"的一般格式为

istream & operator >> (istream &,自定义类 &形参对象);

流提取运算符">>"的重载函数，第一个参数必须是 istream 对象的引用；第二个参数是要进行输入操作的类对象或对象的引用；函数的返回类型必须是 istream 对象的引用。和流插入运算符一样，只能将运算符">>"重载为类的友元函数，不能将它重载为类的成员函数。

【例 10.10】重载流提取运算符">>"。

```
#include<iostream>
using namespace std;
class Complex          //声明 Complex 类
{
public:
    Complex(double r=0,double i=0)
    {
        real = r ;
        imag = i ;
    }
    friend istream & operator>>(istream &input,Complex &c);
    //运算符">>"重载为友元函数
    friend ostream & operator<<(ostream &output,Complex &c);
    //运算符"<<"重载为友元函数
private:
    double real,imag;
};
istream & operator>>(istream &input,Complex &c)  //流提取运算符重载函数的定义
{
    input>>c.real>>c.imag;
    return input;
}
ostream & operator<<(ostream &output,Complex &c)  //流插入运算符重载函数的定义
{
    output<<'('<<c.real<<'+'<<c.imag<<"i)"<<endl;
    return output;
}
```

```
int main()
{
    Complex c1;
    cin>>c1;        // 调用流提取运算符 ">>" 重载函数
    cout<<c1;       // 调用流插入运算符 "<<" 重载函数
    return 0;
}
```

输入 "3 4" 时，程序执行结果如下：

```
(3+4i)
```

执行语句 "cin>>c1;" 时，调用流提取运算符 ">>" 重载函数，c1 对象的数据成员 real 和 imag 分别赋值 3、4。执行语句 "cout<< c1;" 时，调用流插入运算符 "<<" 重载函数，输出复数 c1 对象为(3+4i)。

10.5 案例实战

10.5.1 实战目标

（1）理解运算符重载的作用。

（2）掌握运算符重载的两种方法。

（3）熟练运用运算符重载的方法，对所定义的类进行输入、输出运算符重载。

10.5.2 功能描述

在第 9 章中我们定义了 4 个类，分别为员工类 Employee、技术人员类 Worker、销售人员类 Saler 和经理类 Manager。为了将上述 4 类员工信息的录入和显示与基本类型数据的录入和显示一致，就需要编写流插入运算符和流提取运算符的重载函数。

在前面的案例中，由于增加员工信息的功能是通过调用某个类的构造函数完成的，因此我们只需要在 4 个类中增加流插入运算符的重载函数即可，定义后就可以用 cout 直接输出类对象的成员了。

10.5.3 案例实现

定义一个流插入运算符的重载函数，用来输出 Employee 类对象的成员，代码如下：

```
ostream& operator<<(ostream &out,Employee &e)//重载运算符 "<<"
{
    out<<setw(N)<<"员工号"<<setw(N)<<"姓名"<<setw(N)<<"年龄"<<setw(N)<<"工龄"<<setw(N)<<"性别"<<setw(N)<<"婚姻";
    out<<setw(N)<<"等级"<<setw(N)<<"在职"<<setw(N)<<"工资"<<setw(N)<<"奖金"<<endl;
    out<<setw(N)<<e.num<<setw(N)<<e.name<<setw(N)<<e.age<<setw(N)<<e.worktime;
    if(e.sex=='f'||e.sex=='F')
        out<<setw(N)<<"男";
    else
        out<<setw(N)<<"女";
    if(e.marriage==1)
        out<<setw(N)<<"已婚";
    else
        out<<setw(N)<<"未婚";
    out<<setw(N)<<e.grade;
    if(e.tired==1)
        out<<setw(N)<<"是";
```

```
    else
        out<<setw(N)<<"否";
    e.setWage();
    out<<setw(N)<<e.wage;
    e.setSalary();
    out<<setw(N)<<e.salary<<endl;
    return out;
}
```

声明上述流插入运算符重载函数为 Employee 类的友元函数，即将运算符重载函数声明为类的友元函数，代码如下：

```
class Employee
{
public:
    ……  //省略实现代码，成员函数与上一章案例相同
    friend ostream& operator<<(ostream &out,Employee &e);//重载 "<<" 运算符
protected:
    ……  //省略实现代码，数据成员与上一章案例相同
};
```

当运算符重载为类的友元函数时，在 VC 6.0 中不支持使用 using namespace std 形式，可分别列出。

```
using std::cin;
using std::cout;
using std::endl;
using std::ostream;
using std::string;
using std::setw;
```

同理，将运算符重载函数声明为 Worker 类的友元函数，然后定义流插入运算符重载函数，代码如下：

```
class Worker:virtual public Employee
{
public:
    ……  //省略实现代码，成员函数与上一章案例相同
    friend ostream& operator<<(ostream &out,Worker &e);//重载运算符 "<<"
protected:
    ……  //省略实现代码，数据成员与上一章案例相同
};
//Worker 类运算符 "<<" 重载函数
ostream& operator<<(ostream &out,Worker &e)//重载运算符 "<<"
{
    out<<setw(N)<<"员工号"<<setw(N)<<"姓名"<<setw(N-2)<<"年龄"<<setw(N-2)
<<"工龄"<<setw(N-2)<<"性别"<<setw(N-2)<<"婚姻";
    out<<setw(N-2)<<"等级"<<setw(N-2)<<"在职"<<setw(N)<<"工作时间";
    out<<setw(N)<<"工资"<<setw(N)<<"奖金"<<endl;
    out<<setw(N)<<e.num<<setw(N)<<e.name<<setw(N-2)<<e.age<<setw(N-2)<<e.worktime;
    if(e.sex=='f'||e.sex=='F')
        out<<setw(N-2)<<"男";
    else
        out<<setw(N-2)<<"女";
    if(e.marriage==1)
        out<<setw(N-2)<<"已婚";
    else
        out<<setw(N-2)<<"未婚";
```

```
            out<<setw(N-2)<<e.grade;
            if(e.tired==1)
                out<<setw(N-2)<<"是";
            else
                out<<setw(N-2)<<"否";
            out<<setw(N)<<e.workhours;
            e.setWage();
            out<<setw(N)<<e.wage;
            e.Worker::setSalary();
            out<<setw(N)<<e.salary<<endl;
            return out;
        }
```

······//省略 Saler、Manager 类流插入运算符重载相关内容，参考 Worker 类相关内容

习　题

1．填空题

（1）运算符重载函数一般采用两种形式：重载为类的_____和_____形式。

（2）C++中对单目运算符重载为友元函数需要传入参数的个数为_____。

（3）当"++"被重载为前置式成员函数时需要_____个参数。

（4）双目运算符既可重载为类的_____函数，也可重载为类的_____函数。若运算符的左边不是本类的对象，则该运算符不能重载为_____函数。

（5）运算符重载仍保持原来运算符的操作个数、优先级和_____。

（6）一般情况下，单目运算符常重载为_____函数，而双目运算符常重载为_____函数。

（7）时间 Time 类重载"<<"运算符，请补全程序。

```
class Time
{
private:
    int hour,minute,second;
public:
    friend_____ operator <<(_____,_____)
    {
        out<<t.hour<<":"<<t.minute<<":"<<t.second<<endl;
        return out;
    }
};
```

（8）声明复数的类 Complex，重载运算符"-"，请补全程序。

```
class Complex
{   int real, imag;
public:
complex(int r=0, int i=0) { real=r; imag=i; }
            complex operator -(complex &,complex &); ①
    complex operator -(        )②
    {
            return complex(        , imag);
    }
};
complex operator -(complex &a, complex &b)
{
    int r=a.real -b.real;
```

```
        int i=              ;
        return _____ ;
}
int main()
{    complex  c1(2,6),c2(7,-8);
     cout<<c1-c2<<endl;  //调用①重载形式
     cout<<c1-4<<endl;   //调用②重载形式
     return 0;
}
```

（9）下列程序的输出结果是_____。

```
#include<iostream>
using namespace std;
class point
{
public:
    point(int i,int j) {x=i;y=j;}
    void print() {cout<<'('<<x<<','<<y<<')'<<endl; }
    void operator+=(point p)
    {
        x+=p.x;
        y+=p.y;
    }
    void operator-=(point p)
    {
        x-=p.x;
        y-=p.y;
    }
private:
    int x,y;
};
int main()
{
    point p1(5,7),p2(4,3);
    p1.print();
    p2.print();
    p1+=p2;
    p1.print();
    p2-=p1;
    p2.print();
    return 0;
}
```

（10）下列程序的输出结果是_____。

```
#include<iostream>
using namespace std;
class A
{
public:
    double operator ()(double x,double y)    const;
};
double A::operator ()(double x,double y)    const
{
    return (x+5)*(y+1);
}
int main()
{
```

```
    A a;
    cout<<a(2.5,7.2)<<endl;
    return 0;
}
```

2．选择题

（1）下面关于运算符重载的描述错误的是（　　　）。

    A. 运算符重载不能改变操作数的个数、运算符的优先级、运算符的结合性

    B. 不是所有的运算符都可以进行重载

    C. 运算符函数的调用必须使用关键字 operator

    D. 在 C++语言中不可通过运算符重载创造出新的运算符

（2）运算符"＞"重载为友元函数，表达式 obj1>ojb2 被 C++编译器解释为（　　　）。

    A. operator>(obj1,obj2)　　　　　　　　B. >(obj1,obj2)

    C. obj2.operator>(obj1)　　　　　　　　D. obj1.operator>(obj2)

（3）为了区别单目运算符"++"或"−−"的前置式和后置式运算，在后置式运算符进行重载时，额外添加一个参数，其类型是（　　　）。

    A. void　　　　　　　　　　　　　　　B. char

    C. float　　　　　　　　　　　　　　　D. int

（4）如果表达式 x+y*z 中，"+"是作为成员函数重载的运算符，"*"是作为友元函数重载的运算符，下列叙述正确的是（　　　）。

    A. operator +有两个参数，operator*有两个参数

    B. operator +有两个参数，operator*有一个参数

    C. operator +有一个参数，operator*有两个参数

    D. operator +有一个参数，operator*有一个参数

（5）已知类 A 有一个带 double 型参数的构造函数，且将运算符"+"重载为该类的友元函数，若如下语句

```
    A x(2.5),y(3.6),z(0);
    z=x+y;
```

能够正常运行，运算符重载函数 operator+应在类中声明为（　　　）。

    A. friend A operator+ (double , double) ;

    B. friend A operator+ (double , A &);

    C. friend A operator+ (A &, double);

    D. friend A operator+ (A & , A &);

（6）运算符表达式 obj1>obj2 重载为类的成员函数，被 C++编译器解释为（　　　）。

    A. operator>(obj1,obj2)　　　　　　　　B. >(obj1,obj2)

    C. obj2.operator>(obj1)　　　　　　　　D. obj1.operator>(obj2)

3．编程题

（1）设向量 X＝（x1,x2,x3）和 Y＝（y1,y2,y3），则它们之间的加减和积分别定义为

    X＋Y＝(x1＋y1,x2＋y2,x3＋y3)

    X−Y＝(x1−y1,x2−y2,x3−y3)

    X*Y＝(x1*y1＋x2*y2＋x3*y3)

①编程序对运算符"+""-""*"重载，实现向量之间的加、减、乘运算。

②如果参加运算的两个操作数中一个是整数，即向量+3 或 3+向量形式。进行加法运算时也能得出和。

③定义自增运算符的前置式（++X）和后置式（X++）重载，编写相应程序验证它的正确性。

（2）定义一个矩阵类 Matrix，均为 M 行 N 列，通过重载运算符"+""-""<<"">>""++""--""==""! ="来实现矩阵的相加、相减、输出、输入、自增、自减以及相等、不等的判断。

（3）定义时间类 Time，时间的表示采用 24 小时制。重载运算符"<<"和">>"实现时间的输出和输入；重载运算符"+"和"-"实现时间推后和提前若干分钟；重载运算符"++"和"--"实现当前时间推后和提前 1 小时；重载">""<""==""! ="来判断两个时间之间大于、小于、等于以及不等于的关系。

第 11 章
虚函数和多态性

PART 11

多态性是面向对象程序设计的重要特征之一，多态性增加了面向对象软件系统的扩展功能，提高了软件的可重用性。所谓多态，是指不同对象对相同消息做出不同的响应。多态是通过继承、虚函数以及动态联编来实现的。使用此特性可以为用户提供通用程序的框架，用户可以利用继承性来继承程序框架，利用多态性来丰富程序框架。

11.1 虚函数

11.1.1 虚函数的定义

先通过下面的例题来说明引入虚函数的目的。

【例 11.1】虚函数引入例题。下面定义了两个类分别是普通员工类 CommonWorker 和经理类 Manager，经理类除具有普通员工类的属性外，还有自己的属性，因此经理类继承普通员工类。普通员工类的收入由基本工资和奖金构成，经理类的收入除基本工资和奖金外，还包括职务津贴。

```cpp
#include<iostream>
using namespace std;
class CommonWorker                          //普通员工类
{
public:
    CommonWorker(double w,double b):wage(w),bonus(b){}
    void Pay()
    {
        cout<<"基本工资+奖金="<<wage+bonus<<endl;
    }
protected:
    double wage;                            //基本工资
    double bonus;                           //奖金
};
class Manager:public CommonWorker    //经理类
{
public:
    Manager(double w,double b,double a):CommonWorker(w,b),allowance(a){}
    void Pay()
    {
        cout<<"基本工资+奖金+职务津贴="<<wage+bonus+allowance<<endl;
    }
protected:
```

```
        double allowance;        //职务津贴
};
int main()
{
    CommonWorker c1(800,2000),*pc;
    Manager m1(1200,2000,500);
    pc=&c1;                      //基类指针指向基类对象
    pc->Pay();
    pc=&m1;                      //基类指针指向派生类对象
    pc->Pay();
    return 0;
}
```

程序执行结果如下：

```
基本工资+奖金=2800
基本工资+奖金=3200
```

从程序的运行结果可以看出，语句 "pc=&c1;" 和 "pc->Pay();" 执行后，调用了基类的 Pay()函数，输出 c1 对象 wage+bonus 的值 2800。语句 "pc=&m1;" 和 "pc->Pay();" 执行后，虽然指针 pc 指向了派生类对象 m1，但它调用的 Pay()函数仍然是基类的 Pay()函数，输出 m1 对象 wage+bonus 的值 3200，而不是 wage+bonus+ allowance 的值 3700，这样的结果显然不是我们所期望的。

这个程序说明这样一个事实，即指向基类对象的指针也可以指向它的派生类对象，但用基类对象的指针调用同名但不同级的成员函数时，却遇到了麻烦。引起这个问题的原因在于 C++的静态联编机制。对于上面的程序，静态联编机制首先将指向基类对象的指针 pc 与基类的成员函数 Pay()连接在一起，而不管指针 pc 指向哪个对象，pc->Pay()总是调用基类的成员函数 Pay()。在例 11.1 中，若要调用派生类中的成员函数 Pay()，可以采用显式的方法，例如：

```
m1.Pay();
```

或者采用对指针强制类型转换的方法，例如：

```
((Manager*) pc)->Pay();
```

但是，使用对象指针的目的就是为了表达一种动态调用的性质，即当指针指向不同对象时执行不同的操作，也就是调用不同的函数，显然以上两种方法都没有起到这种作用。为了解决这一问题，C++引入了虚函数的概念。只要将 Pay()函数声明为虚函数，就能实现这种动态调用的功能。

1. 虚函数的定义

虚函数首先是基类中的成员函数，在该成员函数前面加上关键字 virtual 即可将其声明为虚函数。定义虚函数的格式如下：

virtual 函数类型 虚函数名(参数列表)
{
    函数体
}

基类中的某个成员函数被声明为虚函数后，此虚函数就可以在一个或多个派生类中被重新定义，即允许在派生类中重新定义声明形式与基类完全相同的函数，并且当指向基类的指针或引用来访问基类或派生类对象的成员函数时，将在运行时决定调用哪个函数，不会发生动态调用错误，这就体现了面向对象程序设计的动态多态性，也叫动态联编。虚函数的作用就是实现动态多态性。

如果使用派生类层次结构，必须在派生类的最高层上声明虚函数。这些相同的函数有着相同的函数名称和相同的参数，其函数原型（包括返回值类型、函数名、参数个数、参数类型、参数顺序）都必须与基类中的函数原型完全相同。

定义虚函数时要遵循下列规则。

（1）只有成员函数才能声明为虚函数，因为虚函数仅适用于有继承关系的类对象，所以普通函数和友元函数都不能声明为虚函数。

（2）虚函数的声明只能出现在类声明中的函数原型声明或定义中，在类外定义时不能出现 virtual 关键字。

（3）通过定义虚函数来使用 C++语言提供的多态性机制时，派生类应该是从基类公有派生的。

（4）类的静态成员函数不可以声明为虚函数，因为静态成员函数不受限于某个对象。

（5）类的构造函数不可以是虚函数。虚函数是为了实现动态多态性，根据不同的对象在运行过程中才能决定和哪个函数建立关联，而构造函数是在对象创建时运行的，故虚构造函数是没有意义的。

（6）析构函数可以声明为虚函数，而且通常被声明为虚函数。

（7）内联函数不能声明为虚函数，因为内联函数不能在运行中动态确定其位置。

（8）基类的虚函数无论被公有继承多少次，在多级派生类中仍然为虚函数。

【例 11.2】利用虚函数改写例 11.1。

```
#include<iostream>
using namespace std;
class CommonWorker              //普通员工类
{
public:
    CommonWorker(double w,double b):wage(w),bonus(b){}
    virtual void Pay()          //声明为虚函数
    {
        cout<<"基本工资+奖金="<<wage+bonus<<endl;
    }
protected:
    double wage;                //基本工资
    double bonus;               //奖金
};
class Manager:public CommonWorker  //经理类
{
public:
    Manager(double w,double b,double a):CommonWorker(w,b),allowance(a){}
    void Pay()                  //在派生类中仍然是虚函数
    {
        cout<<"基本工资+奖金+职务津贴="<<wage+bonus+allowance<<endl;
    }
protected:
    double allowance;           //职务津贴
};
int main()
{
    CommonWorker c1(800,2000),*pc;
    Manager m1(1200,2000,500);
    pc=&c1;                     //基类指针指向基类对象
    pc->Pay();                  //调用基类的 Pay()函数
```

```
    pc=&m1;                        //基类指针指向派生类对象
    pc->Pay();                     //调用派生类的 Pay()函数
    return 0;
}
```

程序执行结果如下：

```
基本工资+奖金=2800
基本工资+奖金+职务津贴=3700
```

为什么把基类中的 Pay()函数声明为虚函数，程序的运行结果就合理了呢？这是因为关键字 vrtual 指示 C++编译器函数调用 pc->Pay()要在运行时动态确定所要调用的函数，即要进行动态联编，所以，程序在运行时根据指针 pc 所指向的实际对象调用该对象的成员函数。

注意

虚函数必须定义在它第一次被声明的类中。在派生类中重新定义的虚函数必须和基类中的虚函数有相同的参数个数、参数类型、参数顺序和函数返回值类型，否则编译器将认为重载虚函数。

【例 11.3】多继承中使用虚函数例题。

```
#include <iostream>
using namespace std;
class Base1                          //定义基类 Base1
{
public:
    virtual void display()           //函数声明为虚函数
    {
        cout<<"基类 Base1."<<endl;
    }
};
class Base2                          //定义基类 Base2
{
public:
    void display()                   //函数为一般成员函数
    {
        cout<<"基类 Base2."<<endl;
    }
};
class Derived:public Base1,public Base2
{
public:
    void display()
    {
        cout<<"派生类 Derived 公有继承 Base1 和 Base2."<<endl;
    }
};
int main()
{
    Base1 obj1,*ptr1;
    Base2 obj2,*ptr2;
    Derived obj3;
    ptr1=&obj1;
    ptr1->display();
    ptr1=&obj3;
    ptr1->display();                 //动态联编，ptr1 类型为 Derived 类型
    ptr2=&obj2;
```

```
     ptr2->display();
     ptr2=&obj3;
     ptr2->display();                        //静态联编，ptr2 类型为 Base2 类型
     return 0;
}
```

程序执行结果如下：

```
基类 Base1.
派生类 Derived 公有继承 Base1 和 Base2.
基类 Base2.
基类 Base2.
```

从例 11.3 可以看出，派生类 Derived 中的成员函数 display()在不同的应用场合呈现出不同的性质。相对于 Base1 这条派生路径而言，Base1 中的 display()函数是一个虚函数，所以 Derived 中的 display()函数也是虚函数；相对于 Base2 这条派生路径而言，display()函数在 Base2 中为一般成员函数，所以此时 Derived 类中的 display()函数只是一个重载函数。

当 Base1 类的指针指向 Derived 类的对象 obj3 时，函数 display()就呈现出虚特性；当 Base2 类的指针指向 Derived 类的对象 obj3 时，函数 display()只呈现一般的函数重载特性。

2. 虚函数与重载函数的关系

在一个派生类中重新定义基类的虚函数是函数重载的另一种特殊形式，但它不同于一般的函数重载。

一般的函数重载时，只要函数名相同，函数的参数个数、参数类型或顺序必须不同，函数的返回类型也可以不同。但是，当重载一个虚函数时，也就是说在派生类中重新定义此虚函数时，要求函数名、返回类型、参数个数、参数类型以及参数的顺序都必须与基类中的虚函数原型完全相同。如果仅仅是返回类型不同，其余均相同，系统会给出错误信息；若仅仅是函数名相同，而参数的个数、类型或顺序不同，则系统将它作为普通的函数重载，这时将丢失虚函数的特性。

【例 11.4】虚函数与重载函数的比较。

```
#include <iostream>
using namespace std;
class Base
{
public:
    virtual void fun1(){cout<<"--Base fun1--\n";}
    virtual void fun2(){cout<<"--Base fun2--\n";}
    virtual void fun3(){cout<<"--Base fun3--\n";}
    void fun4(){cout<<"--Base fun4--\n";}
};
class Derived:public Base
{
public:
    virtual void fun1(){cout<<"--Derived fun1--\n";}   //fun1()是虚函数
    void fun2(int x){cout<<"--Derived fun2--\n";}      //fun2()作为一般函数重载，
虚特性消失
☞   char fun3(){cout<<"--Derived fun3--\n";}      //编译错误，因为只有返回类型不同
    void fun4(){cout<<"--Derived fun4--\n";}      //fun4()是一般函数重载，不是虚函数
};
int main()
{
    Base obj1,*p1;
```

```
    Derived obj2;
    p1=&obj2;
    p1->fun1();                                    //调用 Derived::fun1()
    p1->fun2();                                    //调用 Base::fun2()
    p1->fun4();                                    //调用 Base::fun4()
    return 0;
}
```

如果直接编译上面程序，会报错。删除☞指向的语句后，程序执行结果如下：

```
--Derived fun1--
--Base fun2--
--Base fun4--
```

例 11.4 在基类中定义了 3 个虚函数 fun1()、fun2()和 fun3()。这 3 个函数在派生类中被重新定义，fun1()符合虚函数的定义规则，故仍是虚函数；派生类中的 fun2()函数增加了一个整型参数，变为 fun2(int x)，故虚特性消失，变为普通的重载函数；派生类中的 char fun3()与基类中的虚函数 void fun3()相比较，仅返回类型不同，系统在编译时会提示错误。基类中的 fun4()没有冠以关键字 virtual，则派生类中的函数 fun4()只是一般的重载函数。

在 main()函数中，定义了一个指向基类对象指针 p1，当 p1 指向派生类对象 obj2 时，p1->fun1()执行的是派生类中的成员函数，因为 fun1()是虚函数；p1->fun2()执行的是基类中的成员函数，因为 fun2()丢失了虚函数特性，只按照普通的成员函数来处理；p1->fun4()执行的是基类中的成员函数，因为 fun4()函数本身就是普通的函数重载，不具有虚函数特性。

虚函数是动态联编的基础，如果某个类中的一个成员函数被声明为虚函数，则当使用基类的指针或引用调用这个成员函数时，对该成员函数的调用才采用动态联编的方式，即在运行时进行关联。如果使用对象来操作虚函数，则采用静态联编方式调用虚函数，无需在运行过程中进行调用。

11.1.2 纯虚函数

有时，基类往往表示一种没有具体意义的抽象概念，它不可能为其虚函数提供具体的定义，故可以定义为纯虚函数。

纯虚函数是一个在基类中声明的虚函数，它只有一个函数声明，并没有具体函数功能的实现，可通过给函数指定零值进行声明。纯虚函数的定义格式为

virtual 函数类型 虚函数名(参数列表)=0;

纯虚函数与一般虚函数在书写形式上的不同在于其后面加了"=0"，表明在基类中不用定义该函数，它的函数体部分在各派生类中完成。例如：

```
virtual void Pay() = 0;
```

如果必须使用派生类来创建对象，每个派生类必须对从基类中继承的纯虚函数进行定义，这样可确保每次调用都存在可用的函数。不能创建含有一个或多个纯虚函数的对象，因为如果要进行函数调用，则发送给纯虚函数是不会有任何回应的。纯虚函数不可以直接调用。

【例 11.5】分析程序执行结果。

```
#include<iostream>
using namespace std;
class Staff                                        //职员类
{
public:
    virtual void Pay()=0;                          //声明为纯虚函数
```

```
};
class CommonWorker:public Staff        //普通员工类
{
public:
    CommonWorker(double w,double b):wage(w),bonus(b){}
    virtual void Pay()                 //重新定义虚函数
    {
        cout<<"基本工资+奖金="<<wage+bonus<<endl;
    }
protected:
    double wage;
    double bonus;
};
class Manager:public CommonWorker    //经理类
{
public:
    Manager(double w,double b,double a):CommonWorker(w,b),allowance(a){}
    virtual void Pay()                 //重新定义虚函数
    {
        cout<<"基本工资+奖金+职务津贴="<<wage+bonus+allowance<<endl;
    }
protected:
    double allowance;
};
int main()
{
    Staff *s;                          //基类指针
    CommonWorker c1(800,2000);
    Manager m1(1200,2000,500);
    s=&c1;                             //基类指针指向派生类对象
    s->Pay();                          //调用 CommonWorker 类的 Pay()函数
    s=&m1;                             //间接基类指针指向派生类对象
    s->Pay();                          //调用 Manager 类的 Pay()函数
    return 0;
}
```

程序执行结果如下：

```
基本工资+奖金=2800
基本工资+奖金+职务津贴=3700
```

11.2 抽象类

包含一个或多个纯虚函数的类称为抽象类。由于抽象类中的纯虚函数没有具体的函数实现，因此不能定义抽象类的对象。抽象类只能作为基类被子类继承，其纯虚函数的实现由派生类给出。抽象类的重要用处是提供一个接口，而不提供任何实现的细节。

如果一个派生类继承了抽象类，但是并没有重新定义抽象类中的纯虚函数，则该派生类仍然是一个抽象类，不能用来定义对象。只有当派生类中所继承的所有纯虚函数都被实现时，它才不是抽象类，此时的派生类称作具体类。抽象类不能用作参数类型、函数返回类型或强制类型转换，但是可以声明抽象类的指针和引用。

例 11.5 中的 Staff 类就是一个抽象类，如果在 CommonWorker 类中不对基类中的纯虚函数 Pay()进行重定义，则 CommonWorker 类仍是一个抽象类，现在在 Common Worker 类中实现了基类的所有纯虚函数，所以它是具体类。

【例 11.6】抽象类举例。

```cpp
class Shapes
{
public:
    virtual void draw() = 0;                    //纯虚函数
    virtual void rotate(int) = 0;               //纯虚函数
};
class circle: public Shapes
{
private:
    double radius;
public:
    circle(int r);
    void draw() { }
    void rotate(int) { }
    double area(){return 3.14159*radius*radius; }
    double volume(){return 3*3.14159*radius*radius*radius/4;}
};
```

虽然纯虚函数 draw()、rotate()在子类 circle 中的实现语句为空,但它仍然是虚函数在子类中的实现,所以子类 circle 不是一个抽象类。

11.3　虚析构函数

析构函数的功能是在该类对象消亡之前进行一些必要的清理工作。当用 new 运算符建立一个派生类的对象赋给基类指针时,调用虚函数将实现动态联编,但在用 delete 运算符释放对象时,只调用基类的析构函数,这样由派生类构造函数分配的内存空间就不能调用派生类的析构函数来释放它了。造成这样的原因是析构函数不是虚函数,解决该问题的方法是声明析构函数为虚析构函数,在动态联编下有效地释放内存空间。

在析构函数前面加上关键字 virtual 进行说明,称该析构函数为虚析构函数。声明虚析构函数的语法格式如下:

virtual ~类名()

例如:

```cpp
class example
{
public:
    virtual ~example();
    ……
};
```

【例 11.7】修改例 11.2 来说明虚析构函数的作用,分析程序的执行结果。

```cpp
#include<iostream>
using namespace std;
class CommonWorker                      //普通员工类
{
public:
    CommonWorker(double w,double b):wage(w),bonus(b)
    {
        cout<<"CommonWorker Con called!"<<endl;
    }
```

```
        virtual void Pay()                    //声明为虚函数
        {
            cout<<"基本工资+奖金="<<wage+bonus<<endl;
        }
        virtual ~CommonWorker()               //声明为虚析构函数
        {
            cout<<"CommonWorker Decon called!"<<endl;
        }
    protected:
        double wage;                          //基本工资
        double bonus;                         //奖金
    };
    class Manager:public CommonWorker     //经理类
    {
    public:
        Manager(double w,double b,double a):CommonWorker(w,b),allowance(a)
        {
            cout<<"Manager Con called!"<<endl;
        }
        virtual void Pay()                    //虚函数
        {
            cout<<"基本工资+奖金+职务津贴="<<wage+bonus+allowance<<endl;
        }
        ~Manager()
        {
            cout<<"Manager Decon called!"<<endl;
        }
    protected:
        double allowance;                     //职务津贴
    };
    int main()
    {
        CommonWorker *pc;
        pc=new CommonWorker(800,2000); //调用基类的构造函数
        pc->Pay();                            //调用基类的 Pay()函数
        delete pc;                            //调用基类的析构函数
        cout<<"***************"<<endl;
        pc=new Manager(1200,2000,500);
                            //先调用基类的构造函数然后调用派生类的，用基类指针指向它
        pc->Pay();                            //动态联编，调用派生类的 Pay()函数
        delete pc;          //先调用派生类的析构函数，然后调用基类的析构函数
        return 0;
    }
```

程序执行结果如下：

```
CommonWorker Con called!
基本工资+奖金=2800
CommonWorker Decon called!
***************
CommonWorker Con called!
Manager Con called!
基本工资+奖金+职务津贴=3700
Manager Decon called!
CommonWorker Decon called!
```

如果类 CommonWorker 中的析构函数不是虚析构函数，则输出结果如下：

```
CommonWorker Con called!
基本工资+奖金=2800
CommonWorker Decon called!
***************
CommonWorker Con called!
Manager Con called!
基本工资+奖金+职务津贴=3700
CommonWorker Decon called!
```

由例 11.7 可以看出，在基类有一个虚析构函数，当 delete pc 时，所调用的析构函数是一个与*pc 类型相对应的析构函数，而不是和指针类型相对应的析构函数。由于派生类对象总是包含基类成员，为了确保释放堆栈中的所有空间，必须调用这两个类的析构函数。

注意

如果一个基类的析构函数被声明为虚析构函数，则它的派生类中的析构函数也是虚析构函数，不管它是否使用了关键字 virtual 进行声明。

11.4 多态性

11.4.1 多态性的含义

所谓多态是指通过类的继承，使得同一个函数可以根据调用它的对象类型不同而做出不同的反应。具体地说，多态是指用一个相同的函数名定义不同的函数实现，调用这些函数执行不同的操作，但是有相似的行为，即用同样的接口访问不同的函数实现。

多态是通过虚函数来实现的，使用虚函数的目的是将派生类的对象赋给基类类型的指针，或是把派生类的对象赋给基类类型的引用，这时通过基类的指针或引用调用虚函数，就会自动判断调用对象的类型，从而做出相应的响应，调用和对象类型一致的类中的虚函数。

例如例 11.2 中，基类中声明了 Pay()函数为虚函数，若将基类对象 c1 赋给指向基类对象指针 pc，执行语句"pc->Pay();"时调用的是基类中的 Pay()函数；若将派生类对象 m1 赋给指向基类对象的指针 pc，执行语句"pc->Pay();"时调用的是派生类中的 Pay()函数。基类和派生类中定义的 Pay()函数，就是用一个相同的函数名定义了不同的函数实现，当用基类指针 pc 调用 Pay()函数时的语句都是"pc->Pay();"，即具有同样的接口，根据基类指针 pc 指向对象的类型，调用不同类中的同名函数，这就是多态性。

【例 11.8】分析下面的程序。

```cpp
#include<iostream>
using namespace std;
class Shapes
{
public:
    virtual void draw()        //基类中的函数
    {
        cout<<"Draw Base\n";
    }
    virtual double area()
    {
        return 0;
    }
```

```
};
class Circle: public Shapes
{
private:
    int radius;
public:
    void draw()                      //在派生类中重新定义
    {
        cout<<"Draw circle";
    }
    double area()
    {
        return 3.141593*radius*radius;
    }
};
class Square: public Shapes
{
private:
    int length;
public:
    void draw()                      //在派生类中重新定义
    {
        cout<<"Draw square";
    }
    double area()
    {
        return length* length;
    }
};
int main()
{
    Circle c;
    Square s;
    Shapes* ptr;
    ptr = &c;
    ptr->draw();
    cout<< "Circle area :"<<ptr->area()<<endl;
    ptr = &s;
    ptr->draw();
    cout<< "Square area :"<<ptr->area()<<endl;
    return 0;
}
```

在例 11.8 中，Circle 类型的对象和 Square 类型的对象分别赋值给 Shapes 类型的指针 ptr，但 ptr->draw()和 ptr->area()两次出现的执行结果并不同，第一次执行的是 Circle 类中的 draw()和 area()成员函数，第二次执行的是 Square 类中的 draw()和 area()成员函数，实现了多态性。

11.4.2 多态性的应用

下面通过一个例子来说明多态性的应用。

【例 11.9】分析程序执行结果。设计学生类 student，提供成员函数 kind()表示不同类型的学生，定义为纯虚函数；派生 A 类学生 student_A，提供成员函数 kind()表示 A 类学生，派生 B 类学生

student_B，提供成员函数 kind() 表示 B 类学生。类 student_A 和类 student_B 都继承学生类。

```
#include<iostream>
using namespace std;
class student
{
public:
    virtual void kind()=0;          //定义 student 类，成员函数 kind() 为纯虚函数
};
class student_A:public student      //定义类 student_A 继承类 student
{
public:
    void kind();                    //类 student_A 包含成员函数 kind()
};
class student_B:public student      //定义类 student_B 继承类 student
{
public:
    void kind();                    //类 student_B 包含成员函数 kind()
};
void student_A::kind()              //编写类 student_A 和类 student_B 的成员函数 kind()
{
    cout<<"A 类的学生！"<<endl;
}
void student_B::kind()
{
    cout<<"B 类的学生！"<<endl;
}
void kind(student *S)
{
    S->kind();
}
int main()
{
    student_A a1;
    a1.kind();
    student_B b1;
    b1.kind();
    cout<<"----------";
    cout<<endl;
    student *p;
    p=&a1;
    kind(p);
    p=&b1;
    kind(p);
    return 0;
}
```

程序执行结果如下：

```
A 类的学生！
B 类的学生！
----------
A 类的学生！
B 类的学生！
```

由执行结果可知，通过对象调用 kind() 函数和通过基类指针调用 kind() 函数结果是一样的。这是因为在执行程序时，根据对象的类型动态确定了调用哪个类的 kind() 函数。如果 student

类又有一个新的继承子类，函数 kind()也不需要更改，只要新的继承子类的 kind()函数存在，系统就可以区别调用该子类的 kind()函数。

11.5 案例实战

11.5.1 实战目标

（1）深刻理解虚函数的作用，熟练掌握虚函数的定义和使用。

（2）在实际需求中，对继承关系下不同类的成员函数，能够分析得出需要定义为虚函数的成员函数，掌握虚函数的实际应用。

（3）掌握纯虚函数和抽象类的定义和使用。

（4）对具体的类进行分析设计，分析是否需要抽象类，掌握抽象类和纯虚函数的实际应用。

（5）完成管理类的实现，理解使用管理类的作用。

11.5.2 功能描述

当不同的类通过继承具有相同的成员函数，但相同的成员函数具有不同的功能实现时，可以采用虚函数的方式，通过基类指针或引用动态调用该虚函数，实现多态。通常最上层基类的虚函数没有一个具体的实现方式，只是一个抽象的行为，具体的行为由其子类实现，这种情况下，可以定义为纯虚函数，最上层的类即为抽象类。

在第 10 章的案例中，已经定义了 4 个类。其中技术人员类 Worker、销售人员类 Saler 和经理类 Manager 中都有计算奖金的成员函数，不同类的对象获得奖金的计算公式不同，应在各个类中有不同的函数实现，它们可以定义为同名的成员函数，在不同的类中实现即可。在员工类 Employee 这个公共基类中，也有计算奖金的成员函数，但该类计算奖金的成员函数没有具体的意义，因为企业员工的其他类都是由员工类 Employee 派生出的，所以根据纯虚函数的作用与用法，可以将员工类 Employee 中的计算奖金的成员函数定义为纯虚函数，其他 3 个类分别实现该纯虚函数，实现不同类对象奖金的计算即可，这时员工类 Employee 就变成了抽象类。

对于上面定义的不同类型的员工需要进行统一的管理，如对员工进行增、删、查、改等操作，这就需要再定义一些函数，如果将这些函数定义为普通函数，程序会显得杂乱。所以通常会另外定义一个管理类，用来对不同的具有继承关系的类进行处理，以保证程序的简洁性和可扩展性，系统主界面如图 11-1 所示。

```
**************************************************
*                                                *
*          欢迎使用本员工信息管理系统              *
*      1. 添加员工信息    2. 查询员工信息          *
*      3. 修改员工信息    4. 删除员工信息          *
*      5. 计算员工工资    6. 计算员工奖金          *
*      7. 显示所有员工信息  0. 退出系统            *
*                                                *
*            请输入相应编号：                      *
*                                                *
**************************************************
```

图 11-1　系统主界面

管理类 EmployeeManage 应包含的数据成员有对象数组及各类员工的实际人数。成员函数应包含构造函数、析构函数，增加、查询、修改、删除、显示员工的函数，以及计算所有员工工资和奖金的函数等。

11.5.3 案例实现

首先将 Employee 类中的成员函数 setSalary() 声明为纯虚函数，将函数定义去掉，代码如下：

```
virtual void setSalary()=0;            //计算奖金，声明为纯虚函数
```

由于 Employee 类成了抽象类，不能定义该类的对象，因此原来案例中 addEmployee() 函数里的下面语句就会报错，原因是调用构造函数新建了一个 Employee 类的对象。

```
e[count]=Employee(num,name,age,worktime,sex,marriage,grade,tired);
```

根据 11.5.2 中的叙述，我们需要定义一个管理类，进行各类员工的增、删、查、改等管理操作。细心的读者可能已经发现，原来案例中的 deleteEmployee()、searchEmployee()、updateEmployee() 等函数都是针对 Employee 类的操作，所以都需要修改。函数 Valid_age()、Valid_sex() 和 Valid_num() 也需要修改，同时将原先案例中的全部管理函数，定义成一个管理类。

员工管理类及其成员函数的定义如下。

```
//*************************  定义员工管理类  *************************
class EmployeeManage
{
public:
    EmployeeManage();              //构造函数
    int Valid_age(int a);          //年龄有效性判断函数
    int Valid_sex(char s);         //判断性别有效性函数
    int Valid_num(string num);     //判断员工编号唯一性函数
    void addEmployee();            //增加员工信息
    void search();                 //查询员工信息
    void deleteEmployee();         //删除员工信息
    void updateEmployee();         //修改员工信息
    double computeWage();          //计算所有员工工资
    double computeSalary();        //计算所有员工奖金
    int menu();                    //系统界面函数
    void print();                  //输出
    ~EmployeeManage(){}            //析构函数
private:
    Manager m_emp[M];
    Worker w_emp[M];
    Saler s_emp[M];
    int managercount;              //公司经理总数
    int salercount;                //公司销售员总数
    int workercount;               //公司技术人员总数
};
EmployeeManage::EmployeeManage()   //构造函数
{
    managercount=workercount=salercount=0;
}
int EmployeeManage::Valid_age(int a)     //判断年龄有效性
{
    if(a<20||a>65)
        return 0;
    else
        return 1;
}
int EmployeeManage::Valid_sex(char s)//判断性别有效性
```

```
{
    if(s!='f'&&s!='m'&&s!='F'&&s!='M')
        return 0;
    else
        return 1;
}
int EmployeeManage::Valid_num(string num)   //判断员工编号唯一性函数
{
    int i;
    for(i=0;i<managercount;i++)
        if(m_emp[i].getNum()==num)
            return 0;
    for(i=0;i<workercount;i++)
        if(w_emp[i].getNum()==num)
            return 0;
    for(i=0;i<salercount;i++)
        if(s_emp[i].getNum()==num)
            return 0;
    return 1;
}
void EmployeeManage::addEmployee()//增加员工信息
{
    int i,age,worktime,marriage,grade,workhours,tired,profit;
    string num,name;
    char sex;
    while(1)
    {
    cout<<"请输入新进员工职务(1:经理，2:技术人员，3:销售人员，0：返回)"<<endl;
    cin>>i;
    switch(i)
    {
    case 1:
        {
            cout<<"输入经理信息: "<<endl;
            cout<<"员工号: ";
            cin>>num;
            while(1)
            {
                if(Valid_num(num)==1)
                    break;
                else
                {
                    cout<<"员工编号已存在，请重新输入: "<<endl;
                    cin>>num;
                }
            }
            cout<<"姓名: ";
            cin>>name;
            cout<<"年龄: ";
            cin>>age;
            while(1)
            {
                if(Valid_age(age)==1)
                    break;
                else
                {
                    cout<<"输入的年龄信息有误，请重新输入（20--65 岁间）: "<<endl;
```

```
                        cin>>age;
                }
        }
        cout<<"工龄: ";
        cin>>worktime;
        cout<<"性别(男请输入: m 或 M, 女请输入: f 或 F): ";
        cin>>sex;
        while(1)
        {
                if(Valid_sex(sex)==1)
                        break;
                else
                {
                        cout<<"输入的性别信息有误,请重新输入(男:m 或 M  女:f 或 F): "<<endl;
                        cin>>sex;
                }
        }
        cout<<"婚姻状况(已婚请输入: 1, 未婚请输入: 0): ";
        cin>>marriage;
        cout<<"级别(分 4 级, 请输入: 1、2、3 或 4): ";
        cin>>grade;
        cout<<"是否在职(在职请输入: 1, 离职请输入: 0): ";
        cin>>tired;
        cout<<"月工作时间: ";
        cin>>workhours;
        cout<<"本月利润: ";
        cin>>profit;
        m_emp[managercount]=Manager(num,name,age,worktime,sex,marriage,
grade,tired,workhours,profit);
        managercount++;
        cout<<"添加成功! "<<endl;
        break;
    }
    case 2:
    {
        ……  //省略实现代码, 与添加经理类似
    }
    case 3:
    {
        ……  //省略实现代码, 与添加经理类似
    }
    case 0:
        return;
    default:
        cout<<"输入有误, 请重新输入! "<<endl;
    }
  }
}
void EmployeeManage::deleteEmployee()//删除员工信息
{
    int i,j,type,flag=0;
    char ch;
    while(1)
    {
    cout<<"        ****************************************************"<<endl;
    cout<<"        *                                                  *"<<endl;
    cout<<"        *            1.按姓名删除       2.按工龄删除        *"<<endl;
```

```
cout<<"        *            3.按员工号删除        0.返回              *"<<endl;
cout<<"        *                                                    *"<<endl;
cout<<"        *                      请输入相应编号：             *"<<endl;
cout<<"        *                                                    *"<<endl;
cout<<"        ****************************************************"<<endl;
cin>>type;
switch(type)
{
    case 1:
     {
         string newname;
         cout<<"***************请输入删除姓名***************:"<<endl;
         cin>>newname;
         for(i=0;i<managercount;i++)
         {
             if(m_emp[i].getName()==newname)
             {
                 cout<<"编号:"<<i+1<<endl;
                 cout<<m_emp[i];
                 cout<<"确认是否进行删除，请输入 y/n: ";
                 cin>>ch;
                 if(ch=='Y'||ch=='y')
                 {
                     for (j=i+1;j<managercount;j++)
                             m_emp[j-1]=m_emp[j];
                     flag=1;
                     managercount--;
                     cout<<"删除成功! "<<endl;
                 }
                 else
                     cout<<"放弃本次删除操作! "<<endl;
             }
         }
         for(i=0;i<workercount;i++)
         {
             if(w_emp[i].getName()==newname)
             {
                 cout<<"编号:"<<i+1<<endl;
                 cout<<w_emp[i];
                 cout<<"确认是否进行删除，请输入 y/n: ";
                 cin>>ch;
                 if(ch=='Y'||ch=='y')
                 {
                     for (j=i+1;j<workercount;j++)
                         w_emp[j-1]=w_emp[j];
                     flag=1;
                     workercount--;
                     cout<<"删除成功! "<<endl;
                 }
                 else
                     cout<<"放弃本次删除操作! "<<endl;
             }
         }
         for(i=0;i<salercount;i++)
         {
             if(s_emp[i].getName()==newname)
             {
```

```
                        cout<<"编号:"<<i+1<<endl;
                        cout<<s_emp[i];
                        cout<<"确认是否进行删除, 请输入 y/n: ";
                        cin>>ch;
                        if(ch=='Y'||ch=='y')
                        {
                            for (j=i+1;j<salercount;j++)
                                s_emp[j-1]=s_emp[j];
                            flag=1;
                            salercount--;
                            cout<<"删除成功! "<<endl;
                        }
                        else
                            cout<<"放弃本次删除操作! "<<endl;
                    }
                }
                if(flag==0)
                    cout<<"不存在符合条件的员工信息! "<<endl;
                break;
            }
            case 2:
            {
                ……    //省略实现代码, 与按姓名删除类似
            }
            case 3:
            {
                ……    //省略实现代码, 与按姓名删除类似
            }
            case 0:
                return;
            default: cout<<"输入有误, 请重新输入! "<<endl;
        }
    }
}
void EmployeeManage::updateEmployee()//修改员工信息
{
    int i,type ,flag=0;
    string num;
    cout<<"请输入修改员工编号:"<<endl;
    cin>>num;
    int x,y;  //x用来记录员工类型 (1: 经理, 2: 技术人员, 3: 销售人员), y用来记录数组下标
    for(i=0;((i<managercount)&&(flag==0));i++)
    {
        if(m_emp[i].getNum()==num)
        {
            cout<<"编号:"<<i+1<<endl;
            cout<<m_emp[i];
            flag=1;
            x=1;
            y=i;
        }
    }
    ……    //省略技术人员和销售人员数组查找实现代码, 与经理类似
    if(flag==0)
        cout<<"不存在符合条件的员工信息! "<<endl;
    cout<<"      **************************************************"<<endl;
    cout<<"      *                                                *"<<endl;
```

```cpp
        cout<<"          *              1.修改姓名              2.修改工龄          *"<<endl;
        cout<<"          *              3.修改级别              4.修改婚姻状态      *"<<endl;
        cout<<"          *                          0.返回                          *"<<endl;
        cout<<"          *                                                          *"<<endl;
        cout<<"          *                      请输入相应编号：                    *"<<endl;
        cout<<"          *                                                          *"<<endl;
        cout<<"          ************************************************************"<<endl;
    cin>>type;
    switch(type)
    {
    case 1:
        {
            string newname;
            cout<<"****************请输入姓名*************:"<<endl;
            cin>>newname;
            if(x==1)
                m_emp[y].setName(newname);
            else
                if(x==2)
                    w_emp[y].setName(newname);
                else
                    s_emp[y].setName(newname);
            cout<<"修改成功！"<<endl;
            break;
        }
        ……   //省略实现代码，与修改姓名类似
    case 0:
        return;
    }
}
void EmployeeManage::search()//查询员工信息
{
    int i;
    int type;
    int flag;
    while(1)
    {
        cout<<"          ****************************************************"<<endl;
        cout<<"          *                                                  *"<<endl;
        cout<<"          *          1.按姓名查询          2.按工龄查询      *"<<endl;
        cout<<"          *          3.按员工号查询        4.按婚姻状态查询  *"<<endl;
        cout<<"          *                      0.返回                      *"<<endl;
        cout<<"          *                                                  *"<<endl;
        cout<<"          *                  请输入相应编号：                *"<<endl;
        cout<<"          *                                                  *"<<endl;
        cout<<"          ****************************************************"<<endl;
    cin>>type;
    switch(type)
    {
        case 1:
        {
            string newname;
            cout<<"**************请输入查询姓名************:"<<endl;
            cin>>newname;
            flag=0;
            for(i=0;i<managercount;i++)
            {
```

```
                    if(m_emp[i].getName()==newname)
                    {
                        cout<<"编号:"<<i+1<<endl;
                        cout<<m_emp[i];
                        flag=1;
                    }
                }
                for(i=0;i<workercount;i++)
                {
                    if(w_emp[i].getName()==newname)
                    {
                        cout<<"编号:"<<i+1<<endl;
                        cout<<w_emp[i];
                        flag=1;
                    }
                }
                for(i=0;i<salercount;i++)
                {
                    if(s_emp[i].getName()==newname)
                    {
                        cout<<"编号:"<<i+1<<endl;
                        cout<<s_emp[i];
                        flag=1;
                    }
                }
                if(flag==0)
                    cout<<"不存在符合条件的员工信息！"<<endl;
                break;
            }
        ……   //省略实现代码，与按姓名查询类似
    case 0:
        return;
    default:
        cout<<"输入有误，请重新输入！"<<endl;
    }
  }
}
double EmployeeManage::computeWage()//计算所有员工工资
{
    double wage=0;
    int i;
    for(i=0;i<managercount;i++)
        wage+=m_emp[i].getWage();
    for(i=0;i<workercount;i++)
        wage+=w_emp[i].getWage();
    for(i=0;i<salercount;i++)
        wage+=s_emp[i].getWage();
    return wage;
}
double EmployeeManage::computeSalary()//计算所有员工奖金
{
    double salary=0;
    int i;
    for(i=0;i<managercount;i++)
        salary+=m_emp[i].getSalary();
    for(i=0;i<workercount;i++)
        salary+=w_emp[i].getSalary();
```

```
    for(i=0;i<salercount;i++)
        salary+=s_emp[i].getSalary();
    return salary;
}
void EmployeeManage::print()//输出
{
    int i;
    if(managercount==0&&workercount==0&&salercount==0)
    {
        cout<<"无员工信息！ "<<endl;
        return;
    }
    if(managercount!=0)
    {
        cout<<"经理信息： "<<endl;
        for(i=0;i<managercount;i++)
            cout<<m_emp[i]<<endl;
    }
    if(workercount!=0)
    {
        cout<<"技术人员信息： "<<endl;
        for(i=0;i<workercount;i++)
            cout<<w_emp[i]<<endl;
    }
    if(salercount!=0)
    {
        cout<<"销售人员信息： "<<endl;
        for(i=0;i<salercount;i++)
            cout<<s_emp[i]<<endl;
    }
}
int EmployeeManage::menu()//用户界面函数
{    ……  //省略实现代码    }
int main()//主函数
{
    EmployeeManage e;
    while(1)
    {
        switch (e.menu())
        {
        case 1:
            e.addEmployee();  break;
        case 2:
            e.search();   break;
        case 3:
            e.updateEmployee();  break;
        case 4:
            e.deleteEmployee();    break;
        case 5:
            cout<<"全部工资数额为:"<<e.computeWage()<<endl;
            break;
        case 6:
            cout<<"全部奖金数额为： "<<e.computeSalary()<<endl;
            break;
        case 7:
            e.print();
            break;
```

```
        case 0: exit(0);
        default: cout<<"输入有误,请重新进行选择!"<<endl;
        }
    }
    return 0;
}
```

习　题

1. 填空题

（1）C++中，编译时的多态性要通过函数重载来实现，运行时的多态性要通过_____实现。

（2）在基类中被关键字 virtual 声明，并在派生类中重新定义的成员函数叫作_____。

（3）包含一个或多个纯虚函数的类称为_____。

（4）在析构函数前面加上关键字_____进行说明，称该析构函数为虚析构函数。

（5）定义动物类 Animal，由其派生出猫类（Cat）和狗类（Dog）。根据程序运行结果，请在下划线处（共 3 处）填入正确的程序代码。

```
#include <iostream>
using namespace std;
class Animal
{    public:_____};    //定义纯虚函数 MyFood
class Cat:public Animal
{    public: void MyFood(){cout<<"I Like Fish! "<<endl;}        };
class Dog:public Animal
{    public: void MyFood(){cout<<"I Like Bones! "<<endl;}    };
void PrintMyFood(_____)
{    pa->MyFood ();   }
int main()
{    Animal *pa;
    Cat c1;
    Dog d1;
    pa=&c1;
    PrintMyFood(pa);
    pa=_____;
    PrintMyFood(pa);
    return 0;
}
```

2. 选择题

（1）关于纯虚函数和抽象类的描述中，错误的是（　　　）。

  A. 纯虚函数是一种特殊的虚函数，它没有具体的实现

  B. 基类中含有纯虚函数，该基类的派生类一定是抽象类

  C. 抽象类可以定义对象

  D. 抽象类只能作为基类来使用，其纯虚函数的实现由派生类重载给出

（2）实现运行时的多态性要使用（　　　）。

  A. 重载函数　　　　　B. 构造函数　　　　　C. 析构函数　　　　　D. 虚函数

（3）定义一个类 A，其中 display() 函数声明为纯虚函数，以下程序中错误的地方是（　　　）。

```
class A
{
public:
    virtual void display()=0;        //A
```

```
      A(int x){a=x;}                   //B
      ~A(){  }
private:
      int a;                           //C
};
int main()
{
      A  aa(5);                        //D
      return 0;
}
```

（4）以下类中的成员函数，表示纯虚函数的是（　　　　）。

    A. virtual void vf(int);   B. void vf(int)=0;

    C. virtual void vf(int)=0;   D. virtual void vf(int) {}

（5）下列关于虚函数的描述中，（　　　　）是正确的。

    A. 虚函数是一个非成员函数

    B. 虚函数是一个静态成员函数

    C. 派生类的虚函数与基类中对应的虚函数具有相同的参数个数和类型

    D. 虚函数既可以在函数说明时定义，也可以在函数实现时定义

（6）虚函数必须是类的（　　　　）。

    A. 友元函数   B. 构造函数   C. 析构函数   D. 成员函数

（7）在派生类中重新定义虚函数时，除了（　　　　），其他都必须与基类中相应的虚函数保持一致。

    A. 参数个数   B. 参数类型   C. 函数名   D. 函数体

3．编程题

（1）定义抽象类 Shape，在此基础上派生出圆类 Circle、正方形类 Square、三角形类 Triangle，3 个派生类都有构造函数，输入和显示信息函数 Input()、Show()，计算面积的函数 Area()，计算周长的函数 Perim()。完成以上类的编写，在主函数中动态创建 3 类对象，通过基类的指针指向派生类对象，并调用派生类对象相应函数。

（2）某学校有 3 类员工：教师、行政人员、教师兼行政人员，共有的信息包括编号、姓名、性别和职工类别。工资计算方法如下。

教师：基本工资+课时数×课时补贴。

行政人员：基本工资+行政补贴。

教师兼行政人员：基本工资+课时数×课时补贴+行政补贴。

分析以上信息，定义人员抽象类，派生不同类型的员工，并完成工资的计算。

PART 12 第 12 章
C++输入/输出流

标准输入/输出是以终端为输出对象，从键盘输入数据，将运行结果输出显示到屏幕上。显然从终端输入/输出数据，虽然很方便，但不能永久保存输入/输出数据，这种情况下可以使用外存储器（软盘、硬盘等）来保存数据。各种计算机应用系统通常把一些相关信息组织起来保存在外存储器中，称为"文件"，并用文件名加以标识。

12.1 输入/输出流的概念

输入/输出是指数据传递的过程，输入是指数据从文件传向内存，数据如流水一样从一处流向另一处，C++形象地把这个过程称为流。C++语言的输入/输出操作是通过流类来完成的。

编程中输入是指从键盘输入数据，输出是指在显示器上显示运行结果。从操作系统的角度来看，每一个与主机相连的输入/输出设备都可以被看作文件。文件是输入/输出操作的对象。

C++的输入与输出包括以下 3 方面的内容。

（1）对系统指定的标准设备的输入和输出，称为标准的输入/输出，简称标准 I/O。

（2）以外存磁盘文件为对象进行输入和输出，称为文件的输入/输出，简称文件 I/O。

（3）对内存中指定的空间进行输入和输出，称为字符串输入/输出，简称串 I/O。

C++为了实现数据的输入/输出，定义了一个庞大的流类库。它以 ios 为根基类，直接派生了 4 个类：输入流类 istream、输出流类 ostream、文件流基类 fstreambase、字符串流基类 strstreambase。这 4 个派生类又派生出其他类，构成了标准的 I/O 流类库，如图 12-1 所示。

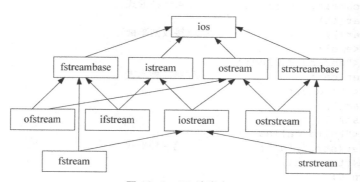

图 12-1 I/O 流类库

12.2 标准输入/输出

标准输入/输出流类的对象和方法都是由 istream 和 ostream 两个类提供的，为了方便用户对基本输入/输出流进行操作，它们预定义了标准输入/输出流对象：cin、cout、cerr 和 clog，还提供了很多输入/输出的功能。

12.2.1 标准输入

cin 是 istream 类的对象。cin 是从标准输入设备获取数据，istream 类重载了提取运算符"＞＞"，使用它可以输入各种类型的数据，这是标准输入流最基本的功能。例如：

```
double a,b;
cin>>a>>b;
```

只有在输入完数据按回车键后，该数据才被送到键盘缓存区，形成输入流，提取运算符才能提取数据。除了用 cin 和流提取运算符输入数据外，istream 类还提供了一些成员函数，可以实现字符和字符串的输入。

1. get()函数

get()函数有 3 种形式，分别为无参的、带一个参数的和带 3 个参数的，调用形式如下：

```
cin.get()
```

函数的返回值就是读入的字符，若遇到文件结束符，函数返回文件结束标志 EOF，EOF 是 iostream.h 文件中定义的符号常量，若函数返回的值不等于 EOF，表示成功读取一个字符。

```
cin.get(字符变量)
```

功能与第一种形式相同，从输入流中读取一个字符，再赋给括号中的字符变量。

```
cin.get(字符数组或指针,字符个数 n,终止字符)
```

其功能是从输入流读取 $n-1$ 个字符，存储到第一个参数字符数组中，或存储到字符指针指向的内存中。如果在读取 $n-1$ 个字符前遇到第三个参数终止字符，则结束读取操作，终止字符默认是'\0'。如果读到 $n-1$ 个字符也没有遇到结束符，则自动在末尾加'\0'，结束读取。

【例 12.1】用 get()函数读入字符和字符串。

```
#include<iostream>
using namespace std;
int main()
{
    cout<<"first called:";
    char ch=cin.get();              //第一种形式
    putchar(ch);
    getchar();                      //接收回车键
    cout<<endl;
    cout<<"second called:";
    cin.get(ch);                    //第二种形式
    cout<<ch<<endl;
    getchar();
    char str[10];
    cout<<"third called:";
    cin.get(str,6,'d');             //第三种形式
    cout<<str<<endl;
    return 0;
}
```

若依次输入字符'f'（回车）、字符'g'（回车）、字符串"abcdefgh"，则程序执行结果如下：

```
first called:f<回车>
f
second called:g<回车>
g
third called:abcdefgh<回车>
abc
```

2．getline() 函数

getline() 函数一次读取一个字符串，与第三种形式的 get() 函数用法类似。getline() 函数的默认结束符是 '\n'，它可以读取空格、制表符等。其调用形式为：

cin.getline(字符数组或指针,字符个数 *n*,终止字符)

下面举例来说明 getline() 函数的用法。

【例 12.2】用 getline() 函数读入字符串。

```
#include<iostream>
using namespace std;
#define N 20
int main()
{
    char str[N];
    cout<<"Enter a sentence:";
    cin.getline(str,10,'/');
    cout<<"The first part is:"<<str<<endl;
    cin.getline(str,10);
    cout<<"The second part is:"<<str<<endl;
    return 0;
}
```

程序执行时输入"abcdef/ghi"，则输出结果如下：

```
The first part is: abcdef
The second part is: ghi
```

12.2.2 标准输出

ostream 类预定义了 3 个输出流对象 cout、cerr 和 clog，并重载了流插入运算符"<<"，使用它可以输出各种类型的数据。除此之外，ostream 类还提供了一些成员函数来输出数据。

1．标准流对象

cout 是 ostream 类预定义的对象，称为标准输出流对象，对应标准输出设备显示器。用户可以通过 cout 对象调用 ostream 类的插入运算符和成员函数输出信息到显示器。cout 流可以被重新定向输出到磁盘文件中。

cerr 是标准出错流对象，它的作用是向标准出错设备输出有关出错信息，标准出错设备一般为显示器。cerr 的用法与 cout 类似，不同的是 cerr 流中的信息只能在显示器上输出，不能重定向到磁盘文件。

clog 也是标准出错流对象，同 cerr 一样，都是用于向标准出错设备显示器输出出错信息。不同的是 cerr 没有缓冲，直接将信息发送到屏幕；clog 带缓冲区，等到缓冲区满或遇到换行符时才输出错误信息。cerr 和 clog 多用于输出调试信息。

2．流成员函数 put()

在 ostream 类中定义了可以输出单个字符的成员函数 put()，函数的调用形式为

cout.put(字符变量或常量)

它的参数可以是字符变量、字符常量，也可以是一个整型表达式，编译系统会把它看成是 ASCII 输出相对应的字符，可以连续调用 put()函数。

【例 12.3】put()函数的用法。

```cpp
#include<iostream>
using namespace std;
int main()
{
    char ch='c';
    cout.put(ch);       //输出字符变量 ch
    cout.put('h').put('i').put('n').put('a')<<endl;   //连续输出字符常量
    return 0;
}
```

程序执行结果如下：

```
china
```

3．输出格式

前面所讲的输出都是不指定格式的，系统会根据数据的类型自动采用默认格式进行输出。但有时程序员需要控制数据输出的细节，要求按指定的格式输出，这就需要对输出格式进行控制了。输出格式控制有两种方法，可以采用控制符控制输出格式，也可以采用流类的成员函数控制输出格式。

（1）采用控制符控制输出格式。

表 12-1 中列出了常见的输出格式控制符。要注意这些控制符所在的头文件，在使用控制符时应该包含头文件，这样才能正确编译。

表 12-1　输出格式控制符及其功能

控 制 符 名	功　　　能	I/O	头 文 件
dec	数值数据采用十进制表示	I/O	iostream.h
hex	数值数据采用十六进制表示	I/O	iostream.h
oct	数值数据采用八进制表示	I/O	iostream.h
setbase(n)	设置数制转换基数为 n（0,8,10,16），0 表示使用默认基数	I/O	iomanip.h
endl	插入一个新行并清空流相关联的缓冲区	O	iostream.h
flush	刷新与流相关联的缓冲区	O	iostream.h
resetiosflags()	清除参数所指定的标志位，括号中需指定格式标志	I/O	iomanip.h
setiosflags(long)	设置参数所指定的标志位	I/O	iomanip.h
setfill(c)	设置填充字符	O	iomanip.h
setprecision(n)	设置浮点数输出的有效数字个数（含小数点）	O	iomanip.h
setw(n)	设置输出数据项的域宽	O	iomanip.h
left	左对齐，右填充字符	O	iostream.h
right	右对齐，左填充字符	O	iostream.h
scientific	科学记数法表示浮点值，精度域指小数点后面的数字位数	O	iostream.h
fixed	以定点格式表示浮点值，精度域指小数点后面的数字位数	O	iostream.h

【**例 12.4**】举例说明使用控制符控制输出格式的用法。

```cpp
#include<iostream>
#include<iomanip>
using namespace std;
int main()
{
    int i=1024,j=256;
    double p=3.1415927,q=3.14;
    cout<<i<<endl;
    cout<<setw(12)<<i<<j<<endl;   //i 的值占 12 个显示位置居右输出
    cout<<hex<<i<<endl;            //以十六进制形式输出
    cout<<j<<endl;                 //以十六进制形式输出
    cout<<dec<<j<<endl;            //以十进制形式输出
    cout<<setw(10)<<setiosflags(ios::left)<<setfill('#')<<i<<endl;
                       //i 的值占 10 个宽度居左输出,不足 10 个宽度数据后补'#'
    cout<<setw(6)<<setfill('*')<<i<<endl;   //居左输出
    cout<<p<<endl;                           //输出 p 的值,6 位有效数字
    cout<<setprecision(5)<<p<<endl;          //输出 p 的值,5 位小数含小数点
    cout<<p<<endl;                           //输出 p 的值,5 位小数含小数点
    cout<<resetiosflags(ios::left)<<setw(10)<<setfill('$')<<j<<endl;
                       //取消 ios::left 标志,输出 j 占 10 个宽度居右,数据前补'$'
    return 0;
}
```

程序执行结果如下:

```
1024
        1024256
400
100
256
1024######
1024**
3.14159
3.1416
3.1416
$$$$$$$256
```

（2）采用流类成员函数控制输出格式。

表 12-2 中列出了常见的用于控制输出格式的成员函数。

表 12-2   输出格式的流类成员函数

成员函数名	功　　能
int ios::width(n)	设置当前输出宽度
int ios::fill(c)	设置填充字符 c
int ios::precision(n)	设置浮点数精度

【**例 12.5**】举例说明使用流类成员函数控制输出格式。

```cpp
#include<iostream>
using namespace std;
int main()
```

```
{
    int i=1024;
    double j=13.1415927;
    cout<<i<<endl;
    cout.width(10);        //设置输出宽度为 10
    cout<<i<<endl;         //输出 i 的值占 10 个宽度
    cout<<i<<endl;         //输出 i 的值
    cout.width(10);        //设置输出宽度为 10
    cout.fill('$');        //设置填充字符为'$'
    cout.setf(ios::left,ios::adjustfield);        //设置居左
    cout<<i<<endl;         //按当前设置输出 i
    cout.width(12);        //设置输出宽度 12
    cout.setf(ios::right,ios::adjustfield);       //设置居右
    cout.precision(5);     //设置精度为 5
    cout<<j<<endl;         //按精度设置输出 j 的值
    cout<<"width:"<<cout.width()<<endl;           //输出当前的宽度值
    return 0;
}
```

程序执行结果如下：

```
1024
      1024
1024
1024$$$$$$
$$$$$$13.142
width:0
```

12.3 文件输入/输出

文件一般指存储在外部介质上的数据集合，操作系统以文件为单位对数据进行管理。这里的外部存储介质一般特指磁盘，磁盘上的文件称为磁盘文件。对磁盘文件的输入/输出操作简称为文件 I/O。C++语言中没有文件输入/输出语句，对文件的读写是用流或 C++的库函数来实现的。

使用文件管理数据能提高程序的运行效率。如果想从文件中读取数据，必须先按文件的路径和文件名找到指定的文件，然后再从该文件中读取数据到计算机内存。如果要将中间数据或最终结果输出到文件中存放起来，也必须先建立一个文件或找到一个已存在的文件，才能向它输出数据。

每个文件都对应一个文件名，并且位于某个物理盘或逻辑盘的目录层次结构中一个确定的目录之下。文件名由主文件名和扩展名两部分组成，它们之间用圆点"."分开。文件扩展名通常用来区分文件的类型。例如在 C++系统中，用扩展名.h 表示头文件，用扩展名.cpp 表示源程序文件，用扩展名.obj 表示程序文件被编译后生成的目标文件，用扩展名.exe 表示连接目标文件后形成的可执行文件。对于用户建立的用于保存数据的文件，通常用.dat 作为扩展名，若它是由字符构成的文本文件，则用.txt 作为扩展名。

在 C++中，按存储格式可以把文件分为两种类型：（1）ASCII 文件或文本文件；（2）内部格式文件或二进制文件。两种存储格式所占用的存储空间不同，用 ASCII 形式输出与字符一一对应，一字节代表一个字符；用二进制形式输出数据，一字节并不对应一个字符，不能

直接输出字符形式，但可以节省外存空间和转换时间。

根据存取方式可以把文件分为顺序存取文件和随机存取文件。

12.3.1 文件和流

C++语言把文件看作是一个字符（字节）的序列，即由一个一个字符（字节）的数据顺序组成。一个文件是一个字符流或二进制流。C++文件不是由记录组成的，它把数据看作是一连串的字符（字节），输入时回车换行符作为符号同时被读入，输出时不会自动增加回车换行符作为标志。这种以字节流或二进制流组成的文件被称为流式文件。

为了进行文件 I/O 操作，C++定义了文件流。文件流是控制台流的扩展，是从控制台流类派生来的，它继承了控制台流类的所有特点。文件流类根据自己的需求，增加了控制台流类所没有的特性。

C++有 3 种文件流：ifstream.h 文件包含文件输入流类 ifstream，ofstream.h 文件包含文件输出流 ofstream，fstream.h 文件包含文件输入/输出流类 fstream。

C++对文件的读/写操作包含 3 个基本步骤：首先根据所执行的文件 I/O 操作类型，使用文件流创建对象；然后利用该对象调用相应流中的 open()成员函数或构造函数，按照一定的打开方式打开一个文件，文件被打开后，即在流与文件之间建立一个连接，并对文件流对象进行读/写操作；最后在读/写操作完后，再通过流对象把文件关闭。

1．打开文件

打开文件操作包括建立文件流对象，与外部文件关联，指定文件的打开方式。打开文件有以下两种方式。

（1）首先建立流对象，然后调用 open()函数连接外部文件。语句格式如下：

```
流类 对象名；
对象名.open(文件名,方式)；
```

（2）调用流类带参数的构造函数，建立流对象的同时连接外部文件。语句格式如下：

```
流类 对象名(文件名,方式)；
```

其中，"流类"是流类库中定义的文件流类，ifstream 用于以读方式打开文件，ofstream 用于以写方式打开文件，而 fstream 用于以读/写方式打开文件。"方式"是 ios 定义的标识常量，表示文件的打开。open()函数的函数原型为

```
void open( const char* szName, int nMode, int nProt = filebuf::openprot );
```

其中，"szName"是文件名，可包含驱动器符和路径说明；"nMode"说明文件打开方式，表 12-3 所示为 nMode 的取值，它们是枚举常量。

表 12-3　文件打开方式

选　　项	说　　明
ios::app	添加模式，所有新数据都写入文件尾部
ios::ate	打开文件时文件指针定位到文件尾，如果程序移动了文件指针，就把数据写入当前位置
ios::in	打开文件进行读操作，文件不存在时出错
ios::out	打开文件进行写操作，如文件已存在则更新该文件
ios::trunc	打开文件，如果文件已存在则清空原文件

选　项	说　明
ios::nocreate	打开一个已经存在的文件，如果文件不存在则打开失败
ios::noreplace	打开一个不存在的文件，如果文件存在则打开失败
ios::binary	二进制文件（非文本文件）

与其他状态标志一样，nMode 常量可以用或运算符"|"组合在一起，例如 ios::out|ios::app 表示以添加模式打开输出文件。对于 ifstream 流，nMode 的默认值为 ios::in；对于 ofstream 流，nMode 的默认值为 ios::out。"nProt"为文件的访问保护，一般使用默认值。例如，以读方式打开已有文件"d:\file1.txt"的语句如下：

```
ifstream infile;                          //建立输入文件流对象
infile.open("d:\\file1.txt",ios::in);     //以读方式连接文件
```

或

```
ifstream infile("d:\\file1.txt",ios::in);
```

再如，以写方式打开已有文件"d:\file2.txt"的语句如下：

```
ofstream outfile;                         //建立输出文件流对象
outfile.open("d:\\file2.txt",ios::out);   //以写方式连接文件
```

或

```
ofstream outfile("d:\\file2.txt",ios::out);
```

再如，以读/写方式打开已有文件"d:\file3.txt"的语句如下：

```
fstream rwfile;                                  //建立输入/输出文件流对象
rwfile.open("d:\\file3.txt",ios::in|ios::out);   //以读/写方式连接文件
```

或

```
fstream rwfile("d:\\file3.txt",ios::in|ios::out);
```

打开文件操作并不能保证总是正确的，例如文件不存在、磁盘损坏等原因可能造成打开文件失败。如果打开文件失败后，程序还继续执行文件的读/写操作，将会产生严重错误。所以，应首先测试文件打开是否正确，如不正确，应使用异常处理以提高程序的可靠性。

下列成员函数常用来检验流状态设置流的状态。

```
int rdstate();            //返回流的当前状态标志字
int eof();                //返回非 0 值表示到达文件尾
int fail();               //返回非 0 值表示操作失败
int bad();                //返回非 0 值表示出现错误
int good();               //返回非 0 值表示流操作正常
int clear(int flag=0);    //将流的状态设置为 flag
```

2．关闭文件

当一个文件读写操作完成后，应及时关闭文件。关闭文件操作主要是将缓冲区数据完整地写入文件，添加文件结束标志，使文件流与对应的物理文件断开联系。关闭文件时，调用 fstream 的成员函数 close()。

例如，关闭文件标识符为 outfile 的文件，可以使用下面的语句：

```
outfile.close();
```

这样文件流 outfile 被关闭，由它所标识的文件被送入磁盘中。当一个流对象的生存期结束时，系统将会自动关闭文件。

【例 12.6】 打开文件和关闭文件举例。

```
#include<iostream>
#include<fstream>
using namespace std;
int main()
{
    ofstream outfile("d:\\f1.txt",ios::out);
    if(!outfile)
        cerr<<"打开文件错误！"<<endl;
    else
    {
        outfile<<120<<endl;
        outfile<<310.65<<endl;
        outfile.close();
    }
    return 0;
}
```

程序执行结果为在 D 盘上建立 f1.txt 文件，文件内容如下：

```
120
310.65
```

在打开 f1.txt 文件时，对建立的文件流 outfile 进行检查，判断 outfile 是否为 0。如果其值为 0，表示文件没能打开，则输出"打开文件错误！"，并结束该程序；如果其值为非 0，表示文件打开，在文件中写入 120 和 310.65，然后关闭文件。

12.3.2　顺序文件的访问

文件中有一个位置指针，指向当前读写位置。根据文件打开的模式，文件被打开后，不论文件指针置于文件头部或尾部，文件指针都是从原位置开始向后移动，对文件进行读写操作。如果对文件的操作总是从文件指针位置开始顺序向后移动，就称为顺序文件。

1．文本文件的读写

文件打开后，就可以用文件流对象和流插入运算符 "<<" 向文件中写入数据，其使用方法与标准 I/O 完全类似。例如：

```
outputfile<<"This is the beginning of file I/O"<<endl;
```

可根据需要打开不同模式的文件，例如：

```
fstream outputfile;
outputfile.open("test.dat",ios::out|ios::in);          //输入/输出文件
fstream outputfile;
outputfile.open("test.dat",ios::out|ios::binary);      //二进制输出文件
fstream outputfile("test.dat",ios::app);               //以添加方式输出文件
```

【例 12.7】 向输出文件中写入文本。

```
#include<iostream>
#include<fstream>
#include<iomanip>
using namespace std;
int main()
{
    fstream output;
    output.open("d:\\data\\test.dat",ios::out);
```

```
        if(output.fail())
        {
            cerr<<"Can not open test.dat"<<endl;      //打开文件错误时，给出错误提示
            abort();                                   //终止程序运行
        }
        output<<setiosflags(ios::left)<<setw(13)<<"Name"<<setw(10)<<"Class"
        <<setw(10)<<"Age"<<endl;
        output<<setiosflags(ios::left)<<setw(13)<<"Zhang San"<<setw(10)<<10
        <<setw(10)<<21<<endl;
        output<<setiosflags(ios::left)<<setw(13)<<"Li Si"<<setw(10)<<10
        <<setw(10)<<19<<endl;
        output<<setiosflags(ios::left)<<setw(13)<<"Wang Wu"<<setw(10)<<10
        <<setw(10)<<20<<endl;
        output<<setiosflags(ios::left)<<setw(13)<<"Zhao Liu"<<setw(10)<<10
        <<setw(10)<<22<<endl;
        for(char ch='a';ch<='z';ch++) output.put(ch);
        output.write("\n1234567890",11);
        output.close();
        return 0;
}
```

输出到 d:\data\test.dat 文件中的数据如下：

```
Name         Class    Age
Zhang San    10       21
Li Si        10       19
Wang Wu      10       20
Zhao Liu     10       22
abcdefghijklmnopqrstuvwxyz
1234567890
```

如果在 D 盘根目录下没有 data 文件夹，则运行程序时会给出"Can not open test.dat"的错误提示，并终止程序运行。所以，例 12.7 需要在 D 盘根目录下新建 data 文件夹，或者将语句

```
    output.open("d:\\data\\test.dat",ios::out);
```

改写为

```
    output.open("d:\\test.dat",ios::out);
```

就不会出现错误。

从例 12.7 中可以看出，输出文件类对象 output 与标准 I/O 对象 cout 很相似，只是两者的输出指向不同而已。

文件被打开后，程序也可以使用流插入运算符和成员函数读取文件中的数据。程序从文件开始位置读起，直到遇到文件结束符为止。为确定是否达到了文件结束位置，程序可以在 while 循环中使用检验流状态的 eof() 成员函数。

【例 12.8】读取文件内容到显示器。

```
#include<iostream>
#include<fstream>
using namespace std;
int main()
{
    fstream input("d:\\data\\test.dat",ios::in);
```

```
    if(input.fail())
    {
        cerr<<"Can not open test.dat"<<endl;
        abort();
    }
    while(!input.eof())
    {
        cout.put((char)input.get());
    }
    return 0;
}
```

例 12.8 的程序是将文件 d:\\data\\test.dat 中的文本内容显示到屏幕。

2．二进制文件的读写

如果程序仅仅是为了读写数据，就没有必要把数据转换成可阅读的文本格式。二进制数据转换成文本格式效率较低，而且二进制格式读写 4 字节的浮点数和 2 字节的整型数速度是非常快的。当程序对文件中数据读写速度要求很高时，例如大量读写浮点数、整型数或数据结构时，用二进制文件比较合适。

为执行二进制文件操作，必须首先使用 ios::binary 模式指示符打开文件。下面的语句为以二进制方式在当前路径中打开名为 binary_data 的文件。

```
fstream outfile("binary_data.dat",ios::out|ios::binary);
```

应使用 read()和 write()成员函数来执行二进制文件的输入/输出操作。不能使用流插入运算符"<<"和流提取运算符">>"向二进制文件中输入/输出数据，否则可能会遇到错误，无法得到正确的结果。

【例 12.9】 打开一个二进制文件并向其中写入数据。

```
#include<iostream>
#include<fstream>
using namespace std;
int main()
{
    fstream output;
    output.open("d:\\data\\binary_data.dat",ios::out|ios::binary);
    if(!output)
    {
        cerr<<"Can not open binary_data.dat"<<endl;
        abort();
    }
    double x[]={3.1415926,6.2831852,9.4247778,12.5663704,15.707963};
    for(int i=0;i<5;i++)
        output.write((char*)&x[i],sizeof(double));          //write()成员函数
    output.close();
    return 0;
}
```

该程序使用了成员函数 write((char*)&x[i],sizeof(double))，该函数的第一个参数为指向字符数组的指针，指向内存中的一段存储空间，处理浮点数时，要将数据的地址转换成字符指针类型；第二个参数是要读写数据的字节数。

用 read()成员函数可以读取二进制数据。和 write()函数一样，read()函数的第一个参数为指

向字符数组的指针，第二个参数是从文件中读入的字节数。第一个参数也需要是 char * 类型，如果要处理任意类型的参数，需要把数据类型转换成 char * 类型。例如，假设给定的数据为结构体型：

```
struct
{
char nation[20];
char name[20];
float height;
int age;
} X;
```

用 read() 成员函数读取 X 的语句为

```
outfile.read((char*)&X,sizeof(X));
```

【例 12.10】 读写二进制文件。该程序先打开输入文件，在文件中输入二进制数据，关闭文件。然后再打开该文件，从中读取二进制数据并显示在屏幕上。

```
#include<iostream>
#include<fstream>
#include<iomanip>
using namespace std;
int main()
{
    fstream output;
    output.open("d:\\data\\binary_data.dat",ios::out|ios::binary);
    if(!output)
    {
        cerr<<"Can not open binary_data.dat"<<endl;
        abort();
    }
    double x[]={3.1415926,6.2831852,9.4247778,12.5663704,15.707963};
    for(int i=0;i<5;i++)
        output.write((char*)&x[i],sizeof(double));
    output.close();
    fstream input("d:\\data\\binary_data.dat",ios::in|ios::binary);
    double z[5];
    if(input.fail())
    {
        cerr<<"Can not open binary_data.dat"<<endl;
        abort();
    }
    for(i=0;i<5;i++)
    {
        input.read((char*)&z[i],sizeof(double));
        cout<<setprecision(10)<<z[i]<<endl;
    }
    input.close();
    return 0;
}
```

程序执行结果如下：

```
3.1415926
6.2831852
9.4247778
12.5663704
15.707963
```

12.3.3　随机文件的访问

1．建立随机文件

实际上，C++提供了一种更灵活的文件读写方式。程序读写完一个数据后，并不一定要处理下一个数据，而是通过移动文件指针，读写文件中其他位置的数据。这就是所谓的随机访问文件。

如果同时为读、写操作打开文件，程序就可将读文件指针移到一个位置，而将写文件指针移向另一位置，两者互不干扰。当文件由等长的记录组成时，文件指针位置就很容易计算，可以读取所需要的任何一个数据。对于随机文件，可以按任何顺序进行读写操作。所以，随机文件特别适合于对二进制文件的操作。

可使用 seekg()和 seekp()两个重载成员函数控制文件指针:seekg()用于输入文件,seekp()用于输出文件。seekg()函数和 seekp()函数的格式如下：

```
seekg(offset,dir);      或    seekg(pos);
seekp(offset,dir);      或    seekp(pos);
```

其中，offset 参数指定了位移量（以字节为单位），为 long 型；pos 参数指定文件指针的新位置；dir 参数指定了文件中位移量的起始位置，必须是下列枚举值之一。

（1）ios::beg：从文件起始位置开始。

（2）ios::cur：从当前文件指针位置开始。

（3）ios::end：从文件结束位置开始。

例如：

```
iuput.seekg(250L,ios::beg);       //将输入文件指针移到离文件开头 250 字节处
output.seekp(20L,ios::cur);       //将输出文件指针从当前位置向后移到 20 字节处
input.seekg(-30L,ios::end);       //将输入文件指针移到离文件末尾 30 字节处
```

另外，随机文件有时需要确定文件指针的当前位置，可以使用 tellg()和 tellp()两个成员函数获取文件指针的当前位置，返回值为从文件起始位置开始到当前位置的字节总数。

用 open()成员函数或文件流的构造函数打开文件，用 seekg()和 seekp()调整文件指针，即可进行随机文件的读写。

【例 12.11】随机文件的建立和读写。向文件中写入 10 名学生的信息，包括姓名、学号、年龄、性别和总成绩，读取第 1、3、5、7、9 个学生的信息输出到显示器屏幕。

```cpp
#include<iostream>
#include<fstream>
using namespace std;
struct student_info
{
    char name[20];
    int num;
    int age;
    char sex;
    double score;
};
int main()
{
    student_info cls1[]={
        "zhao",1,20,'M',290.5,
        "qian",2,19,'M',282.5,
        "sun",3,20,'F',288.5,
        "li",4,21,'M',275.5,
        "zhou",5,22,'M',256.5,
```

```
            "wu",6,20,'F',289.5,
            "zheng",7,19,'M',265.5,
            "wang",8,20,'F',278.5,
            "feng",9,21,'F',268.5,
            "chen",10,20,'F',287.5,
    };
    fstream inout("d:\\data\\test.dat",ios::out|ios::in|ios::binary);
    if(!inout)
    {
        cerr<<"Can not open random.dat"<<endl;
        abort();
    }
    for(int i=0;i<10;i++) inout.write((char*)&cls1[i],sizeof(cls1[i]));
    student_info cls2[10];
    for(i=0;i<10;i+=2)
    {
        inout.seekg(i*sizeof(cls1[i]),ios::beg);
        inout.read((char*)&cls2[i],sizeof(cls2));
        cout<<cls2[i].name<<"\t"<<cls2[i].num<<"\t"<<cls2[i].age<<"\t"
        <<cls2[i].sex<<"\t"<<cls2[i].score<<"\t"<<endl;
    }
    inout.close();
    return 0;
}
```

程序执行结果如下：

```
zhao          1     20    M     290.5
sun           3     20    F     288.5
zhou          5     22    M     256.5
zheng         7     19    M     265.5
feng          9     21    F     268.5
```

2．读取随机文件中的数据

处理随机文件时，文件指针的定位是关键。对于等长的数据，只要定位准确，就可很方便地读取数据。

【例 12.12】在一个文件中存入一组整型数据，根据屏幕提示输入序号，显示文件指针的当前位置和所指数据。

```
#include<iostream>
#include <fstream>
using namespace std;
int main()
{
    fstream inout("d:\\data\\test.dat",ios::out|ios::in|ios::binary);
    if(!inout)
    {
        cerr<<"Can not open random_r.dat"<<endl;
        abort();
    }
    for(int i=0;i<100;i++)
        inout.write((char*)&i,sizeof(int));
    int n,m;
    cout<<"Please type in a number:between 0-99"<<endl;
    cin>>n;
    inout.seekg(n*sizeof(int),ios::beg);
    cout<<"The positon of file pointer after read is:  "<<inout.tellg()<<endl;
    inout.read((char*)&m,sizeof(int));
    cout<<"The data you read is: "<<m<<endl;
```

```
        return 0;
    }
```

程序执行结果如下：

```
Please type in a number:between 0-99
8（注：此数据为用户通过键盘输入的，输入完毕按 Enter 键）
The positon of file pointer after read is: 32
The data you read is: 8
```

3．数据写入随机文件

对指针进行定位的成员函数 seekg() 和 seekp() 一般用于二进制文件，因为文本文件要进行字符转换，计算位置时往往会发生错乱。处理随机文件时，一般要求文件的数据类型要一致，否则定位会出现问题。

数据写入随机文件时，首先应用 seekp() 定位，然后用新的数据覆盖原来的数据。

【例 12.13】程序先建立一个随机文件，然后将指定位置的数据用新数据代替，最后显示写入的数据。

```cpp
#include<iostream>
#include<fstream>
using namespace std;
int main()
{
    fstream inout("d:\\data\\test.dat",ios::out|ios::in|ios::binary);
    if(!inout)
    {
        cerr<<"Can not open random_w.dat"<<endl;
        abort();
    }
    int i;
    for(i=0;i<=10;i++)  inout.write((char*)&i,sizeof(int));
    cout<<"Please input n, 0<=n<=10 "<<endl;
    int n;
    cin>>n;
    inout.seekp(n*sizeof(int),ios::beg);
    int m=100;
    inout.write((char*)&m,sizeof(int));
    inout.seekg(0,ios::beg);
    int nd;
    for(i=0;i<=10;i++)
    {
        inout.read((char*)&nd,sizeof(int));
        cout<<nd<<endl;
    }
    inout.close();
    return 0;
}
```

程序先建立随机文件，并向其输出 0~10 共 11 个整数，然后从屏幕任意输入 10 以内的数表示位置，在文件中找到该位置并写入新数据 100，最后输出修改以后的文件。

12.4 案例实战

12.4.1 实战目标

（1）掌握输入/输出流的概念。

（2）熟练掌握输入/输出流操作。

（3）熟练掌握文件的创建、打开、读写、关闭等操作。

12.4.2 功能描述

第 11 章的案例完成后，已经是一个功能比较完善的企业员工信息管理系统了，但程序还存在一个问题，就是程序运行结束后数据无法保存，再次运行时就没有数据了。为了方便大量员工信息的处理，可以将员工信息提前保存到一个文件中，当运行程序时先从文件中读取数据，加载到内存中，完成相应的操作退出系统时再将新信息重新写入文件中保存。

本章案例要求使用文件处理函数实现员工信息的读入和保存，在程序运行时先读取员工信息，当程序运行结束时保存员工信息。系统的主界面修改后如图 12-2 所示。

```
****************************************************
*                                                  *
*              欢迎使用本员工信息管理系统              *
*         1. 读取员工信息    2. 查询员工信息         *
*         3. 修改员工信息    4. 添加员工信息         *
*         5. 删除员工信息    6. 计算员工奖金         *
*         7. 计算员工工资    8. 保存员工信息         *
*         9. 显示所有员工信息  0. 退出系统           *
*                                                  *
*                 请输入相应编号：                   *
*                                                  *
****************************************************
```

图 12-2   系统主界面

12.4.3 案例实现

首先在管理类中增加两个成员函数：save()和 read()，函数的声明和定义代码如下：

```cpp
//****************    定义员工管理类    ********************
class EmployeeManage
{
public:
    ……  //省略实现代码，成员函数与上一章案例相同
    void save();                    //增加，保存员工信息
    void read();                    //增加，读取员工信息
private:
    ……  //省略实现代码，数据成员与上一章案例相同
};
//保存员工信息的成员函数定义
void EmployeeManage::save()         //保存员工信息
{
    int i;
    ofstream outfile_m("manager.txt",ios::out);
    if(!outfile_m)
    {
        cout<<"打开文件失败！"<<endl;
        return;
    }
    outfile_m<<managercount<<endl;
    for(i=0;i<managercount;i++)
    {
        outfile_m<<m_emp[i].getNum()<<" "<<m_emp[i].getName()<<" ";
        outfile_m <<m_emp[i].getAge()<<" "<<m_emp[i].getWorktime()<<" ";
        outfile_m<<m_emp[i].getSex()<<" "<<m_emp[i].getMarriage()<<" ";
        outfile_m<<m_emp[i].getGrade()<<" "<<m_emp[i].getTired()<<" ";
        outfile_m <<m_emp[i].getWorkhours()<<" "<<m_emp[i].getProfit()<<" ";
        outfile_m <<m_emp[i].getWage()<<" "<<m_emp[i].getSalary()<<endl;
```

```
    }
    ofstream outfile_w("worker.txt",ios::out);
    ……   //省略实现代码，保存技术人员过程与经理类似
    ofstream outfile_s("saler.txt",ios::out);
    ……   //省略实现代码，保存销售人员过程与经理类似
    outfile_m.close();
    outfile_w.close();
    outfile_s.close();
}
//读取员工信息的成员函数定义
void EmployeeManage::read()//读取员工信息
{
    string num,name;
    int age,worktime,marriage,grade,tired,workhours;
    double profit,wage,salary;
    char sex;
    int i;
    ifstream infile_m("manager.txt",ios::in);
    if(!infile_m)
    {
        cout<<"打开文件失败！"<<endl;
        return;
    }
    infile_m>>managercount;
    for(i=0;i<managercount;i++)
    {
        infile_m>>num>>name>>age>>worktime>>sex>>marriage>>grade>>tired;
        infile_m >>workhours>>profit>>wage>>salary;

        m_emp[i]=Manager(num,name,age,worktime,sex,marriage,grade,tired,
workhours,profit);
    }
    ifstream infile_w("worker.txt",ios::in);
    ……   //省略实现代码，读取技术人员过程与经理类似
    ifstream infile_s("saler.txt",ios::in);
    ……   //省略实现代码，读取销售人员过程与经理类似
    infile_m.close();
    infile_w.close();
    infile_s.close();
}
```

系统用户界面显示的菜单函数改为

```
int EmployeeManage::menu()//用户界面函数
{   ……   //省略实现代码     }
```

主函数需要调用菜单函数，相应地修改为如下代码。

```
int main()//主函数
{
    EmployeeManage e;
    while(1)
    {
        switch (e.menu())
        {
        case 1:
            e.read();
            cout<<"读取成功！"<<endl;
            break;
        ……   //省略实现代码
        case 8:
            e.save();
```

```
            cout<<"保存成功! "<<endl;
            break;
        case 9:
            e.print();
            break;
        case 0: exit(0);
        default: cout<<"输入有误,请重新进行选择!"<<endl;
        }
    }
    return 0;
}
```

由于增加了文件操作,因此需要添加#include<fstream>。若在 VC6.0 中则需要添加以下两行代码:

```
using std::ifstream;
using std::ofstream;
```

到此为止,我们已经完整地实现了企业员工信息管理系统。

习 题

1．填空题

（1）C++中的文件按存储格式可以分为两类,分别是_____和_____,根据存取方式可以把文件分为_____和_____。

（2）文件名由_____和_____两部分组成,它们之间用圆点分开。

（3）在 C++中打开一个文件,就是将这个文件与一个_____建立关联,关闭一个文件,就是取消这个关联。

（4）随机文件有时需要确定文件指针的当前位置,可以使用_____和_____成员函数获取文件指针的当前位置。

（5）为执行二进制文件操作,必须首先使用_____模式指示符打开文件。

2．选择题

（1）在文件操作中,代表以追加方式打开文件的模式是（　　　）。

    A．iso::ate　　　　　　　B．iso::app　　　　　　　C．iso::out　　　　　　　D．iso::trunc

（2）下列打开文件的语句中,（　　　）是错误的。

    A．ofstream ofile; ofile.open("abc.txt",ios::binary);

    B．fstream iofile; iofile.open("abc.txt",ios::ate);

    C．ifstream ifile("abc.txt");

    D．cout.open("abc.txt",ios::binary);

（3）以下关于文件操作的叙述中,不正确的是（　　　）。

    A．打开文件的目的是使文件对象与磁盘文件建立联系

    B．在文件的读写过程中,程序将直接与磁盘文件进行数据交换

    C．关闭文件的目的之一是保证输出的数据写入硬盘文件

    D．关闭文件的目的之一是释放内存中的文件对象

（4）以下不能正确创建输出文件对象并使其与磁盘文件相关联的语句是（　　　）。

    A．ofstream myfile; myfile.open("d:\\ofile.txt");

    B．ofstream *myfile=new ofstream; myfile−>open("d:\\ofile.txt");

C. ofstream myfile("d:\\ofile.txt");

D. ofstream *myfile=new ("d:\ofile.txt");

（5）下列关于 getline()函数的表述中，（　　）是错误的。

　　A. 该函数是用来从键盘上读取字符串的

　　B. 该函数读取的字符串长度是受限制的

　　C. 该函数读取字符串时遇终止符停止

　　D. 该函数中所使用的终止符只能是换行符

（6）下列关于 read()函数的描述中，（　　）是正确的。

　　A. 是用来从键盘输入中读取字符串的

　　B. 所读取的字符串长度是不受限制的

　　C. 只能用于文件操作中

　　D. 只能按规定读取指定数目的字符

（7）下列关于 write()函数的描述中，（　　）是正确的。

　　A. 可以写入任意数据类型的数据

　　B. 只能写二进制文件

　　C. 只能写字符串

　　D. 可以使用 "(char *)" 的方式写数组

（8）已定义结构体类型 Score，并用 Score 定义结构体变量 grade，已知用二进制方式打开输出文件流 ofile，下列写入 grade 的方式中，（　　）是正确的。

　　A. ofile.write ((char *) & Score , sizeof (grade));

　　B. ofile.write ((char) & Score , sizeof (grade));

　　C. ofile.write ((char *) grade , sizeof (grade));

　　D. ofile.write ((char *) & grade , sizeof (grade));

3．编程题

（1）编写一段程序，从屏幕输入一段文字，在 C 盘上建立新文件 test.dat，并把从键盘输入的文字输出到该文件中。

（2）编写一段程序，从键盘任意输入 10 个浮点数并存入二进制文件 binary.dat 中，从此二进制文件中读取数据并计算其总和与平均值。

（3）编写一段程序，从键盘输入学生姓名、学号和语文、数学、英语考试成绩，计算出总成绩，将原有数据和计算出的总成绩存放在磁盘文件 result.dat 中。将 result.dat 中的数据读出，按总成绩由高到低排序处理，并将排序后的数据存入新文件 sort.dat 中。

（4）向上题中 sort.dat 文件中补充两个学生的 3 门课成绩，计算总成绩并重新排序，输出到新文件中。

（5）假定一个文件 stu_sort.dat 中存有学生的序号、姓名、学号、年龄、性别、总成绩等数据，输出指定序号的学生数据。

（6）假定一个文件中存有职工的有关数据，每个职工的数据包括序号、姓名、性别、年龄、工种、住址、工资、健康状况、文化程度、奖惩记录、备注等信息。要求用读取顺序文件的方式和读取随机文件的方式向屏幕输出序号、姓名和工资数据。

第 13 章
模板和异常处理

利用 C++ 语言提供的模板机制可以显著减少冗余信息，能大幅度地节约程序代码，进一步提高面向对象程序设计的可重用性和可维护性。模板是开发大型软件，建立通用函数库和类库强有力的工具，通过它可以实现用同一段程序处理多种不同类型的对象。

13.1 模板

模板把函数或类要处理的数据类型进行参数化，表现为参数的多态性，从而有效地实现了程序设计中的代码重用。若想实现代码重用，代码必须是通用的。通用代码必须不受数据类型和具体操作的影响，即无论是什么数据类型，通用代码是不变的。在多数情况下，越通用的代码越能够重用。这种程序设计类型称为参数化程序设计。

模板就是一种参数化程序设计方式，它以一种完全通用的方法来设计函数或类而不必预先说明将被使用的每个对象的类型。

13.1.1 模板的概念

一般情况下，程序设计时会确定参与运算的所有对象的类型，让编译器在程序运行之前进行类型检查并分配内存，以提高程序的可靠性和运行效率。但是，这种程序设计方式有时会带来一些不便。例如，定义求最大值的函数 max() 如下：

```
int max(int x,int y)
{
    return ( x > y ) x : y ;
}
```

该函数用于求两个 int 型整数 x 和 y 的最大值，但如果要求两个 float 型或 double 型数据的最大值，该函数就无能为力了。尽管采用的算法完全一样，当参数指定为浮点型时，程序员只好再写一段除了参数类型不同之外，几乎完全相同的代码。

```
float max(float x,float y)
{
    return ( x > y ) x : y ;
}
double max(double x,double y)
{
    return ( x > y ) x : y ;
}
```

这些函数的函数体完全相同，差别仅在于它们的参数类型不同，即函数完成的功能是完全相同的，只是参数类型和函数返回值类型不同。能否为这些函数只写出一套代码呢？解决的方法就是使用模板。

模板是实现代码重用机制的一种工具，用于表达逻辑结构相同，数据元素类型不同的数据对象的通用行为。模板运算对象的类型不是实际的数据类型，而是一种参数化的类型（又称为类型参数）。

模板可分为函数模板和类模板，它们分别允许用户构造模板函数和模板类，如图 13-1 所示。

一个带类型参数的函数称为函数模板，一个带类型参数的类称为类模板。模板类型形参由调用它的实际参数的具体数据类型替换，由编译器生成一段可以真正运行的代码，这个过程称为实例化。一个函数模板经过类型实例化后，称为模板函数。一个类模板经过类型实例化后，称为模板类。

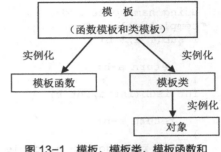

图 13-1　模板、模板类、模板函数和
对象之间的关系

利用模板机制，可以把各种算法定义为函数模板。在编译程序时，编译器根据调用语句中实际参数的类型对函数模板实例化，生成一个可运行的函数。还可以定义各种类模板，对数据成员进行类型参数处理，用于实现数据类型参数化的类，使其适用于不同类型的对象。

13.1.2　函数模板

1．函数模板的定义

函数模板的定义由模板说明和函数定义组成，必须以关键字 template 开始。模板说明的作用是声明模板中使用的类型参数，并且类型参数必须在函数定义中至少出现一次。函数模板的定义形式为

```
template <类型参数表>          //模板说明
函数类型 函数名(参数表)        //函数定义
{
    函数体
}
```

其中，"template" 为模板说明的关键字，尖括号 "<>" 括起来的是类型参数表，每一个类型参数前都冠以关键字 class 或 typename，每个 class 之后跟用户定义的标识符，该标识为模板函数类型，可以实例化为任何内部类型或用户定义类型。

【例 13.1】将求最大值函数定义为函数模板。

```
template <class T>               //也可以写为 template <typename T>
T max(T x,T y)
{
    return (x>y) x : y ;
}
```

例 13.1 中的 T 为类型参数，它既可是 int、float、double 等基本数据类型，也可以是指针、类等各种用户自定义类型。在使用函数模板时，关键字 class 或 typename 后面的类型参数必须实例化，即用实际的参数类型替代它。

2．函数模板的使用

函数模板只是说明，不能直接使用，需要实例化为模板函数后才能执行。C++语言通过

在程序中调用函数模板来完成函数模板的实例化。当编译程序发现一个函数模板可调用时，将根据函数实参的类型生成一个模板函数。该模板函数的定义体与函数模板的函数定义体相同，而形参的类型则以实参的实际类型为依据。

【例 13.2】 分别利用普通函数和函数模板方法，求两个整数之差及两个实数之差。

```cpp
#include<iostream>
using namespace std;
template<class T>                            //定义函数模板 sub
T sub(T a,T b)
{
    return a-b;
}
int isub(int a,int b)                        //定义整型函数 isub
{
    return a-b;
}
double fsub(double a,double b)               //定义实型函数 dsub
{
    return a-b;
}
int main()
{
    cout<<"isub(2,3)="<<isub(2,3)<<endl;
    cout<<"dsub(2.5,3.2)="<<dsub(2.5,3.2)<<endl;
    cout<<"sub(2,3)="<<sub(2,3)<<endl;       //调用函数模板 sub，参数为整型
    cout<<"sub(2.5,3.2)="<<sub(2.5,3.2)<<endl;  //调用函数模板 sub，参数为实型
    return 0;
}
```

程序执行结果如下：

```
isub(2,3)=-1
dsub(2.5,3.2)=-0.7
sub(2,3)=-1
sub(2.5,3.2)=-0.7
```

例 13.2 中定义了一个求两数之差的函数模板（从程序第 3 行开始），又定义了两个普通的求两个整型数差的函数 isub()和求两个实型数之差的函数 dsub()，最后在主函数中分别调用了函数模板和普通函数。仔细比对会发现函数模板的调用形式与普通函数的调用形式完全没有区别，但执行过程是不相同的。函数模板 sub 不是一个真正的函数，它仅是一个提供生成不同类型参数重载函数版本的"模板"而已。

函数模板的调用分为以下两个步骤。

（1）实例化过程。编译程序时，由编译器根据调用语句中实参的类型对函数模板实例化，用实际数据类型替换类型参数 T，生成一个可运行的函数——模板函数。例如编译程序发现程序中有如下调用：

```cpp
sub(2,3);
```

实参 2、3 为整型常量，编译系统用 int 替换类型参数 T，把函数模板实例化为一个 int 版本的模板函数。

```cpp
int sub(int a,int b)
{
    return a-b;
}
```

（2）执行模板函数。程序运行时，实参和形参结合，运行对应的模板函数。此步骤的执行过程与普通函数调用完全一致。

注意

（1）在 template 语句与函数模板定义语句之间不允许有其他别的语句。例如下面的程序就不能通过编译。

```
template <class T1,class T2>
int i;                   //错误，不允许插入别的语句
T1 sub(T1 a,T2 b)
{
    return a-b;
}
```

（2）模板函数类似于重载函数，只不过更严格一些。函数被重载时，在每个函数体内可以执行不同的操作，但同一个函数模板实例化后的所有模板函数都必须执行相同的操作。例如，下面的重载函数就不能用模板函数替代，因为它们的操作不同。

```
void out(int i)
{
    cou<<i;
}
void out(folat j)
{
    cou<<"j="<<j<<endl;
}
```

（3）在函数模板中允许使用多个类型参数。但应当注意 template 部分定义的每个类型参数前面必须有关键字 class（或 typename）。

13.1.3 类模板

类模板在表示数据结构（如数组、表、图等）时特别重要，因为这些数据结构的表示和算法不受所包含的元素类型的影响。

1．类模板的定义

类模板允许用户为类定义一种模式，使得类中的某些数据成员、成员函数或返回值可以取任意数据类型。类模板的定义与函数模板的定义类似，也由模板说明和类说明组成。类模板的定义形式为

```
template <类型参数表>        //模板说明
class 类名                  //类说明
{
    类体
}
```

其中模板说明的含义与函数模板定义时的意义相同。

【例 13.3】定义一个简单的类模板。

```
template <typename T >      //模板说明，一个类型参数 T
class A                     //类说明
{
    T x,y;
public:
    A(T a,T b)
```

```
    {
        x=a;
        y=b;
    }
    void Show()
    {
        cout<<x<<"+"<<y<<"i"<<endl;
    }
};
```

例 13.3 定义了一个类模板 A<T>，声明了一个类型参数 T，用于对数据成员 x 和 y 的声明中。

2．类模板的使用

建立类模板之后，可用下列方式创建类模板的对象。

类名<类型实参表>　对象表；

其中，<类型实参表>应与该类模板中的<类型参数表>匹配。经这样声明后，系统会根据指定的参数类型生成一个类，然后建立该类的对象。

【例 13.4】利用例 13.3 定义的类模板，设计能显示复数实部和虚部的程序。

```
#include<iostream>
using namespace std;
template <class T>
class A                                        //类说明
{
public:
    A(T a,T b)
    {
        x=a;
        y=b;
    }
    void Show()
    {
        cout<<x<<"+"<<y<<"i"<<endl;
    }
private:
    T x,y;
};
int main()
{
    A <int> f1(2,4);
    A <float> f2(3.2,5.4);
    f1.Show();
    f2.Show();
    return 0;
}
```

程序执行结果如下：

```
2+4i
3.2+5.4i
```

注意　　类模板不能直接使用，必须先实例化为相应的模板类，定义该模板类的对象后才能使用。

例如，语句"A <int> f1(2,4);"的含义如下：

（1）类型表达式 A <int>使得编译器用类型参数 int 替换类模板 A 的类型参数 T，实例化为一个具体的模板类。

```
class A
{
public:
    A(int a,int b)
    {
        x=a;
        y=b;
    }
    void show()
    {
        cout<<x<<"+"<<y<<"i"<<endl;
    }
private:
    int x,y;
};
```

（2）表达式 f1(2,4)调用构造函数，建立一个模板类的对象 f1 并初始化。

13.2 异常处理

异常处理机制是 C++语言的一个特色，是一种管理程序运行期间出现异常情况的结构化方法，常用于大型软件的开发。C++的异常处理工作将异常的检测与异常的处理分离，增加了程序的可读性。

13.2.1 异常处理的概念

软件开发不仅要保证软件在逻辑上的正确性，还应该具有较好的容错能力，也就是说在正常情况下软件能够按照设计要求正确运行，全面完成程序预定任务；在发生意外时，软件也应该对异常情况做出适当处理。

程序运行中的有些错误是可以预料但不可避免的，例如用户误操作、内存空间不足、硬盘上的文件被移动或外部设备未连接好等原因造成的错误。这时要力争允许用户排除环境错误，继续运行程序，至少要给出适当的提示信息，这就是异常处理的任务。

对软件运行时出现的异常情况处理称为异常处理。对异常情况的处理可以采用传统的中断指令方法，也可以采用异常处理机制。

传统的中断指令方法是针对那些可以预料的异常，使用中断指令（如 abort、assert、exit、return 等）来处理异常情况。典型方法是被调函数运行发生错误时，返回一个特定的值，让调用函数检测到错误标志后做出处理；或者当错误发生时，释放所有资源，结束程序执行。但是在系统功能实现的主代码中掺杂错误代码，会降低程序的可读性和可维护性。同时，如果把设计好的类提供给他人重用，可能造成编程者检测到异常条件的存在，但不能确定如何处理这些异常；另一方面，编程者如果按自己的意愿处理异常，可能又无法检测到异常条件是否存在。所以，传统的异常处理方法不适用于组件式的大型软件开发。

异常处理机制是 C++语言提供的一种捕获和处理程序错误的结构化机制，其基本思想是将异常检测与处理分离，即出现异常的函数不具备处理异常的能力。基本处理方法是当一个函数发生异常时，便抛出一个异常信息。首先由它的调用者捕获并处理，如果调用者也不能处理，继续传递给上级调用者去处理，这种传递会一直继续到异常被处理为止。如果程序始终没有处理这个异常，最终它会被传递给 C++运行系统，运行系统捕获异常后通常只是简单地终止这个程序。异常处理模式如图 13-2 所示。

C++的异常处理是一种不唤醒机制，即抛出异常的模块。一旦抛出了异常，将不再恢复运行，程序在异常处理模块执行处理代码后将继续执行。系统有序地释放调用链上的资源，包括函数调用栈的释放和调用析构函数删除已建立的对象。

C++的异常处理机制使得异常的引发和处理不必在同一个函数中，这样底层的函数可以着重解决具体问题，而不必过多地考虑对异常的处理。上层调用者可以在适当的位置设计针对不同类型异常的处理。

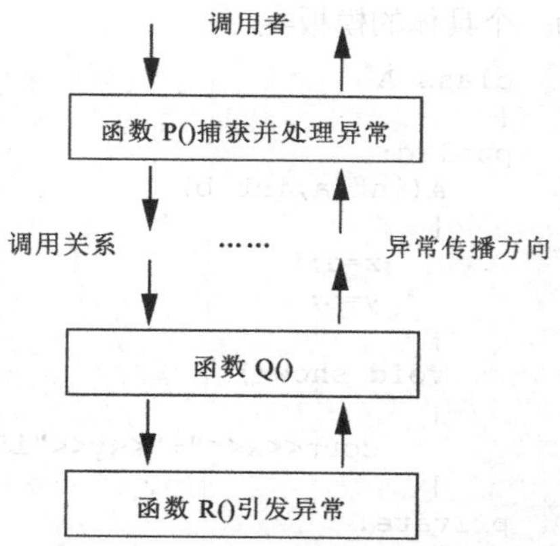

图 13-2　异常处理模式

13.2.2　异常处理的实现

一般情况下，C++语言通过 throw 语句、try 语句和 catch 语句实现异常处理，这 3 个语句就是 C++语言中用于实现异常处理的机制。

异常处理可以分为两大部分：一是异常的识别与发出，一般情况下，由被调用函数直接检测到异常条件的存在，并用 throw 语句抛出一个异常；二是异常的捕捉与处理，在上层调用函数中使用 try 语句检测函数调用是否引发异常，被检测到的各种异常由 catch 语句捕获并做相应的处理。

1．异常处理的语法结构

任何需要检测异常的语句都必须在 try 语句块中执行，异常必须由紧跟着 try 语句后面的 catch 语句捕获并处理。因此，try 语句和 catch 语句总是结合使用。

异常处理的语法格式为

```
class<异常标志>{};
try
{
    ……
    throw(<异常标志>)                //抛出异常
    ……
}
catch(<异常标志 1>)                  //捕获异常
{
    ……                             //处理异常
}
catch(<异常标志 2>)                  //捕获异常
{
    ……                             //处理异常
}
……
catch(<异常标志 n>)                  //捕获异常
{
    ……                             //处理异常
}
catch(…)                           //捕获异常
{
    ……                             //处理异常
}
```

如果在 try{}程序块内发现异常，则由 throw 语句抛出异常，将它抛出给调用者。throw 语句的操作数在表示异常类型语法上与 return 语句的操作数相似。如果程序中有多处要抛出异常，应该用不同的操作数类型来相互区别，操作数的值不能用来区别不同的异常。

catch 语句负责捕获异常，当异常捕获后，catch{}程序块内的程序则进行异常处理。一个 try 语句可与多个 catch 语句联系。抛出异常的 throw 语句必须在 try 语句块内执行，或者由 try 语句块中直接或间接调用的函数执行。

异常标志决定使用哪一个 catch 语句。如果抛出异常的数据类型与 catch 异常标志说明的数据类型相匹配，则执行该 catch 语句的异常处理。在异常匹配时，只要找到一个 catch 的匹配异常类型，后面的 catch 语句都被忽略。若 catch 语句不带参数，括号内用省略号 "…" 表示该 catch 语句可以捕获任何类型的异常，一般将它放在最后。如果所有的 catch 语句都没有与异常的类型相匹配，则可能发生程序的异常终止。若此时没有定义自己的终止程序，系统调用 terminate()函数（该程序的默认功能是调用 abort()函数），紧急终止程序。

当程序执行一个 catch 语句块后，便跳到所有 catch 块之后执行后续语句，C++的异常处理是一种不唤醒机制。

异常处理的执行过程如下。

（1）通过正常的顺序执行到达 try 语句，然后执行 try 程序块内的保护段。

（2）如果在保护段执行期间没有引起异常，那么跟在 try 程序块后的 catch 语句就不执行，程序从最后一个 catch 语句后面的语句继续执行下去。

（3）如果在保护段执行期间或在保护段调用（直接或间接的调用）的任何函数中有异常被抛出，则通过 throw 语句创建一个异常对象（这隐含指可能包含一个复制构造函数）。根据这一点，编译程序在能够处理所抛出异常的更高执行上下文中寻找一个 catch 语句，或一个能处理任何类型异常的 catch 处理程序。catch 语句按其在 try 程序块后出现的顺序被检查。

（4）如果匹配的 catch 语句未找到，则自动调用 terminate()函数，该函数的默认功能是调用 abort()终止程序。

（5）如果找到一个匹配的 catch 语句，且它通过值进行捕获，则其形参通过复制异常对象进行初始化。如果它通过引用进行捕获，则参数被初始化为指定异常对象。然后 catch 语句被执行，接下来程序跳转到所有 catch 语句之后继续执行。

2．异常处理的应用

下面通过程序实例来说明异常处理的应用。

【例 13.5】编程求函数表达式 f=a+b/c 的值。要求捕获 c 为 0 时的异常，并提醒用户除数不能为 0。

```
#include<iostream>
using namespace std;
int main()
{
    double a,b,c;
    cout<<endl<<"请输入 a，b 和 c 的值: ";
    cin>>a>>b>>c;
    try
    {
        if(c==0)
            throw 1;            //抛出异常
        cout<<endl<<a<<"+"<<b<<"/"<<c<<"="<<a+b/c<<endl;
    }
    catch(int)                  //捕获异常
    {
        cout<<endl<<"除数不能为 0! "<<endl;
```

```
    }
    return 0;
}
```

程序执行结果如下：

请输入 a，b 和 c 的值：2 6.4 3.1
2+6.4/3.1=4.06452

再次执行结果如下：

请输入 a，b 和 c 的值：2 6.4 0
除数不能为 0！

当除数 c 为零时，由 throw(1)抛出一个异常，如程序第 11 行所示。然后，由 catch(int)语句来捕获异常，并处理异常，如程序第 14 行所示。

【例 13.6】打开指定文件，并将 10 个整数写入文件中。若打开文件失败，抛出异常。

```
#include <iostream>
#include <fstream>
using namespace std;
int main()
{
    int a[10]={1,2,3,4,5,6,7,8,9,10};
    char *filename="d:\\f1.txt";
    ofstream outfile;
    outfile.open(filename,ios::out);
    try
    {
        if(!outfile)      throw 1;      //抛出异常
        for(int i=0;i<10;i++)
            outfile<<a[i]<<"  ";
         cout<<endl;
    }
    catch(int)                          //捕获异常
    {
        cout<<"打开文件失败！"<<endl;
    }
    return 0;
}
```

正常执行后，文件 d:\\f1.txt 中的内容如下：

1 2 3 4 5 6 7 8 9 10

若打开文件失败，抛出异常，则程序执行结果如下：

打开文件失败！

13.3 案例实战

13.3.1 实战目标

（1）理解类模板的作用。
（2）熟练掌握类模板的定义、使用和实例化。
（3）掌握根据需求定义管理类，对类的多个对象进行管理。

13.3.2 功能描述

在第 11 章的案例中我们实现了管理类，实现了对类的多个对象的管理。通常一个管理类有时会出现管理多个类对象的需求，所以可以将管理类定义为通用的模板类。

具体说明如下。

（1）管理类数据成员的设计。

存储多个员工类对象的信息。常用的处理方法有两种：第一种是定义数组，用数组顺序存储所有员工信息；第二种是定义链表，将所有员工信息通过指针链接在一起进行存储。本案例中采用第一种方法，将所有员工信息存储在一个数组中。开辟较大的固定存储空间，用来存储所有员工信息，具体存储的员工人数，需要另外定义一个整型数据成员来计数。

如果管理类的数据成员采用以上形式存储数据，会出现只能存储员工类对象而不能存储其他类对象信息的情况。所以，为了通用，将数组的类型进行参数化。

（2）管理类成员函数的设计。

需要实现的管理功能包括：添加、查询、修改、删除、浏览等。成员函数所处理的数据成员都是类型已参数化的数据，所以可以用于不同类对象的管理。

（3）其他类的设计。

为了体现管理类模板的特征，可额外定义一个经理类。在管理类模板中定义两个对象，分别用员工类和经理类来进行实例化。

13.3.3　案例实现

```cpp
#include<iostream>
#include<iomanip>
#include<string>
using namespace std;
#define M 100
#define N 9
//**************    定义员工类    ****************
class Employee
{
    ……    //省略实现代码，与上一章案例相同
};
……        //省略员工类成员函数定义
//**************    定义经理类    ****************
class Manager
{
public:
    Manager(string ="",string ="",int =20,int =1,char ='f',int =0,int =1,int =1);
    double getWage();
    int getWorktime();
    string getName();
    string getNum();
    int getMarriage();
    void setName(string s);
    void setWorktime(int time);
    void setGrade(int i);
    void setMarriage(int i);
    void print();
private:
    string num,name;
    int age,worktime;
    char sex;
    int marriage,grade,tired;
    double wage;
```

```
};
......          //省略经理类成员函数的实现
//*****************   定义员工管理类模板   ********************
template <class T>
class EmployeeManage
{
private:
    T e[MAX];                              //对象数组
    int count;                             //数组长度
public:
    EmployeeManage();                      //构造函数
    void addEmployee();                    //增加信息
    void deleteEmployee();                 //删除信息
    void updateEmployee();                 //修改信息
    void searchEmployee();                 //查询信息
    void printEmployee();                  //输出
    int menu();                            //系统界面函数
    int Valid_num(string);                 //员工编号唯一性判断函数
    int Valid_age(int);                    //判断年龄有效性
    int Valid_sex(char ch);                //判断性别有效性
    ~EmployeeManage(){}                    //析构函数
};
template <class T>
EmployeeManage<T>::EmployeeManage()        //构造函数
{
    count=0;
}
template <class T>
void EmployeeManage<T>::addEmployee()      //增加员工信息
{
    int age,worktime,marriage,grade,tired;
    string num,name;
    char sex;
    cout<<"输入员工信息: "<<endl;
    cout<<"员工号: ";
    cin>>num;
    while(1)
    {
        if(Valid_num(num)==0)
        {
            cout<<"该员工编号已存在! 请重新输入: "<<endl;
            cin>>num;
        }
        else
            break;
    }
    ......      //省略其余实现代码
    e[count]=T(num,name,age,worktime,sex,marriage,grade,tired);
    count++;
    cout<<"添加成功! "<<endl;
}
......      //省略类模板部分成员函数的实现代码
int main()//主函数
{
    EmployeeManage<Manager> e2;
    while(1)
    {
```

```
        switch (e2.menu())
        {
        case 1:
            e2.addEmployee();
            break;
......   //省略类似代码
        default:
            cout<<"输入有误,请重新进行选择!"<<endl;
        }
    }
    EmployeeManage<Employee> e1;
......      //省略实现代码，与定义 Manager 类似
    return 0;
}
```

习　题

1．填空题

（1）模板可以实现程序设计中的_____，体现了面向对象程序设计的_____。

（2）C++模板可以分为_____和_____。

（3）函数模板实例化后是_____；类模板实例化后是_____。

（4）模板的声明使用关键字_____。

（5）已知

```
int sum(int n){return n+n;}
long sum(long n){return n+n;}
```

是一个函数模板的两个实例，则该函数模板的定义是_____。

2．选择题

（1）类模板的模板参数（　　）。

    A．只可作为数据成员的类型   B．只可作为成员的返回值类型

    C．只可作为成员函数的参数类型   D．以上三者皆可

（2）一个模板声明了多个形参，则每个参数都必须用关键字（　　）。

    A．static   B．const   C．void   D．class

（3）以下关于模板的叙述中，不正确的是（　　）。

    A．用模板定义一个对象时不能省略参数

    B．类模板只能有虚拟参数类型

    C．类模板的成员函数都是模板函数

    D．类模板本身在编译中不会生成任何代码

（4）下列对模板的声明错误的是（　　）。

    A．template <T>   B．template <class T1,T2>

    C．template < class T1, class T2 >   D．template < class T1;class T2>

（5）如果有如下函数模板的定义：

```
template <class T>
T func1(T x,T y)
{reutrn x+y};}
```

则对函数 func()调用不正确的是（　　）。

A. func(3,5); B. func<>(3,5);

C. func(3,2.5); D. func<int>(3,2.5);

3. 分析程序运行结果

（1）

```cpp
#include<iostream>
using namespace std;
template <class T>
T min(T x,T y)
{
    if (x<y)
        return x;
    else
        return y;
}
int main()
{
    int n1=2,n2=8;
    double d1=2.3,d2=5.6;
    cout<<min(n1,n2)<< ",";
    cout<<min(d1,d2)<< endl;
    return 0;
}
```

（2）

```cpp
#include<iostream>
using namespace std;
template <typename T>
T total(T *p)
{
    T sum=0;
    while(*p)
    sum+=*p++;
    return sum;
}
int main()
{
    int x[]={1,3,5,7,9,0,13,15,17};
    cout<<total(x);
    return 0;
}
```

4. 编程题

（1）设计一个函数模板 max，求 3 个数中的最大数。

（2）使用模板函数来完成函数 swap(x,y)，功能为交换 x 和 y 的值。x 和 y 可能为整数、浮点数或字符类型。

（3）定义一个数组类模板 Array，完成以下工作：输入、输出、排序。

（4）编写程序求函数表达式 f(x,y)=sqrt(x-y)的值，并能够处理各种异常。